U0179870

"十三五"国家重点出版物出版规划项目

集成电路设计丛书

硅基毫米波集成电路与系统

池保勇　马凯学　虞小鹏　著

科　学　出　版　社
龙　门　书　局
北　京

内 容 简 介

本书以硅基毫米波集成电路与系统涉及的关键技术为主线，结合三位作者所在团队的科研工作，详细讨论在毫米波元器件、毫米波核心单元电路及毫米波集成系统等方面的关键技术和科研进展。

全书共分 10 章。第 1 章介绍毫米波的应用和毫米波集成电路面临的主要技术挑战；第 2 章讨论硅基片上集成毫米波无源元件的电学特性；第 3 章~第 5 章讨论宽带毫米波前端、毫米波功率放大器和毫米波信号源产生电路的设计技术；第 6 章介绍一款 77GHz 数模混合 FMCW 雷达信号源的设计技术；第 7 章讨论毫米波相控阵芯片的工作原理和国内外科研进展情况；第 8 章介绍全集成毫米波通信收发机芯片的设计技术；第 9 章讨论毫米波雷达收发机技术的基本原理、基本架构和国内外科研进展情况；第 10 章介绍一款 77GHz FMCW 相控阵雷达收发机芯片的设计技术。

本书可以作为高等院校工科微纳电子、集成电路设计、通信与电子系统等专业研究生的教材或参考书，也可作为毫米波集成电路、毫米波通信或雷达系统工程技术人员的参考书。

图书在版编目（CIP）数据

硅基毫米波集成电路与系统／池保勇，马凯学，虞小鹏著. —北京：龙门书局，2020.3

（集成电路设计丛书）

"十三五"国家重点出版物出版规划项目　国家出版基金项目

ISBN 978-7-5088-5714-5

Ⅰ. ①硅… Ⅱ. ①池… ②马… ③虞… Ⅲ. ①硅基材料-微波集成电路　Ⅳ. ①TN454

中国版本图书馆 CIP 数据核字（2020）第 041943 号

责任编辑：赵艳春／责任校对：王　瑞
责任印制：赵　博／封面设计：蓝　正

科学出版社 出版
龙门书局
北京东黄城根北街 16 号
邮政编码：100717
http://www.sciencep.com

涿州市殷润文化传播有限公司印刷
科学出版社发行　各地新华书店经销

*

2020 年 3 月第 一 版　开本：720×1000　B5
2024 年 6 月第二次印刷　印张：19　插页：1
字数：380 000

定价：148.00 元

（如有印装质量问题，我社负责调换）

序

集成电路无疑是近 60 年来世界高新技术的最典型代表，它的产生、进步和发展无疑高度凝聚了人类的智慧结晶。集成电路产业是信息技术产业的核心，是支撑经济社会发展和保障国家安全的战略性、基础性和先导性产业，也是我国的战略性必争产业。当前和今后一段时期，我国的集成电路产业面临重要的发展机遇期，也是技术攻坚期。总体上讲，集成电路包括设计、制造、封装测试、材料等四大产业集群，其中集成电路设计是集成电路产业知识密集的体现，也是直接面向市场的核心和制高点。

"关键核心技术是要不来、买不来、讨不来的"，这是习近平总书记在 2018 年全国两院院士大会上的重要论述，这一论述对我国的集成电路技术和产业尤为重要。正是由于集成电路是电子信息产业的基石和现代工业的粮食，对国家安全和工业安全具有决定性的作用，我们必须、也只能立足于自主创新。

为落实《国家集成电路产业发展推进纲要》，加快推进我国集成电路设计技术和产业发展，多位院士和专家学者共同策划了这套《集成电路设计丛书》。这套丛书针对集成电路设计领域的关键和核心技术，在总结近年来我国集成电路设计领域主要成果的基础上，重点论述该领域的基础理论和关键技术，给出集成电路设计领域进一步的发展趋势。

值得指出的是，这套丛书是我国中青年学者近年来学术成就和技术攻关成果的总结，体现集成电路设计技术和应用研究的结合，感谢他们为大家介绍总结国内外集成电路设计领域的最新进展，每本书内容丰富，信息量很大。丛书内容包含了先进的微处理器、系统芯片与可重构计算、半导体存储器、混合信号集成电路、射频集成电路、集成电路设计自动化、功率集成电路、毫米波及太赫兹集成电路、硅基光电片上网络等方面的研究工作和研究进展。本书旨在使读者进一步了解该领域的研究成果和经验，吸引和引导更多的年轻学者和科研工作者积极投入到集成电路设计这项既具有挑战又有吸引力的事业中来，为我国集成电路设计产业发展做出贡献。

感谢撰写丛书的各领域专家学者。愿这套丛书能成为广大读者，尤其是科研工作者、青年学者和研究生十分有用的参考书，使大家能够进一步明确发展方向和目标，为开展集成电路的创新研究和工程应用奠定重要基础。同时，希望这套丛书也能为我国集成电路设计领域的专家学者提供一个展示研究成果的交流平台，进一步促进和推动我国集成电路设计领域的教学、科研和产业的深入发展。

郝跃

2018 年 6 月 8 日

前　言

毫米波技术具有通信带宽宽、探测精度高和对非导体材料穿透能力强的优点，在超高速通信、高精度雷达探测、无源成像、交通、医疗和监控等国民经济重要领域具有广泛的应用前景。特别地，毫米波作为第五代(5G)移动通信系统中提供 Gbit/s 以上数据率的有效技术方案，随着第五代移动通信系统的持续推进，其受到工业界和学术界日益广泛的关注，并吸引了更多的研究人员投入此方面的研究当中。但原采用 GaAs 等 III-V 族工艺实现的毫米波系统受限于有限的集成度，系统装配复杂，成本高昂，系统体积和功耗难以满足未来毫米波应用的需求。而随着硅基工艺(CMOS 或 SiGe)的发展，晶体管的最大振荡频率(f_{max})和特征频率(f_T)均已超过 300GHz，已能支撑实现高集成度、低成本的毫米波集成电路。

国内外的研究者已在硅基毫米波集成电路方面进行了大量的研究，取得了很多研究成果。随着技术的日益成熟，基于硅基工艺实现的毫米波集成电路开始进入真正的产品开发阶段，如 TI 于 2018 年 4 月推出了基于 CMOS 工艺实现的 77GHz 车载毫米波雷达芯片产品。与此相适应，工业界对硅基毫米波集成电路设计人才的需求也越来越大。本书正是在这样的背景下完成的，它以硅基毫米波集成电路与系统涉及的关键技术为主线，结合三位作者所在团队的科研工作，详细讨论在毫米波元器件、毫米波核心单元电路及毫米波集成系统等方面的关键技术和科研进展，期望能让读者对硅基毫米波集成电路与系统的关键技术和发展现状具有较为清晰的了解，并能为从事此方面科学研究或技术开发工作的研究生或工程师提供技术参考。

全书共分 10 章。第 1 章是毫米波集成电路概论，介绍毫米波的应用和毫米波集成电路面临的主要技术挑战。

第 2 章是片上集成毫米波无源元件，介绍常用硅基集成毫米波无源元件及其基本特性，并结合我们的研究工作，讨论基于耦合谐振腔的宽带无源网络和人工电介质传输线(DiCAD)以及它们在毫米波电路中的应用，最后对毫米波芯片封装技术与封装天线进行简单的讨论。

第 3 章~第 6 章讨论核心毫米波模块电路的设计技术。其中，第 3 章讨论宽带毫米波前端的设计技术，通过引入一种适用于毫米波收发开关与毫米波前端模块的联合优化方法，降低了在片上集成收发开关对收发机性能的影响，并扩展了毫米波前端模块的带宽。第 4 章以两款毫米波功率放大器芯片为例，讨论硅基毫米波功率放大器的设计技术。第 5 章讨论毫米波信号源产生电路中的毫米波振荡器、毫米波分频器等核心电路模块以及毫米波锁相环的设计技术。第 6 章在第 5 章所介绍内容的基础上，结合我们的科研工作，详细介绍一款 77GHz 数模混合 FMCW 雷达信号源芯片的设计考虑和设计过程。

第 7 章～第 10 章讨论毫米波系统芯片的设计技术。其中，第 7 章讨论毫米波相控阵芯片的工作原理和国内外科研进展情况。第 8 章在前面各章内容的基础上，结合我们的科研工作，详细讨论两款 60GHz 毫米波通信收发机芯片的设计技术。第 9 章讨论毫米波雷达收发机技术的基本原理、基本架构和国内外科研进展情况；第 10 章在第 9 章所介绍内容的基础上，结合我们的科研工作，详细介绍一款 77GHz FMCW 相控阵雷达收发机芯片的设计考虑和设计过程。

本书由清华大学池保勇教授统筹全书内容，第 5 章由浙江大学虞小鹏教授撰写，第 7 章和第 9 章由天津大学马凯学教授撰写，其余各章由池保勇教授撰写。在撰写过程中，三位作者进行了广泛讨论，在各部分撰写完后，三位作者又交叉审阅了全部书稿并进行了修正。可以说，本书是三位作者通力合作的结晶。

本书是对三位作者所在团队多年的科研工作进行总结和整理后形成的，部分内容取材于贾海昆、况立雪和林健夫的博士或硕士学位论文，宋政、刘兵、赵俊炎参与了部分章节的文字整理工作，多年的科研工作还得到王志华教授、张春副研究员、姜汉钧副教授等的帮助和支持，在此一并表示感谢。

限于作者水平，书中难免存在不足之处，恳请读者批评指正。

作 者

2019 年 2 月

目　　录

第1章　毫米波集成电路概论

随着技术的发展，人们的日常生活中出现了各种各样的无线应用，这些应用的工作频率一般限于 6GHz 以下的频段。虽然经过近 10 年的发展，以低频段射频集成电路芯片为核心的无线应用发展已经相对比较成熟，市场上出现了很多成熟的产品，成为集成电路行业和电子产业的主要推动力之一。但由于频谱是一种稀缺资源，低频段的无线应用所能分配的频谱资源极为有限，限制了每一种无线应用的信号带宽和通信速率，已经无法满足人们日益增长的高速数据访问的需求。同时，低频段的频谱资源已经近似得到完全利用，很难为新型无线应用的开发分配频谱资源。拥挤的低频段无线应用也导致了各种无线应用之间的互相干扰，限制了无线应用的性能。可以看到，由于低频段的固有局限，低频段无线系统存在各种难以解决的难题，无法满足未来人们的更高需求。

为了克服低频段无线应用存在的这些固有局限，可以把工作频段提高到毫米波段。毫米波段频谱资源非常丰富，可以为每一种无线应用分配很宽的频谱资源(如 60GHz 短距离无线通信系统可以分配 7GHz 的带宽，77GHz 车载雷达系统可以分配 2~4GHz 的带宽)；目前各个国家对毫米波频段频谱资源的分配近似是统一的，这为开发世界范围内通用的无线应用系统提供了条件；毫米波频段丰富的频谱资源可以支持各种新型的无线应用，毫米波频段覆盖范围为 30~300GHz，非常宽，可以为各种无线应用分配很宽的频谱资源，支持新型无线应用的开发；目前毫米波频段受到的干扰很少，因此毫米波前端电路的开发不需要考虑很复杂的干扰问题，大大降低了毫米波电路系统结构的复杂性，同时由于每一种无线应用可以得到较宽的频谱资源，所以不用采用复杂的调制方案就可以得到高速数据率，降低了基带实现的复杂性，更进一步降低了系统成本；而毫米波电路本身的微小尺寸也可以减小芯片面积，天线尺寸也变得很小，甚至可以实现片上集成的毫米波天线，将进一步缩小毫米波无线系统的尺寸并降低成本。

毫米波应用的不利方面在于其空中传输损耗比较高，远高于低频段的传输损耗，如图 1.1 所示。高的传输损耗限制了无线应用的工作距离，但通过采用相控阵技术来实现空中波束合成，可以有效解决传输距离的问题。由于毫米波电路及天线的尺寸很小，毫米波频段更容易实现大规模的相控阵阵列单元。同时，相控阵所提供的波束扫描功能在定向通信、高精度成像或雷达中具有特别的用途。

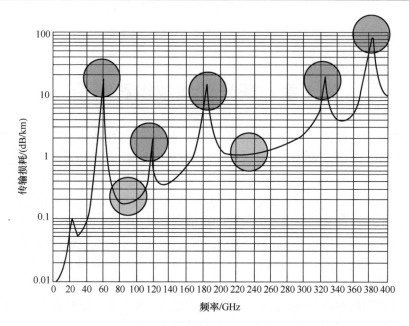

图 1.1　不同频段电磁波在海平面处测得的空中传输损耗

　　从图 1.1 可以看到，毫米波段中的不同频段表现出不同的空中传输特性，这是空气中的氧气、水分等对不同频段电磁波的吸收率不同而造成的。例如，在 35GHz、87GHz、140GHz 和 220GHz 附近，传输损耗相对较低，形成有利于长距离传输的传输窗口，可以用来实现长距离无线应用。而在 60GHz、120GHz 和 185GHz 附近，传输损耗相对较高，不利于长距离传输，可以利用这些频段来实现高保密性短距离无线应用系统。毫米波频段同时拥有适于长距离通信和短距离通信的频带，可以满足不同的应用需求。

1.1　毫米波应用

　　由于以上所提到的这些优点，人们对毫米波段的研究兴趣越来越浓，而各种关于毫米波段的应用也越来越多。毫米波段的应用是随着人们对毫米波的认识逐渐扩展的，相信将来更多的毫米波段应用会陆续出现。目前，毫米波段的应用可以主要分为以下几类。

　　(1) 高数据率无线通信：由于毫米波段无线通信系统具有很宽的带宽(如 60GHz 无线系统可以占用 7GHz 的带宽)，数据率很容易就能达到 Gbit/s 量级。如果再采用多载波技术，数据率则可以提高到 10Gbit/s 以上。这么高的数据率，使毫米波无线通信系统可以用来代替光纤实现点对点宽带无线接入。高数据率毫米波无线通信系统的另一个典型应用是实现多媒体家庭网络系统，将数字高清电视机、音频设备、因特网、电话等采用无线的方式连接起来，组成一个可移动的家庭娱乐环境。它可支持无压缩数字高清电视音频/视频数据流从 DVD 播放机、计算机、个人掌上电脑(personal digital assistant, PDA)或者移动性媒体播放器到数字高清电视机的传输，或者计算机到投影仪之间的高速数据传输，它还可以支持计算机与外围设备(如打印机、数码相机、PDA 等)之间的文件传输。在未来的第五代(5G)移动通信系统中，毫米波也作为实现 Gbit/s 以上传输数据率的有效技术途径纳入 5G 标准中。图 1.2 给出了 5G 毫米波通信的典型应用场景，基站与基站之间通过回传(backhaul)网络实现数据交互，而基站与移动终端之间通过毫米波相控阵技术实现高速数据传输[1]。

图 1.2　5G 毫米波通信的典型应用场景

(2) 毫米波雷达相关的应用：由于毫米波电路具有精度高、尺寸小等优点，毫米波在雷达相关的应用中引起了广泛注意，工作频段从 24GHz、77GHz、100GHz 到 220GHz，这种雷达的检测精度可以达到亚毫米级，可以用在军事、公共安全、危机管理、雷达探矿、危险物品检测等具有重大意义的领域。在车载应用领域，24GHz 毫米波短距离雷达(short range radar, SRR)可以用于盲点监测、启停和倒车、停车辅助等；长距离雷达(long range radar, LRR)可用于自动巡航(adaptive cruise control, ACC)；中距离雷达(middle range radar, MRR)可用于变道辅助等(图 1.3)，可有效避免交通事故的发生，具有广阔的市场前景。

(3) 应用于安防、环境监控等领域的毫米波成像系统及传感器：任何物体均会向外自然辐射包括毫米波频段的无线电波，利用毫米波技术可以实现毫米量级精度的微波成像；与可见光成像技术相比，毫米波可以穿透雨、雾等障碍物，从而实现全天候成像应用；与金属探测器相比，毫米波成像系统还可以探测到藏匿于障碍物之后的非金属武器，可以广泛应用于安防系统中；与 X 射线技术相比，毫米波成像系统可以被动式成像，因此具有很高的安全性；可以广泛应用于安防、环境监控等领域(图 1.4)，具有极高的应用价值。

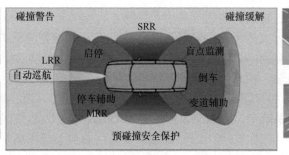

图 1.3 车载毫米波雷达

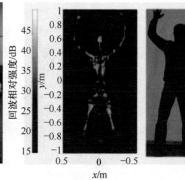

图 1.4 毫米波安检仪

(4) 特殊应用，如星际通信、高能量无线电波(可用于开发高能毫米波武器或者高能毫米波手术刀等)，但这些应用面相对比较狭窄。

到目前为止，真正商用的毫米波系统还不是很多，这主要是由于目前绝大多数毫米波电路都采用 GaAs、InP 等特殊材料和工艺制作，产品成本居高不下，限制了这类应用的推广。如果能够采用便宜的硅基工艺实现毫米波电路，产品价格将大幅下降，应用将很快得到推广，并走近普通消费者的生活。从历史上无线局域网和蓝牙的发展历程就很容易看到这一点。因此，毫米波电路大范围、高密度应用的关键是低的产品成本，而这只能基于价格便宜的硅基工艺实现才能将产品成本降低到普通消费者可以承受的水平。

随着硅基工艺技术的发展，28nm N 沟道金属-氧化物-半导体(N-channel metal-oxide semiconductor, NMOS)晶体管和异质结双极型晶体管(heterojunction bipolar transistor, HBT)的特征频率 f_T 和最高振荡频率 f_{max} 均已超过 300GHz(图 1.5)，可以支持高达数百 GHz 的毫米波集成电路实现。因此，在目前工艺技术的支持下，进行硅基毫米波集成电路的研究具有可实现的前提条件，并为未来毫米波产品的开发和应用打下良好的基础。

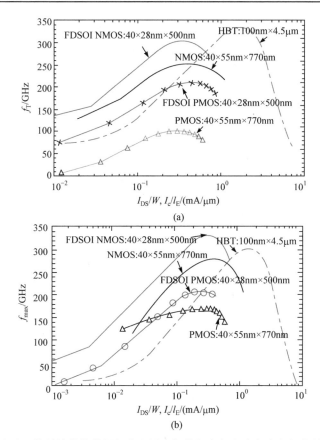

图 1.5 硅基工艺晶体管的特征频率和最高振荡频率与电流密度之间的关系曲线[2]

1.2 毫米波集成电路的主要技术挑战

毫米波电路的工作频率高，波长仅有几毫米，电磁场效应明显，电路工作频率接近晶体管的特征频率 f_T 或最高工作频率 f_{max}，导致毫米波电路的性能受到严重影响。在硅基工艺下，高损耗的衬底严重恶化了片上无源元件的品质因子，进一步限制了大量采用无源元件的毫米波电路的性能。以上这些因素使毫米波集成电路的设计面临严重的技术挑战。

1) 硅基工艺下晶体管高频性能的限制

图 1.6 给出了各种工艺下晶体管特征频率随特征尺寸的变化情况。可以看到，随着硅基工艺技术的发展和晶体管特征尺寸的不断缩小，硅基晶体管的特征频率持续提高，130nm 双极-互补-金属-氧化物-半导体(bipolar-complementary-metal-oxide-semiconductor, BiCMOS)工艺和 65nm 互补金属-氧化物-半导体(complementary metal-oxide-semiconductor, CMOS)工艺下晶体管的特征频率不到 200GHz，而 90nm

BiCMOS 工艺和 45nm CMOS 工艺下晶体管的特征频率已接近 300GHz。但由图 1.6 可以看出，当 CMOS 工艺的特征尺寸进一步提高到 28nm 时，晶体管的特征频率并没有提高太多。说明工艺进步导致晶体管高频性能稳步提升的趋势趋近于饱和，尤其是 14nm 之后的 CMOS 工艺采用鳍式场效应晶体管(fin field-effect transistor, FinFET)技术，晶体管寄生电容增加，导致晶体管高频性能反倒有所恶化。

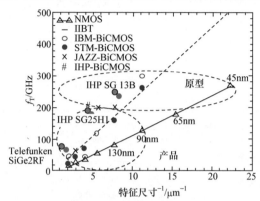

图 1.6　各种工艺下晶体管特征频率随特征尺寸的变化情况[3]

　　由于特征频率的限制，晶体管在毫米波段仅能提供有限的增益。图 1.7 给出了 65nm CMOS 工艺下晶体管所能提供的单向化增益 U、最大可获得增益 G_{MAG} 和最大功率增益 G_{max} 随频率的变化情况，在 140GHz 工作频率处未采用中和技术时晶体管的最大可获得增益不到 6dB。由于增益放大是毫米波电路设计的基石，晶体管有限的增益严重限制了毫米波电路的性能，并给毫米波电路设计带来了严重挑战。采用正反馈或中和(neutralization)技术有利于提高晶体管的增益[4]，但其潜在的稳定性风险限制了其应用范围。

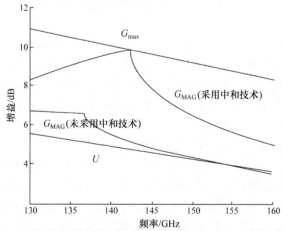

图 1.7　65nm CMOS 工艺下晶体管所能提供的单向化增益 U、最大可获得增益 G_{MAG} 和最大功率增益 G_{max} 随频率的变化情况[4]

2) 硅基工艺下高损耗衬底限制了无源元件的品质因子

硅基工艺(CMOS 工艺)一般采用深掺杂衬底,衬底导电性较好,在衬底上方集成的无源元件因电磁波泄漏入衬底而引入较大的损耗,严重限制了芯片上集成的无源元件的品质因子。由于无源元件的质量对毫米波电路的性能具有至关重要的影响,低品质因子的无源元件严重恶化了毫米波电路的性能。

图 1.8 给出了一个 TSMC 65nm CMOS 工艺下实现的毫米波电感的电感量 L 和品质因子 Q 随频率的变化曲线,图中的各条曲线分别代表从三种途径(电磁场仿真得到的 S 参数、无源宏模型或制造厂提供的工艺设计工具包(process design kit, PDK)获得的数据中提取电感量 L 和 Q 的对比。该电感使用顶层铜金属线来实现,其金属厚度为 3.4μm。该电感的自谐振频率超过了 140GHz,其品质因子的峰值出现在 60GHz 附近,其峰值超过 30,但在其他频率处,品质因子下降得很快。

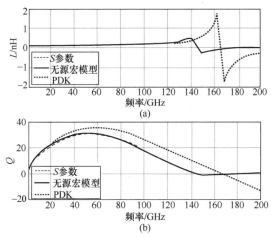

图 1.8   TSMC 65nm CMOS 毫米波电感的电感量和品质因子随频率的变化曲线[5]

图 1.9 给出了 TSMC 65nm CMOS 工艺下实现的微带线的相移常数和衰减系

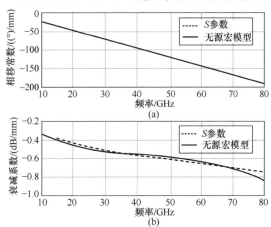

图 1.9   TSMC 65nm CMOS 微带线的相移常数和衰减系数随频率的变化曲线[5]

数随频率的变化曲线。该微带线使用顶层铜金属线来实现,其金属厚度为 3.4μm,线宽为 5μm,地平面由底层金属 M1 来实现。三维电磁场仿真表明其在 50GHz 处特性阻抗为 47.5Ω。从该图可以看出,60GHz 频率处其单位长度的损耗超过了 0.6dB/mm。

图 1.10 给出了 STMicroelectronics 65nm CMOS 工艺下实现的堆叠型变压器的测试结果。该工艺提供两层厚金属层,但首级线圈在 50GHz 时的品质因子仍小于 6,其插入损耗接近 1dB。图中 L_p 为首级线圈电感量;Q_p 为首级线圈品质因子;k_{im} 为耦合系数;IL_m 为插入损耗。

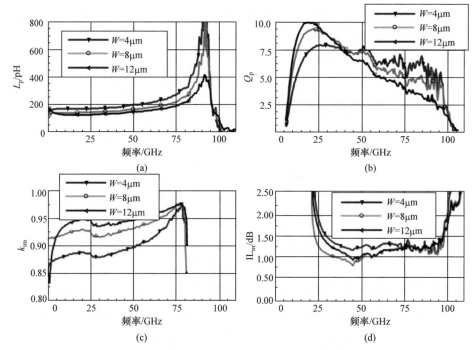

图 1.10　STMicroelectronics 65nm CMOS 工艺下实现的堆叠型变压器的测试结果[6]

在毫米波电路中,常用的电容结构包括金属-绝缘层-金属(metal-insulator-metal, MIM)电容和金属-氧化物-金属(metal-oxide-metal, MOM)电容两种,前者一般仅在 65nm 及以上的 CMOS 工艺节点中才提供,常用于频率相对较低的毫米波电路中,而后者更加通用。这两种电容具有相对较为理想的电容特性和相对较高的品质因子,一般不会成为限制毫米波电路性能的主要因素。但当采用这些电容构成开关电容阵列时,由于开关管导通电阻的存在,开关电容阵列的品质因子会急剧恶化,并成为限制无源网络性能的主要因素。

容抗管是压控振荡器(voltage controlled oscillator, VCO)等电路中需要用到的调谐无源网络的主要元件之一,但与低频段调谐无源网络的品质因子取决于感抗元件不同,容抗管成为限制毫米波频段调谐无源网络性能的主要因素,这主要是毫米波频段容抗管较低的品质因子引起的。图 1.11 给出了 UMC 0.13μm CMOS 工艺下金属-氧化物-半导体(metal-oxide-semiconductor, MOS)型容抗管的调谐范围及品质因子与栅长之间的关系曲线，测试频率为 24GHz。从图中可以看到，即使在 24GHz 频段，当容抗管具有较为合适的调谐范围时，其品质因子已经恶化到 10 以下，严重限制了调谐无源网络的性能。

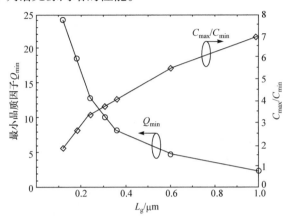

图 1.11　UMC 0.13μm CMOS 工艺下 MOS 型容抗管的调谐范围及品质因子与栅长之间的关系曲线(24GHz)[7]

3) 互连线的寄生效应增加了毫米波集成电路设计流程的复杂度

毫米波电路由于工作频段很高，各元器件之间的互连线所引入的寄生效应对其性能有很大的影响。为了将互连线的寄生纳入设计流程中，减小电路设计与版图设计之间的迭代次数，需要首先建立互连线的模型，并将互连线的建模结果应用到毫米波电路设计中，采用如图 1.12 所示的基于互连线模型的集版图后端设计和前端电路设计为一体的毫米波集成电路设计方法。

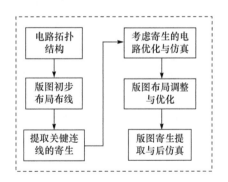

该方法在确定电路拓扑结构后就直接开始毫米波关键电路模块的版图布局，从而可以确定关键信号线的走线模式，并等效为相应的传输线模型。然后将微波理论和电路基础设计技术与深亚微米 CMOS 工艺所提供的元器件选择灵活性相结合，研究针对不同毫米波电路模块的电路设计优化方法，使设计的电路能够达到最优的性

图 1.12　基于互连线模型的毫米波集成电路设计方法

能。紧接着在电路各元器件尺寸大体选定的情况下，进行版图布局调整，提取精确的关键互连线传输线模型，对电路进行进一步的优化。

采用上述方法，可以极大地避免在电路设计和版图设计之间进行反复迭代，从而缩短了设计时间，并且由于前期设计过程中已经纳入了版图寄生效应的影响，可以使所设计的电路模块达到最优的性能。但由于该设计流程中纳入了互连线寄生效应的影响，大大增加了设计流程的复杂度。

4) 硅基工艺下毫米波元器件建模面临巨大挑战

在目前的条件下，芯片制造厂不能提供毫米波频段的元器件模型。对于无源元件(如电感、电容、传输线等)，我们可以借助三维电磁场仿真工具(如 HFSS)来提取它们的电学特性。为了将提取出的电学特性应用于以"路"分析为主的电子设计自动化(electronic design automation, EDA)仿真工具中，通常还需要建立这些元件的集中参数模型，但由于极高的工作频率和非常宽的带宽范围，毫米波元器件的建模极其困难，而且所建立的模型难以准确描述元器件的特性，这会使依赖于元器件模型的 EDA 仿真工具所给出的仿真结果与电路的实际性能(测试结果)之间发生极大的偏差，使毫米波集成电路的设计需要在设计和生产之间进行多次往复，延长了产品开发时间。

考虑到这个问题，可以绕过建模问题而直接将 S 参数应用于常见的电路仿真工具中，利用现有的电路仿真工具可以支持 S 参数描述的器件的特性及以谐波平衡(harmonic balance, HB)分析(谐波平衡方法)为主的仿真模式，避开了建模问题的困扰，如图 1.13 所示。

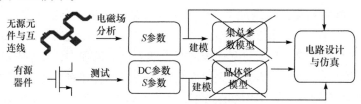

图 1.13　基于 S 参数的仿真方法

对于晶体管等有源器件，可以采取"以芯片制造厂提供的晶体管模型为内核"加上"电磁场仿真工具提取的连线寄生(结果以 S 参数文件表示)"的方式来等效其在毫米波频段的电学特性，而连线寄生所提出的 S 参数文件按与无源元件相同的方式来处理。流片验证发现，这样引入的误差在几十 GHz 的频率范围内，是可以接受的。

5) 收发开关难以片上集成

在片上集成收发开关能使收发机系统减少一半的天线数目，从而减小封装尺寸，降低系统成本。尤其在毫米波相控阵系统中，由于天线数目较多，芯片的输入/输出引脚的布局和走线非常复杂，庞大的天线阵列也会导致片外的信号走线过长而产生额外的损耗；如果采用片上集成收发开关的系统架构，不但天线数目减少，而且片外毫米波信号走线的平均长度也会显著缩短[8]。然而，采用片上集成收发开关的系统架构也会带来显而易见的缺点。收发开关作为发射通路的最后一个模块和接收通路的第一个模块，它产生的损耗将直接降低发射机的输出功率并增加接收机的噪声系数，导致系统性能严重下降。

为了降低收发开关对系统性能的影响，需要设计低损耗收发开关电路。对毫米波频段的收发开关而言，开关器件在导通状态下的导通电阻和断开状态下的寄生电容是影响损耗的主要因素。砷化镓高迁移率晶体管(GaAs high electron mobility transistor, GaAs HEMT)工艺在这两方面相对 CMOS 工艺有明显的优势，因此，早期的毫米波收发开关多采用 GaAs HEMT 工艺实现[9,10]。近年来，随着 CMOS 工艺和电路技术的不断发展，高性能的毫米波 CMOS 单刀双掷(single-pole-double-throw, SPDT)开关电路也不断出现。2010 年《固态电路杂志》(*IEEE Journal of Solid-State Circuits*)刊发了在 90nm CMOS 工艺下实现的一个 60GHz 频段 SPDT 开关[11]，在 53～60GHz 的频率范围内损耗低达 1.5～1.6dB，展现了用 CMOS 工艺实现毫米波收发开关的可行性。

毫米波 SPDT 开关的电路结构主要分为两类：基于 1/4 波长传输线的结构[11]和基于变压器的结构[8]，如图 1.14 所示。采用变压器这个集总元件设计的 SPDT 开关具有更小的芯片面积，但损耗更大。Adabi 和 Niknejad 同样采用 90nm CMOS 工艺实现了毫米波开关[8]，芯片核心部分面积仅为 0.06mm×0.06mm，测试结果显示在 50GHz 处插入损耗的最小值为 3.4dB。60GHz 的电磁波在片上的 1/4 波长约为 550μm，因此，基于传输线的方案需要更大的面积，但同时收发机芯片的模块布局也更加灵活。1/4 波长的传输线不但可以作为阻抗变换器，也可以起到模块间走线的作用，将功率放大器的输出端和低噪声放大器的输入端直接连接到芯片的天线接口焊盘，同时通过将传输线折叠也可以减小面积。因此，目前毫米波 SPDT 开关多采用基于 1/4 波长传输线的电路结构。

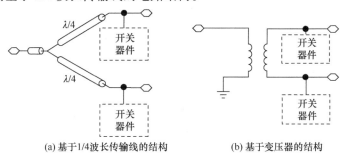

(a) 基于1/4波长传输线的结构　　　　(b) 基于变压器的结构

图 1.14　基于 1/4 波长传输线与基于变压器的 SPDT 开关结构

然而，从 IEEE 国际固态电路会议(IEEE International Solid-State Circuits Conference, ISSCC)近年来发表的毫米波收发机文献来看，将收发开关集成在片上的系统架构并未普遍应用。目前只有 Mitomo 等的工作[12,13]和 Broadcom 公司的工作[14]选择在片上集成收发开关，而且这些系统的接收机噪声系数较高，分别是 14dB[12]、8.9dB[13]和小于 10dB[14]。而无收发开关的系统中的接收机噪声系数普遍在 5~7dB 的水平[15,16]，说明片上集成收发开关确实导致了较大程度的性能下降。

6) 毫米波功率放大器是性能瓶颈

输出功率和功率附加效率(power-added efficiency, PAE)是功率放大器(power amplifier, PA)设计中最重要的两个性能指标。功率放大器的输出功率与无线收发机的链路预算直接相关。为了支持较长的传输距离，功率放大器需要提供较高的输出功率。针对 60GHz 高数据率无线通信应用，IEEE 802.11ad 标准定义了从 385Mbit/s 的π/2-BPSK 调制到 6756.75Mbit/s 的 OFDM-16QAM 等多种调制方式和对应的数据率，以适应不同的应用需求。当系统采用高峰值平均功率比(peak to average power ration, PAPR)的调制方式如正交频分复用(orthogonal frequency division multiplexing, OFDM)时，为了保证一定的线性度，功率放大器需要工作在功率回退点，这将进一步提高对功率放大器输出功率的要求。如果目标传输距离较短或系统采用恒包络的调制方式如二进制相移键控(binary phase shift keying, BPSK)，对功率放大器的饱和输出功率的要求可以降低。随着 CMOS 工艺的不断进步，晶体管的沟道长度逐渐减小，特征频率不断升高，有利于提升毫米波放大器的增益和噪声性能。但先进的 CMOS 工艺下晶体管的击穿电压也不断降低，增加了高输出功率功率放大器的设计难度。

为了提高输出功率，CMOS 毫米波功率放大器多采用功率合成技术实现，在 1.0~1.2V 的电源电压下，能提供 15dBm 以上的输出功率[17,18]。但功率合成技术有两个缺点：①在功率放大器的输入(输出)端需要插入功率分配(合成)器，从而引入损耗，降低功率放大器的效率，增加系统功耗；②功率分配器与合成器会占用较大的芯片面积，增加系统成本。

另外，在无线收发机芯片中，功率放大器的功耗通常占整个发射机功耗的大部分。因此提升功率放大器的效率对优化系统功耗有着至关重要的作用。然而毫米波功率放大器与低频段功率放大器相比，工作频率更接近晶体管的截止频率和特征频率。为了保证一定的放大管增益和线性度，功率放大器通常工作于 AB 类状态，因此 PAE 较低。图 1.15 展示了不同的功率放大器的 PAE 随输出功率变化的曲线。传统 AB 类功率放大器的 PAE 曲线如图 1.15(a)所示，PAE 在饱和输出功率附近达到最大值，随着输出功率的下降，PAE 急剧降低。

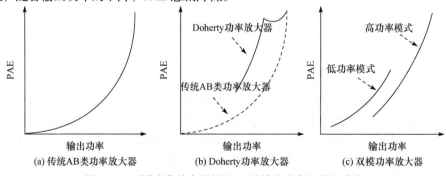

图 1.15　不同功率放大器的 PAE 随输出功率变化的曲线

Doherty 功率放大器技术[19-21]可以使功率放大器在一定的输出功率范围内都保持较高的效率，如图 1.15(b)所示。Doherty 功率放大器由主放大器和辅助放大器在输出端并联组成，当输入电压较小时，主放大器工作在饱和输出功率附近，因此具有较高的效率，此时辅助放大器关闭。当输入电压增大时，主放大器同样工作在饱和输出功率附近，而此时辅助放大器打开以提供更高的输出功率。Doherty 功率放大器的设计难点在于设计功率分配器与合成器，以及选择主放大器与辅助放大器的输入阻抗。相比 Doherty 功率放大器在低频段的实现，毫米波 Doherty 功率放大器有个显著的优势是所需功率分配器与合成器的尺寸更小。Agah 等在 45nm CMOS SOI 工艺下实现了一个 45GHz Doherty 功率放大器[21]，工作在 2.5V 电源电压下，在饱和输出功率附近和功率回退点均可以提供约 20%的 PAE，芯片面积为 $0.45mm^2$。

双模功率放大器技术[22,23]是另一种用于提高功率放大器在低输出功率情况下的 PAE 的方法。在低功率模式和高功率模式下 PAE 随输出功率的变化曲线如图 1.15(c)所示。图 1.16 描绘了工作在不同频段的已发表的双模功率放大器的实现方式。传统的射频频段双模功率放大器的常用结构[22]如图 1.16(a)所示，功率放大器包含一个高输出功率的子功率放大器(HPA)单元和一个低输出功率的子功率放大器(LPA)单元，这两个子功率放大器的输入端和输出端分别通过输入开关和输出开关连接，作为功率放大器的输入和输出端。这两个子功率放大器单元分别针对高(低)功率的应用需求进行优化。在高(低)功率模式下，闭合输入(输出)开关而断开输出(输入)开关，可以选择合适的子功率放大器工作。然而，由于输出端的开关会引入较大损耗，所以以图 1.16(a)的双模功率放大器结构并不适用于毫米波频段。

图 1.16(b)展示了一个工作在毫米波频段的双模功率放大器的结构图[23]。该结构同样采用两个子功率放大器单元并联构成双模功率放大器。不同的是，高功率模式下两个子功率放大器同时工作，通过变压器将输出功率耦合至输出端；而低功率模式下其中一个子功率放大器的电流被关断，同时闭合开关将其输出端短路，从而提升功率放大器工作在低输出功率时的效率。由于输出端的开关采取了与子功率放大器单元并联的方式，它对功率放大器性能的影响更小。测试结果显示该功率放大器工作在高(低)功率模式下时，可以提供 17.0dBm(12.1dBm)的饱和输出功率。

7) 收发通路级联带宽不足

对采用单载波调制的无线通信系统而言，信号带内的增益平坦度将直接影响收发性能。Asada 等在 2011 年的亚洲固态电路会议(Asian Solid State Circuits Conference, A-SSCC)论文[24]展示时给出了在 1.76GHz 的带宽内增益波动对采用 16QAM(quadrature amplitude modulation)正交幅度调制的接收机误码率和星座图性能影响的仿真结果。当带内增益波动从 2dB 增加到 3dB 时，误码率将从 1.3^{-5} 上升至 3^{-3}。Tsukizawa 等在 2013 年的 ISSCC 论文[15]展示时也针对这个问题进行了讨论，并给出了在 0.88GHz 的带宽内增益波动对发射机误差幅度向量(error vector magnitude, EVM)的影响。

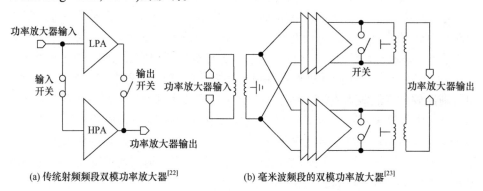

(a) 传统射频频段双模功率放大器[22]   (b) 毫米波频段的双模功率放大器[23]

图 1.16　工作在不同频段的双模功率放大器的实现方式

收发芯片中的发射机和接收机都由多个功能模块级联而成。以接收机为例，为了接收在空间中传播的微弱信号并将其转换到基带进行解调，接收机通常需要提供较高的级联增益。这个级联增益由接收通路的低噪声放大器、下混频器和可变增益放大器等多个模块共同提供，而级联带宽会受到信号通路中每个模块的影响。目前有关 60GHz 通信芯片的文献中，收发通路带宽不足主要表现在两个方面。

(1) 3dB 转换增益带宽不能覆盖 60GHz 国际标准所定义的 2.16GHz 频率信道，如 2012 年的 ISSCC 论文[12]，60GHz 接收机级联转换增益约 35dB，但 2.16GHz 单信道内增益波动大于 5dB。

(2) 射频带宽无法支持 9GHz 的四信道工作，如 2014 年的 ISSCC 论文[25]，60GHz 发射机(TX)和接收机(RX)的级联转换增益在 9GHz 的频率范围内波动高达 10dB，如图 1.17 所示。

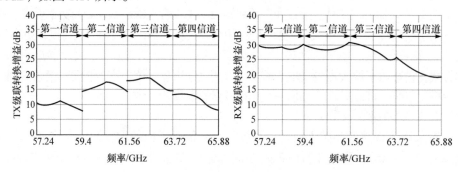

图 1.17　TX 和 RX 的级联转换增益[25]

参 考 文 献

[1] Sadhu B, Tousi Y, Hallin J, et al. A 28-GHz 32-element TRX phased-array IC with concurrent dual-

polarized operation and orthogonal phase and gain control for 5G communications. IEEE Journal of Solid-State Circuits, 2017, 52(12): 3373-3391.

[2] Voinigescu S P, Shopov S, Bateman J, et al. Silicon millimeter-wave, terahertz, and high-speed fiber-optic device and benchmark circuit scaling through the 2030 ITRS horizon. Proceedings of the IEEE, 2017, 105(6): 1087-1104.

[3] Reflect array antennas for wake vortex detection radars and weather radars. [2019-02-20]. http://project-nanotec.com/background.html.

[4] Meng X, Chi B, Jia H, et al. 142GHz amplifier with 18.5dB gain and 7.9mW DC power in 65nm CMOS. Electronics Letters, 2014, 50(21): 1513-1514.

[5] Kuang L, Chi B, Jia H, et al. Co-Design of 60-GHz wideband front-end IC with on-chip T/R switch based on passive macro-modeling. IEEE Transactions on Microwave Theory & Techniques, 2014, 62(11): 2743-2754.

[6] Leite B, Kerhervé E, Bégueret J B, et al. Design and characterization of CMOS millimeter-wave transformers// SEMO/IEEE MTT-S International Microwave & Optoelectronics Conference (IMOC), Belem, 2009: 402-406.

[7] Cao C. Millimeter-wave voltage-controlled oscillators in 0.13-micrometer CMOS technology. IEEE Journal of Solid-State Circuits, 2006, 41(6): 1297-1304.

[8] Adabi E, Niknejad A. Analysis and design of transformer-based mm-wave transmit/receive switches. International Journal of Microwave Science and Technology, 2012, 2012: 1-11.

[9] Shimura T, Mimino Y, Nakamura K, et al. High isolation V-band SPDT switch MMIC for high power use// 2011 IEEE International Microwave Symposium digest, MTT-S, Phoenix, 2001: 245-248.

[10] Lin K, Tu W, Chen P, et al. Millimeter-wave MMIC passive HEMT switches using traveling-wave concept. IEEE Transactions on Microwave Theory and Techniques, 2004, 52(8): 1798-1808.

[11] Uzunkol M, Rebeiz G. A low-loss 50-70GHz SPDT switch in 90nm CMOS. IEEE Journal of Solid-State Circuits, 2010, 45(10): 2003-2007.

[12] Mitomo T, Tsutsumi Y, Hoshino H, et al. A 2Gb/s throughput CMOS transceiver chipset with in-package antenna for 60GHz short-range wireless communication// 2012 IEEE International Solid-State Circuits Conference (ISSCC), San Francisco, 2012: 266-267.

[13] Saigusa S, Mitomo T, Okuni H, et al. Fully integrated single-chip 60GHz CMOS transceiver with scalable power consumption for proximity wireless communication// 2014 IEEE International Solid-State Circuits Conference (ISSCC), San Francisco, 2014: 342-343.

[14] Boers M, Vassiliou I, Sarkar S, et al. A 16TX/16RX 60GHz 802.11ad chipset with single coaxial interface and polarization diversity// 2014 IEEE International Solid-State Circuits Conference (ISSCC), San Francisco, 2014: 344-345.

[15] Tsukizawa T, Shirakata N, Morita T, et al. A fully integrated 60GHz CMOS transceiver chipset based on WiGig/IEEE802.11ad with built-in self calibration for mobile applications// 2013 IEEE International Solid-State Circuits Conference (ISSCC), San Francisco, 2013: 230-231.

[16] Vidojkovic V, Mangraviti G, Khalaf K, et al. A low-power 57-to-66GHz transceiver in 40nm LP CMOS with −17dB EVM at 7Gb/s// 2012 IEEE International Solid-State Circuits Conference (ISSCC), San Francisco, 2012: 268-269.

[17] Aloui S, Leite B, Demirel N, et al. High-gain and linear 60-GHz power amplifier with a thin digital 65-nm CMOS technology. IEEE Transactions on Microwave Theory and Techniques, 2013, 61(6): 2425-2437.

[18] Chen J, Niknedjad A. A compact 1V 18.6dBm 60GHz power amplifier in 65nm CMOS// 2011 IEEE International Solid-State Circuits Conference (ISSCC), San Francisco, 2011: 432-433.

[19] Cho Y, Kang D, Kim J, et al. Linear doherty power amplifier with an enhanced back-off efficiency mode for handset applications. IEEE Transactions on Microwave Theory and Techniques, 2014, 62(3): 567-578.

[20] Wicks B, Skafidas E, Evans R. A 60-GHz fully-integrated doherty power amplifier based on 0.13-μm CMOS process// 2008 IEEE Radio Frequency Integrated Circuits Symposium (RFIC), Atlanta, 2008: 69-72.

[21] Agah A, Dabag H, Hanafi B, et al. Active millimeter-wave phase-shift doherty power amplifier in 45-nm SOI CMOS. IEEE Journal of Solid-State Circuits, 2013, 48(10): 2338-2350.

[22] Kim B, Kwak C, Lee J. A dual-mode power amplifier with on-chip switch bias control circuits for LTE handsets. IEEE Transactions on Circuits and Systems II: Express Briefs, 2011, 58(10): 857-861.

[23] Zhao D, Reynaert P. A 60-GHz dual-mode class AB power amplifier in 40-nm CMOS. IEEE Journal of Solid-State Circuits, 2013, 48(10): 2323-2337.

[24] Asada H, Bunsen K, Matsushita K, et al. A 60GHz 16Gb/s 16QAM low-power direct-conversion transceiver using capacitive cross-coupling neutralization in 65nm CMOS// 2011 IEEE Asian Solid State Circuits Conference (A-SSCC), Jeju, 2011: 373-376.

[25] Okada K, Minami R, Tsukui Y, et al. A 64-QAM 60GHz CMOS transceiver with 4-channel bonding// 2014 IEEE International Solid-State Circuits Conference (ISSCC), San Francisco, 2014: 346-347.

第2章　片上集成毫米波无源元件

由于毫米波电路的工作频率接近硅基晶体管的截止频率，晶体管提供的放大能力有限，毫米波电路需要大量采用无源元件构成的无源网络来提高电路性能，无源元件的质量对毫米波电路的性能具有至关重要的影响。图 2.1 给出了毫米波放大器的典型电路结构图。从图中可以看到，在晶体管尺寸与偏置确定的情况下，放大器的性能完全由各无源元件构成的输入匹配网络、中间级匹配网络和输出匹配网络决定。

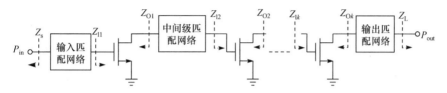

图 2.1　毫米波放大器的典型电路结构图

由于硅基工艺(CMOS 工艺)一般采用深掺杂衬底，衬底导电性较好，在衬底上方集成的无源元件因电磁波泄漏入衬底而引入较大的损耗，严重限制了芯片上集成的无源元件的品质因子，使无源元件成为限制毫米波电路性能的一个主要因素。

本章将简单介绍常用的硅基集成毫米波无源元件及其基本特性，并结合我们的研究工作，讨论基于耦合谐振腔的宽带无源网络和人工介质传输线以及它们在毫米波电路中的应用，最后对毫米波芯片封装技术与封装天线进行简单讨论。

2.1　常用无源元件

硅基工艺提供多层金属线来实现信号之间的互连，其中最上面的一层或两层金属通常采用厚金属线来降低互连线损耗，并提高通过电流的能力。硅基工艺一般还提供额外的 Al 重布线层(redistribution layer, RDL)方便封装，它一般也是加厚的金属层。图 2.2 给出了 TSMC 65nm 1P9M CMOS 工艺的横截面图，该工艺提供一层多晶硅栅走线(PO1)和九层金属走线(M1～M9)，其中 M9 采用加厚的铜线，其金属厚度为 3.4μm，方块电阻仅为 5mΩ；而 M8 和 M2～M7 的厚度分别仅为 0.9μm 和 0.22μm，方块电阻分别为 22mΩ 和 140mΩ。Al RDL 采用加厚的 Al 线，其金属厚度为 1.45μm，方块电阻为 21mΩ。可以看到，相比于其他金属层，采用

M9 走线可以极大地降低其损耗。因此，毫米波无源元件一般由质量最好的顶层金属线(M9)来构成，在有些情况下，也可以采用次层金属(M8)或 Al RDL 来进行连线之间的过渡。

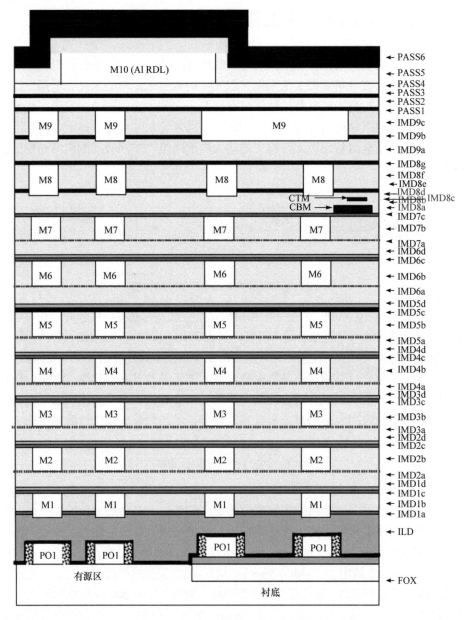

图 2.2　TSMC 65nm 1P9M CMOS 工艺的横截面图

在毫米波频段，传输线是最常用的无源元件之一，并常被用来实现毫米波电路中各元器件之间的互连。硅基工艺可以实现四种典型的传输线结构，分别为微带线、共面波导、接地共面波导和慢波共面波导，如图 2.3 所示。

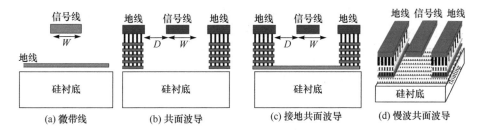

图 2.3　硅基工艺下的典型传输线结构

图 2.3(a)所示的微带线由顶层金属作为信号线，底层金属作为地平面形成电流回流路径，通过控制信号线的宽度 W，可以调节其传输线特性阻抗 Z_c，但传输线的衰减系数 α 和相移常数 β 也会同时受到影响，因此设计的自由度受到一定的限制。为了避免底层金属密度过大的问题，其地平面一般采用如图 2.4 所示的栅状网格结构，其填充率会影响地平面的等效电导率。

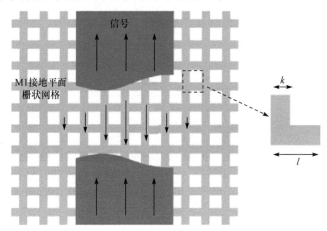

图 2.4　栅状网格结构的地平面

为了提供更多的设计自由度，可以采用如图 2.3(b)所示的共面波导结构，中间的顶层金属作为信号线，而两侧的所有金属层通过通孔连在一起作为地平面形成电流回流路径[1]。信号线宽度 W 和信号线与地平面的间距 D 是两个设计参量，可以通过增加信号线宽度 W 减小传输线损耗，并通过调节信号线与地平面的间距 D 来设定传输线特性阻抗。这种结构中，信号线辐射的电磁波有一部分会进入硅衬底，形成并联损耗。为了减小这种损耗，可以采用图 2.3(c)所示的接地共面波导结构，信号线下面的接地金属平面形成屏蔽层，消除了衬底损耗的影响，但该结构改变了电流回流路径，从而改变了传输线的各种特性。实际上，当信号线与两

侧地平面的间距 D 足够大时，该结构等同于图 2.3(a)所示的微带线结构。

　　还有一种消除衬底损耗的共面波导结构是如图 2.3(d)所示的慢波共面波导，它采用与信号线垂直的浮空底层金属条作为屏蔽层，同样达到了隔离有损衬底的目的。该结构中，通过增大信号线与两侧的地平面间距 D，增加了单位长度传输线的电感量 L，而浮空的金属条增加了信号线与回流路径之间的单位长度传输线寄生电容 C，使该传输线的相移常数 $\beta = \omega\sqrt{LC}$ 增加。考虑到传输线的波长 $\lambda = 2\pi/\beta$，因此传输线的等效电学波长变短，相速减小，这是该传输线命名为慢波传输线的原因[2]。在实际电路中，可以通过改变信号线与两侧的地平面间距 D，调节该传输线的等效电学波长，并可利用该特性来减小实际电路中传输线的长度，从而减小芯片面积。

　　传输线的电学特性可以用其特性阻抗 Z_c、衰减系数 α 和相移常数 β 来描述。这些电学特性可以从测试或电磁场仿真得到的两端口 S 参数计算得到[3]，即

$$e^{-(\alpha+j\beta)l} = \left(\frac{1 - S_{11}{}^2 + S_{21}{}^2}{2S_{21}} \pm K \right)^{-1} \tag{2.1}$$

$$Z_c{}^2 = Z_0{}^2 \frac{(1 + S_{11})^2 - S_{21}{}^2}{(1 - S_{11})^2 - S_{21}{}^2} \tag{2.2}$$

其中

$$K = \left[\frac{(S_{11}{}^2 - S_{21}{}^2 + 1)^2 - (2S_{11})^2}{(2S_{21})^2} \right]^{1/2}$$

l 为传输线长度；Z_0 为参考阻抗，一般设为 50Ω。

　　图 2.3 所示的各种传输线具有良好的电流回流路径，因此电磁场仿真准确度很高，同时传输线也具有较宽的带宽，但由于其分布式特性，这些传输线需要消耗较大的芯片面积。为了减小芯片面积消耗，毫米波集成电路也大量采用电感、变压器和电容等集总式元件。

　　图 2.5 给出了三种典型的片上集成电感的结构图，分别为非对称型螺旋形电感、对称型螺旋形电感和具有中心抽头的螺旋形电感。它们通常由顶层金属绕制而成，必要时采用次层金属或 Al RDL 来进行连线之间的过渡。与低频段应用时不同，毫米波电路中采用的电感的电感量较小(几十到几百皮亨)，同时毫米波段衬底损耗很高，而衬底损耗与电感面积直接相关，因此毫米波电感需要尽量减小其尺寸，其中心所留空心的面积不宜太大。电感的基本电学特性可以用电感量和品质因子来描述，这些电学特性可以从测试或电磁场仿真得到的 S 参数经转换为 Z 参数后计算得到(对称型螺旋形电感需经理想 Balun 将差分端口转换为单端)，即

$$L = \mathrm{Im}(Z_{11})/\omega, \quad Q = \mathrm{Im}(Z_{11})/\mathrm{Re}(Z_{11}) \tag{2.3}$$

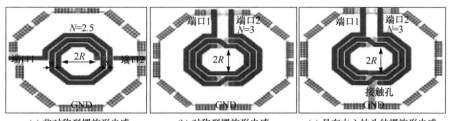

| (a) 非对称型螺旋形电感 | (b) 对称型螺旋形电感 | (c) 具有中心抽头的螺旋形电感 |

图 2.5　片上集成电感的典型结构图

在实际应用中，自谐振频率也是电感设计中需要关注的一个物理量，毫米波电路的工作频率需要远离电感的自谐振频率。这是因为在自谐振频率附近，电感的电学特性变化非常剧烈，随机性的工艺偏差有可能引起较大的电感量或品质因子变化。一般电感的自谐振频率要为电路工作频率的 2 倍以上。

变压器是毫米波电路中广泛应用的另一种感性元件。图 2.6 给出了片上集成变压器的典型结构图。图 2.6(a)所示的平面型变压器的首级和次级线圈均由顶层金属绕制而成，次层金属或 Al RDL 仅作为连线之间的过渡来使用，因此具有较高的品质因子，但其耦合系数相对较低。图 2.6(b)所示的堆叠型变压器的首级线圈由顶层金属绕制而成，而次级线圈由次层金属(或以下几层金属并联)绕制而成。由于次层金属的厚度较小，所以次级线圈的品质因子受到一定的限制，但这种结构的变压器中两个线圈耦合得较为紧密，可以得到相对较高的耦合系数。

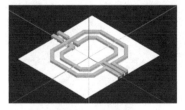

| (a) 平面型变压器 | (b) 堆叠型变压器 |

图 2.6　片上集成变压器的典型结构图

变压器的基本电学特性可以用首级线圈电感量 L_P、次级线圈电感量 L_S、首级线圈品质因子 Q_P、次级线圈品质因子 Q_S 以及耦合系数 k 来描述，这些电学特性可以从测试或电磁场仿真得到的两端口 S 参数(每一级线圈输入端作为一个端口，差分端口需要采用理想 Balun 转换为单端)转换为 Z 参数后计算得到，即

$$L_P = \text{Im}(Z_{11}) / \omega, \quad L_S = \text{Im}(Z_{22}) / \omega \tag{2.4}$$

$$Q_P = \text{Im}(Z_{11}) / \text{Re}(Z_{11}), \quad Q_S = \text{Im}(Z_{22}) / \text{Re}(Z_{22}) \tag{2.5}$$

$$k = \sqrt{\frac{\text{Im}(Z_{12})\,\text{Im}(Z_{21})}{\text{Im}(Z_{11})\,\text{Im}(Z_{22})}} \tag{2.6}$$

变压器的综合性能评价(figure of merit, FOM)可以采用其最小插入损耗 $\mathrm{IL_m}$ 来描述，它定义为当变压器两端口都完全匹配时所获得的增益的绝对值，描述了变压器的本征性能[4]，其计算如式(2.7)所示：

$$\mathrm{IL_m} = -10 \cdot \lg\left[1 + 2 \cdot (x - \sqrt{x^2 + x})\right] \tag{2.7}$$

其中

$$x = \frac{\mathrm{Re}(Z_{11}) \cdot \mathrm{Re}(Z_{22}) - [\mathrm{Re}(Z_{12})]^2}{[\mathrm{Im}(Z_{12})]^2 + [\mathrm{Re}(Z_{12})]^2}$$

金属-绝缘体-金属(MIM)电容是毫米波电路中常用的一种容性元件，图 2.7 给出了 TSMC 65nm CMOS 工艺下 MIM 电容的横截面图和 HFSS 3D 模型图。这种电容实际上是一个平行板电容器，它由插在 M8 和 M7 之间的特殊金属层电容器上层金属(capacitor top metal, CTM)和电容器下层金属(capacitor bottom metal, CBM)构成(这些金属层只能用来构成 MIM 电容，不能作为互连线)，并通过过孔 Vcap 连接到 M8 及顶层金属 M9。这两个金属层之间相隔很近，中间填充高介电常数的介质，因此 MIM 电容的电容密度很大，寄生效应很小，是一类性能非常优良的电容器。但由于 MIM 电容需要特殊工艺，与标准数字 CMOS 工艺并不兼容，在 40nm 以后的 CMOS 工艺中已经不再采用。

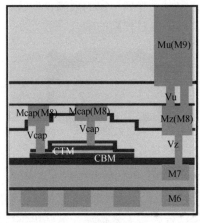

(a) 横截面图

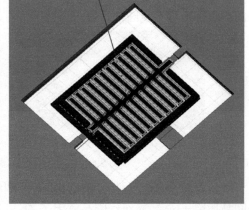

(b) HFSS 3D模型

图 2.7 TSMC 65nm CMOS 工艺下 MIM 电容的横截面图和 HFSS 3D 模型图

MOM 电容是更为常用的一种容性元件，它主要利用同层金属的叉指结构来构建电容，如图 2.8 所示。同侧不同层金属之间通过通孔相连，从而可以将工艺所提供的所有金属层都用上来提高电容密度。随着工艺特征尺寸的缩小，同层金属线的间距也逐渐缩小，因此这种电容的电容密度会随着工艺的进步而显著提升。MOM 电容不需要增加额外的掩模层，电容密度相对较高，射频性能良好，已经成为 40nm 以后的 CMOS 工艺推荐使用的电容器。

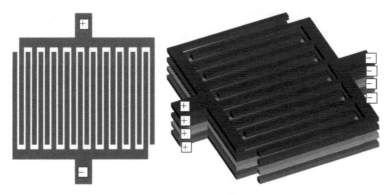

图 2.8　MOM 电容结构

2.2　基于耦合谐振腔的宽带无源网络[5]

　　毫米波频率资源丰富，毫米波通信或雷达系统可以占用宽的带宽来达到超高的通信数据率或超高的雷达探测精度，但吉赫兹以上的带宽要求给毫米波电路的设计引入了巨大的挑战。由图 2.1 可以看出，毫米波电路的带宽主要是由其中的无源网络所决定的。耦合谐振腔是一个四阶无源网络，它所具有的频率双峰特性可以用来扩展毫米波电路的带宽。

　　耦合谐振腔及其电学特性参数如图 2.9 所示，它由变压器的首级线圈和次级线圈分别与各侧的电容、电阻构成两个耦合的 RLC 谐振腔，其中 R_1、C_1 和 L_1 构成左边的谐振腔，R_2、C_2 和 L_2 构成右边的谐振腔，两个谐振腔之间的耦合系数为 k。通过式(2.8)的变换，耦合谐振腔的电学特性可以由两个谐振腔非耦合时的幅频响应参数(谐振频率 ω_i、品质因子 Q_i、谐振阻抗 R_{Pi})以及它们之间的耦合系数 k 来描述：

$$\omega_i = \frac{1}{\sqrt{L_i C_i}}, \quad Q_i = \frac{R_i}{\omega_i L_i}, \quad R_{Pi} = R_i \tag{2.8}$$

将该耦合谐振腔看作一个两端口网络，可以计算其 $Z_{21}(s)$ 参数：

$$Z_{21}(s) = \frac{Q_1 Q_2 k \omega_1^2 \omega_2^2 \sqrt{\dfrac{R_{P1} R_{P2}}{Q_1 Q_2 \omega_1 \omega_2}} \cdot s}{\begin{aligned}&Q_1 Q_2 (1-k^2)s^4 + (Q_1\omega_2 + Q_2\omega_1)(1-k^2)s^3 + [\omega_1\omega_2(1-k^2) + Q_1 Q_2(\omega_1^2 + \omega_2^2)]s^2 \\ &+ \omega_1\omega_2(Q_1\omega_1 + Q_2\omega_2)s + Q_1 Q_2 \omega_1^2 \omega_2^2\end{aligned}}$$

(2.9)

我们将借助于 $Z_{21}(s)$ 参数来分析该耦合谐振腔所具有的宽带特性。

　　1) 对称型耦合谐振腔

　　首先考虑对称型耦合谐振腔，此时 $\omega_1 = \omega_2 = \omega_0$，$Q_1 = Q_2 = Q$(不要求 R_{P1} 与

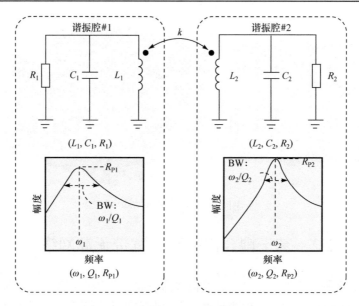

图 2.9　耦合谐振腔及其电学特性参数

R_{P2} 相等)。在此条件下,式(2.9)可以简化为

$$Z_{21}(s) = \frac{kQ\omega_0^{\ 3}\sqrt{R_{\mathrm{P1}}R_{\mathrm{P2}}} \cdot s}{(1-k^2)Q^2s^4 + 2(1-k^2)Q\omega_0 s^3 + (1-k^2+2Q^2)\omega_0^{\ 2}s^2 + 2Q\omega_0^{\ 3}s + Q^2\omega_0^{\ 4}}$$

(2.10)

可以看到,R_{P1} 与 R_{P2} 在式(2.10)中仅影响 $Z_{21}(s)$ 参数的幅度,而不影响其带宽特性。

考虑到在 Z_{21} 的极点频率处,Z_{21} 的虚部应为 0,因此可以令式(2.10)分母部分的实部为 0 来求得极点频率。假设 $2Q^2 \gg 1-k^2$(实际情况下,该假设一般都成立),可以求得极点频率为

$$\omega_{\mathrm{H}} \approx \frac{\omega_0}{\sqrt{1-k}}, \quad \omega_{\mathrm{L}} \approx \frac{\omega_0}{\sqrt{1+k}}$$

(2.11)

可以看到,k 越大,两个极点频率越远离彼此。图 2.10 给出了当 $Q=5$ 时对称型耦合谐振腔 Z_{21} 幅频响应曲线随耦合系数 k 的变化情况。当 k 足够大时,Z_{21} 幅频响应在对应极点频率处存在两个相等的幅度峰值;当 k 逐渐减小时,幅度峰值点逐渐靠近,并最终合并成一个峰值点。我们感兴趣的是两个幅度峰值点开始合并的临界条件,因为该临界条件也是达到没有增益纹波的最大平坦响应且带宽最宽的临界条件。

由式(2.10)可以计算在两个极点频率处的幅度峰值:

$$|Z_{21}(\mathrm{j}\omega_{\mathrm{H}})| = |Z_{21}(\mathrm{j}\omega_{\mathrm{L}})| = \frac{\sqrt{R_{\mathrm{P1}}R_{\mathrm{P2}}}}{2}$$

(2.12)

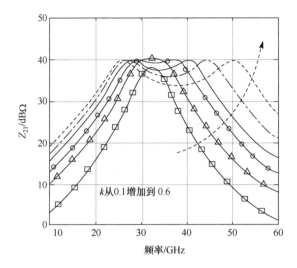

图 2.10　当 $Q=5$ 时对称型耦合谐振腔 Z_{21} 幅频响应曲线随耦合系数 k 的变化情况

考虑到在 Z_{21} 的零点频率处，Z_{21} 的实部应为 0，因此可以令式(2.10)分母部分的虚部为 0 来求得零点频率：

$$\omega_{\text{X}} = \frac{\omega_0}{\sqrt{1-k^2}} \tag{2.13}$$

ω_{X} 位于 ω_{H} 和 ω_{L} 之间，在该频率处，Z_{21} 达到带内幅度响应的最低值为

$$\left| Z_{21}(\text{j}\omega_{\text{X}}) \right| = \frac{\sqrt{1-k^2}\,kQ}{1-k^2+k^2Q^2}\sqrt{R_{\text{P1}}R_{\text{P2}}} \tag{2.14}$$

由式(2.12)和式(2.14)，可以估算 Z_{21} 的带内增益纹波：

$$\text{ripple} = \frac{\left| Z_{21}(\text{j}\omega_{\text{H,L}}) \right|}{\left| Z_{21}(\text{j}\omega_{\text{X}}) \right|} = \frac{1-k^2+k^2Q^2}{2\sqrt{1-k^2}\,kQ} \tag{2.15}$$

需要注意的是，式(2.15)仅能用来计算 Z_{21} 的两个幅度峰值点还没有合并时的带内增益纹波。图 2.11 给出了由式(2.15)计算得到的带内增益纹波随耦合谐振腔 k 和 Q 的变化情况，并与仿真结果进行了对比。可以看到，计算结果与仿真结果高度吻合，因此可以用式(2.15)来计算带内增益纹波。如果令 $\text{ripple}=1$，则可以得到最大平坦响应的条件为

$$k^2(1+Q^2) = 1 \tag{2.16}$$

如果可以容忍一定的带内增益波动，则 Z_{21} 幅频响应的带宽可以进一步扩展，其 −3dB 带宽可以根据式(2.10)来计算。由于其闭环分析表达式太过复杂，一般采用数值或仿真方法来计算。图 2.12 给出了对称型耦合谐振腔的增益带宽积(gain

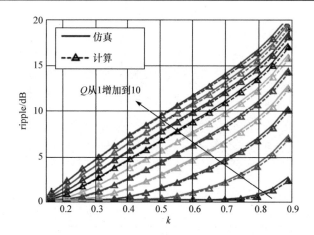

图 2.11　式(2.15)计算得到的带内增益纹波随耦合谐振腔 k 和 Q 的变化情况及与仿真结果的对比

bandwidth product, GBW)随 Q 的变化情况。这里 GBW 针对带内增益峰值 $\omega_0\sqrt{R_{P1}R_{P2}}/2$ 进行了归一化。可以看到，随着 Q 值的增加，GBW 是下降的。由于 Q 值增加一般会引起增益峰值的增加，所以其带宽将进一步缩小，这与普通 *RLC* 网络的–3dB 带宽与 Q 值成反比的情况类似。因此，高 Q 值网络一般较难达到宽的带宽。

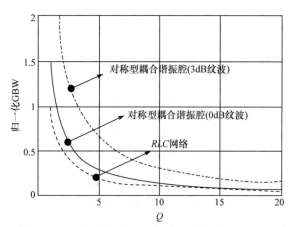

图 2.12　对称型耦合谐振腔的 GBW 随 Q 的变化情况

2) 非对称型耦合谐振腔

在很多实际电路中，对称型耦合谐振腔的条件很难满足，两个谐振腔的谐振频率和 Q 值并不相等，导致其 Z_{21} 的两个幅度峰值并不相同。图 2.13 给出了当 $Q_1 = Q_2$ 时耦合谐振腔的 Z_{21} 幅频响应随 ω_1/ω_2 和 ω_2/ω_1 的变化情况。可以看到，由于两个谐振腔的谐振频率失配，Z_{21} 的两个幅度峰值并不相同，并都小于对称型耦合谐振腔的幅度峰值。

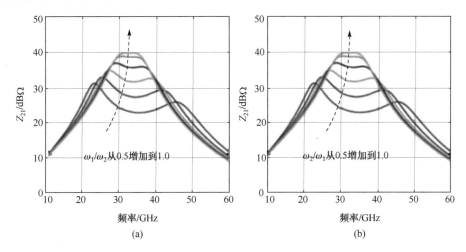

图 2.13　当 $Q_1 = Q_2$ 时耦合谐振腔的 Z_{21} 幅频响应随 ω_1/ω_2 和 ω_2/ω_1 的变化情况(见彩图)

由式(2.9)可以计算耦合谐振腔的幅度峰值，分别为

$$|Z_{21}(j\omega_H)| = \frac{Q_1 Q_2 k \omega_1^2 \omega_2^2 \sqrt{\dfrac{R_{P1} R_{P2}}{Q_1 Q_2 \omega_1 \omega_2}}}{1 - (\omega_2 Q_1 + \omega_1 Q_2)(1-k^2)\omega_H^2 + \omega_1^2 \omega_2 Q_1 + \omega_2^2 \omega_1 Q_2} \qquad (2.17)$$

$$|Z_{21}(j\omega_L)| = \frac{Q_1 Q_2 k \omega_1^2 \omega_2^2 \sqrt{\dfrac{R_{P1} R_{P2}}{Q_1 Q_2 \omega_1 \omega_2}}}{1 - (\omega_2 Q_1 + \omega_1 Q_2)(1-k^2)\omega_L^2 + \omega_1^2 \omega_2 Q_1 + \omega_2^2 \omega_1 Q_2} \qquad (2.18)$$

其中，两个极点频率满足：

$$\omega_H^2 = \frac{\omega_1^2 + \omega_2^2 + \sqrt{(\omega_1^2 + \omega_2^2)^2 - 4(1-k^2)\omega_1^2 \omega_2^2}}{2(1-k^2)} \qquad (2.19)$$

$$\omega_L^2 = \frac{\omega_1^2 + \omega_2^2 - \sqrt{(\omega_1^2 + \omega_2^2)^2 - 4(1-k^2)\omega_1^2 \omega_2^2}}{2(1-k^2)} \qquad (2.20)$$

若 $\omega_1/\omega_2 = Q_1/Q_2 = \alpha$，则由式(2.17)和式(2.18)可知：

$$|Z_{21}(j\omega_H)| = |Z_{21}(j\omega_L)| = \frac{k\alpha\sqrt{R_{P1}R_{P2}}}{\sqrt{(\alpha^2-1)^2 + 4k^2\alpha^2}} \qquad (2.21)$$

可以看到，当两个谐振腔的谐振频率失配与 Q 值失配相等时，Z_{21} 的两个幅频响应峰值又相等了。当 $\alpha = 1$ 时，耦合谐振腔 Z_{21} 的幅频响应峰值达到最大值 $\sqrt{R_{P1}R_{P2}}/2$，这就是前面所讨论的对称型耦合谐振腔的情况。图 2.14 给出了耦合谐振腔存在谐振频率失配和 Q 值失配时的 Z_{21} 幅频响应曲线，验证了以上的计算结果。

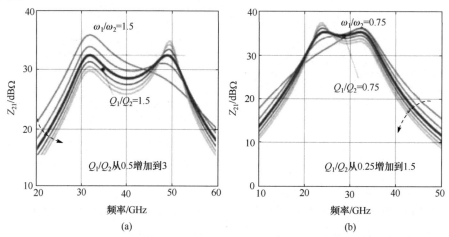

图 2.14　耦合谐振腔存在谐振频率失配和 Q 值失配时的 Z_{21} 幅频响应曲线(见彩图)

同样，非对称型耦合谐振腔 Z_{21} 幅频响应的–3dB 带宽的闭环分析表达式太过复杂，一般通过仿真的方式来获得其数值。图 2.15 给出了非对称型耦合谐振腔的增益、带宽和 GBW 随失配程度的变化，其中增益针对 $\sqrt{R_{P1}R_{P2}}/2$ 进行了归一化，–3dB 带宽(BW)针对 $\sqrt{\omega_1\omega_2}$ 进行了归一化。仿真中设置 $\omega_1=\alpha\omega_2$，$Q_1=\alpha Q_2=\alpha Q$，Q 分别等于 2、5 和 10，耦合系数 k 根据式(2.16)来计算以保证最大平坦的幅频响应。从图 2.15(a)可以看出，随着频率失配的增加(α 偏离 1)，增益是逐渐下降的，这与式(2.21)的预测是一致的。同时，频率失配的增加可以扩展–3dB 带宽。但是，从图 2.15(b)可以看到，频率失配使增益恶化的速度要快于–3dB 带宽增加的速度，因此非对称型耦合谐振腔的 GBW 总是小于对称型耦合谐振腔的 GBW。

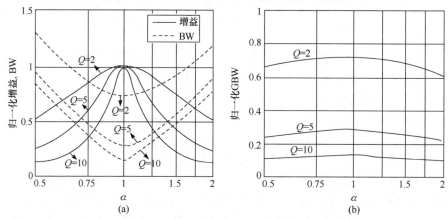

图 2.15　非对称型耦合谐振腔的增益、带宽和 GBW 随失配程度的变化

与此同时,频率的失配会增加带内增益纹波。图 2.16 给出了非对称型耦合谐振腔的带内增益纹波随失配程度 α 和 Q 值的变化情况。可以看到,对于任何特定的 Q 值,对称型耦合谐振腔($\alpha = 1$)具有最小的带内增益纹波,而当失配增加时,带内增益纹波总会变大。

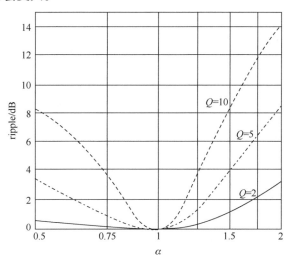

图 2.16 非对称型耦合谐振腔的带内增益纹波随失配程度 α 和 Q 值的变化情况

图 2.17 给出了非对称型耦合谐振腔的耦合系数 k 的影响。可以看到,k 越大,两个增益峰值点越远。

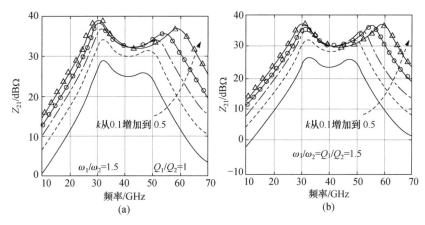

图 2.17 非对称型耦合谐振腔的耦合系数 k 的影响

3) 应用实例:65nm CMOS 宽带 Ka 波段功率放大器

前面介绍了耦合谐振腔的基本特性,在毫米波电路中,可以利用耦合谐振腔所具有的特殊性质来扩展电路带宽。这种技术已经成功应用于 Ka 波段功率放大器[5]、宽带有源毫米波移相器[6]、W 波段宽带倍频器[7]、G 波段宽带放大器[8]等电路中，有效扩展了电路的工作带宽。这里仅以 65nm CMOS 工艺实现的一款宽带 Ka 波段功率放大器为例来说明耦合谐振腔在实际电路中的应用。

该功率放大器的电路图如图 2.18 所示，晶体管的尺寸也在图中进行了标注。该功率放大器由两级伪差分共源放大级组成。每一级共源放大级均采用中和电容技术消除晶体管栅端到漏端寄生电容 C_{GD} 的影响，从而提高了功率放大器的增益和稳定性。中和电容的容值也同样在图 2.18 中进行了标注。

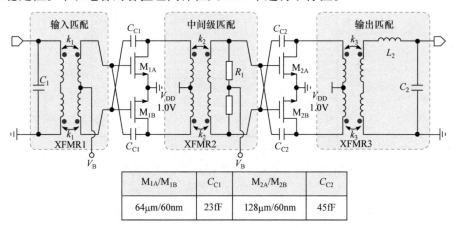

M_{1A}/M_{1B}	C_{C1}	M_{2A}/M_{2B}	C_{C2}
64μm/60nm	23fF	128μm/60nm	45fF

图 2.18　Ka 波段功率放大器的电路图

在晶体管的设计方面，输出级的尺寸和偏置根据所需的输出功率和线性度来确定。驱动级的尺寸根据所需的输出功率以及输出级提供的增益确定。一般而言，驱动级不应影响到功率放大器的线性度。在这里，驱动级晶体管的尺寸选取为输出级晶体管尺寸的一半。功率放大器的输入级、中间级以及输出级匹配网络均由耦合谐振腔组成，下面将对其设计进行说明。需要说明的是，在 Z_{21} 幅频响应的通带频率范围内，向耦合谐振腔中变压器首级线圈输入端左右两边或次级线圈输出端左右两边看进去的阻抗是共轭的，即满足匹配条件。这是因为 Z_{21} 幅度最大时，可以在负载 R_{P2} 上得到最大功率(这里将前一级晶体管等效为电流源)。按照最大功率传输条件，仅当无源网络中任一处左右两边的阻抗共轭(匹配)时，才能实现最大功率的传输。

图 2.19(a)给出了该功率放大器的简化单端输出匹配网络的示意图。当确定了功率放大器输出级晶体管的尺寸和偏置后，通过负载牵引(load pull)仿真可以确定在一定的输入功率情况下晶体管漏端所应看到的最优负载阻抗。在本设计中，最优负载阻抗应为 37.5Ω电阻(R_S)与 123fF(C_S)电容并联后的阻抗的共轭。图 2.19 中的耦合谐振腔将 50Ω(R_L)的负载阻抗与 25fF(C_L)的输出焊盘寄生电容并联后的阻抗转换为上述最优负载阻抗。

由于上述耦合谐振腔两边各并联了 50Ω和 37.5Ω的电阻，两个谐振腔的 Q 值均很低，变压器本身的串联寄生电阻的影响可以忽略。因此，耦合谐振腔两侧的谐振峰值阻抗可以预先确定。我们仅需要将一个低 Q 的固定峰值阻抗网络匹配到另一个低 Q 的固定峰值阻抗网络。

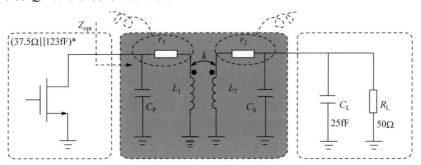

(a) 简化的功率放大器单端输出匹配网络

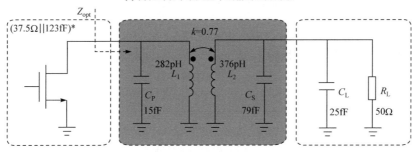

(b) 输出级耦合谐振腔初始设计结果

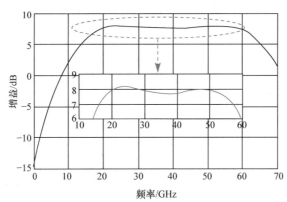

(c) 初始设计后的功率放大器输出级仿真增益曲线

图 2.19　功率放大器输出匹配网络设计

根据前面的分析，我们可以整理出一个简单的设计流程，其步骤如下。

(1) 选择使用对称型耦合谐振腔以获得最大的 Z_{21} 幅频响应峰值和 GBW，因

此 $\omega_1=\omega_2=\omega_0$, $Q_1=Q_2=Q$ 。

(2) 假设变压器初级线圈的寄生电容为 C_P。通常我们不希望在耦合谐振腔中引入额外的电容。这是因为谐振频率固定时，引入额外的电容将降低电感量，而在谐振阻抗 R_P 固定的情况下，这将会使谐振腔的 Q 值增加。由图 2.12 可知，Q 值增加会导致耦合谐振腔的 GBW 减小。但是，变压器的寄生电容是无法避免的，设计中必须将它考虑进去。根据经验，10～20fF 的寄生电容是这个频段变压器寄生电容的一个合理估值，我们选择 15fF 作为初始设计值。

(3) 根据中心工作频率以及耦合谐振腔左侧的总体电容量计算耦合谐振腔的 Q 值。在此设计中，左侧的总电容为 138fF。中心工作频率为 32GHz。中心工作频率可以采用两个极点频率的几何平均来进行计算：

$$\omega_C^2=\omega_H\omega_L=\frac{\omega_0^2}{\sqrt{1-k^2}}$$

而 Q 值可以表示为

$$Q=\omega_0 R_S(C_S+C_P)$$

根据以上两式和耦合谐振腔 Z_{21} 幅度最大平坦响应条件(式(2.16))，可以计算出：

$$Q=\sqrt{\frac{-1+\sqrt{1+4\alpha^4}}{2}}$$

其中

$$\alpha=\omega_C R_S(C_S+C_P)$$

代入已有数据，可以计算出 Q 值为 0.83。

(4) 根据耦合谐振腔 Z_{21} 幅度最大平坦响应条件(式(2.16))，可以计算出 k 值：

$$k=\frac{1}{\sqrt{1+Q^2}}$$

代入已有数据，可以计算出 k 值为 0.77。

(5) 根据如下公式计算 L_1：

$$L_1=\frac{1}{\omega_0^2(C_S+C_P)}=\frac{R_S^2(C_S+C_P)}{Q^2}$$

可得 L_1 为 282pH。

(6) 根据 $\omega_1=\omega_2=\omega_0$，$Q_1=Q_2=Q$，可以知道耦合谐振腔两侧的电感比值需等于电阻比值：

$$\frac{L_1}{L_2}=\frac{R_S}{R_L}$$

电容比值等于电阻比值的倒数：

$$\frac{C_2}{C_1} = \frac{R_S}{R_L}$$

因此可以计算出 L_2=376pH，C_2=104fF。在右侧的谐振腔中，除去焊盘的寄生电容，还需要添加 79fF 的额外电容 C_S。

至此，耦合谐振腔的初步设计就完成了。所有参数值均标注在图 2.19(b)中。根据这些参数仿真的功率放大器输出级增益曲线如图 2.19(c)所示。可见，根据这些计算，我们已经得到了一个平坦的宽带响应，带内增益纹波仅为 0.5dB，说明上述基于耦合谐振腔的宽带输出级匹配网络设计过程是可行的。接下来，设计者还需要将这个简化的变压器模型替换为真实的变压器，这是一个迭代的过程。最终实现的输出匹配网络的三维示意图如图 2.20 所示。该输出匹配网络由一个上下层堆叠的单圈变压器、一个泄漏电感、输出 G-S-G 焊盘和一个额外的电容组成。变压器和电感的尺寸已在图 2.20 中进行了标注，其中变压器的内径为 103μm，宽度为 9μm，初级线圈采用 3.4μm 厚的 M9 金属层绕制，次级线圈采用 M6~M8 三层金属堆叠进行绕制；电感的外径设计为 66.5μm。

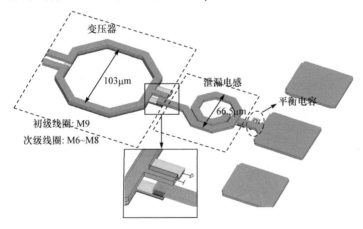

图 2.20 输出级匹配网络无源结构的三维示意图

这里需要对泄漏电感的作用进行说明。由前面的分析可知，为了实现最优的匹配网络，我们同时对变压器两侧电感值 L_1、L_2 以及它们之间的耦合系数 k 提出了要求。而在变压器的具体实现中，很难对这三个参数中的某一个独立调节而不影响其他两个参数。因此变压器的优化过程较为烦琐，需要进行多次迭代才能得到令人满意的参数。为了减少迭代次数，加快设计流程，我们插入了泄漏电感来辅助输出匹配网络的设计。图 2.21 给出了带泄漏电感的变压器及其等效电路。根据耦合系数的定义以及基尔霍夫方程，得到带泄漏电感的变压器可以等效为如下的初级线圈电感量、次级线圈电感量和耦合系数：

$$L'_{\text{pri}} = L_{\text{pri}}$$

$$L'_{\text{sec}} = L_{\text{sec}} + L_2$$

$$k' = k\sqrt{\frac{L_{\text{sec}}}{L_{\text{sec}} + L_2}}$$

由此可见，泄漏电感可以在不影响初级线圈电感的值的情况下调节次级线圈电感的值和两个线圈之间的等效耦合系数，从而简化了变压器的设计和迭代过程。引入泄漏电感的另外一个好处是，泄漏电感可以利用工艺提供的 3.4μm 厚度顶层金属 M9 来绕制，有助于降低次级线圈的电阻损耗。对泄漏电感单独进行电磁场仿真可得到其电感量约为 156pH，在 32GHz 时的 Q 值高达 27。

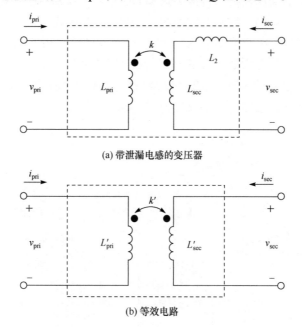

(a) 带泄漏电感的变压器

(b) 等效电路

图 2.21　带泄漏电感的变压器及其等效电路

图 2.22 给出了中间级匹配网络的简化单端电路图。输入级匹配网络的设计与中间级匹配网络类似，唯一的差别是需要将网络左侧的阻抗换为 50Ω 源阻抗和焊盘寄生电容容抗的并联，这里不再讨论。中间级匹配网络右侧的负载是下一级晶体管的栅极，等效为晶体管栅电容和栅极寄生小电阻的串联，具有较高的品质因子，因此右侧谐振腔的 Q 值主要由变压器次级线圈本身的品质因子决定。中间级匹配网络左侧的源阻抗为上一级晶体管漏端的输出阻抗，该较低的输出阻抗拉低了左侧谐振腔的 Q 值。由于右侧谐振腔具有相对较高的 Q 值、两个谐振腔的 Q 值不匹配以及右侧谐振腔的 R_P 不确定、其 Q 值由变压器本身决定等因素，实现

宽带的中间级匹配网络更为困难。

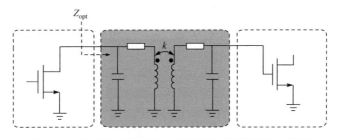

图 2.22　功率放大器单端中间级匹配网络的简化电路图

　　为了实现宽带的中间级匹配网络，可以采用两种设计思路：一种思路是在中间级匹配网络的右侧添加一个额外的电阻负载，降低右侧谐振腔的 Q 值，使两个谐振腔的 Q 值相同，成为一个对称型耦合谐振腔，从而可以采用与输出级匹配网络类似的设计方法来完成设计。右侧额外的电阻负载的加入，也使变压器次级线圈本身的串联阻抗可以忽略，从而将两侧谐振腔的 R_P 固定下来，简化了电路的设计。另一种思路是利用上面介绍的非对称型耦合谐振腔的特性，通过谐振频率的失配来弥补 Q 值的失配。第一种设计思路具有更大的灵活性，但第二种设计思路可以达到更宽的带宽，其代价是带内增益纹波将变大。

　　这里采用了第二种设计思路来完成中间级匹配网络和输入级匹配网络的设计，其中所用变压器的三维示意图如图 2.23 所示。其中，中间级匹配网络采用同层的变压器结构，初级线圈与次级线圈的圈数比为 2∶1。为了匹配输出级的带宽，中间级变压器线圈的走线宽度取为 3μm，降低了其 Q 值，这样可以通过一定的增益损失来扩展带宽。增益损失会恶化整个功率放大器的效率，但在可接受的范围之内。输入级匹配网络采用单圈 M9 作为初级线圈、两圈 M8 作为次级线圈。两个变压器的尺寸、自身电感的值、Q 值和耦合系数均在图 2.23 中进行了标注。

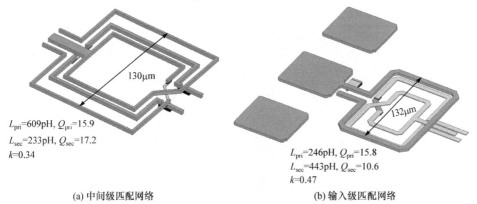

L_{pri}=609pH, Q_{pri}=15.9
L_{sec}=233pH, Q_{sec}=17.2
k=0.34

L_{pri}=246pH, Q_{pri}=15.8
L_{sec}=443pH, Q_{sec}=10.6
k=0.47

(a) 中间级匹配网络　　　　　　　　　(b) 输入级匹配网络

图 2.23　中间级匹配网络和输入级匹配网络无源结构的三维示意图

在功率放大器基本电路结构等问题确定后可以考虑版图布局问题。由于功率放大器工作时，有源器件会产生较大的热量，导致芯片温度较高，设计功率放大器时需仔细考虑版图布局，保证芯片上不会产生局部温度过高的问题。布版时还要注意功率放大器各个子晶体管的输出信号相位要保持同相，因此版图布局应具有良好的对称性，并充分考虑功率放大器各级之间的隔离和无源元件之间的相互干扰耦合，避免因为片上寄生耦合导致基波和谐波的自激。图 2.24 给出了输出级伪差分对晶体管的版图，每个晶体管由四个子晶体管组成，每个子晶体管均采用了叉指结构的版图，其沟道宽度为 1μm，叉指数为 32 个，因此晶体管总宽度为 128μm。在绘制晶体管的版图时，应注意减小损耗。根据文献中的实验，如果将 1Ω的电阻和 3pH 的电感串联入晶体管的源端，引入的额外损耗为 1.5dB；如果串联入晶体管的栅端，引入的额外损耗为 1.0dB；如果串联入晶体管的漏端，引入的额外损耗为 0.4dB。因此，在版图优化中应优先考虑晶体管源端的优化。

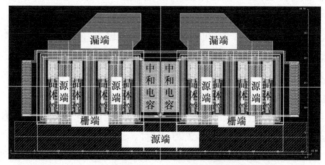

图 2.24　输出级伪差分对晶体管的版图

在绘制版图的过程中，为了满足芯片制造厂要求的设计规则检查(design rule check, DRC)密度规则，在变压器内部都手动填入了哑金属、有源区和多晶硅栅，填入的数量经过仔细设计，尽可能减少对变压器性能的影响。图 2.25 给出了输出级匹配网络局部的哑金属填充情况，以供参考。

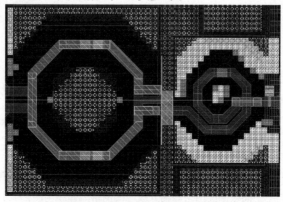

图 2.25　输出级匹配网络局部的哑金属填充情况

该功率放大器已经采用 65nm CMOS 工艺实现，图 2.26 给出了其芯片显微照片，核心芯片面积为 0.64mm×0.17mm，其中输入级匹配网络、中间级匹配网络和输出级匹配网络的面积分别为 $0.023mm^2$、$0.025mm^2$ 和 $0.044mm^2$。

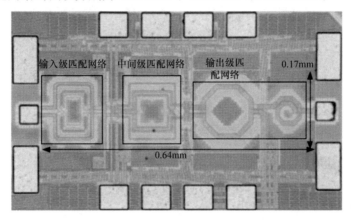

图 2.26　65nm CMOS Ka 波段功率放大器的芯片显微照片

在测试过程中，除了地-信号-地(ground-signal-ground, G-S-G)焊盘之外，芯片的其他焊盘直接键合到了印制电路板(printed circuit board, PCB)上，通过 PCB 上的走线进行供电。输入/输出信号采用 G-S-G 探针在探针台上完成测试。测试环境如图 2.27 所示，采用安捷伦 67GHz E8361A 网络分析仪进行小信号测试、Keysight 67GHz E8257D 信号源和 67GHz R&S FSW67 频谱分析仪进行大信号和频谱测试。下列结果中，探针和线缆的损耗已经从测试数据中校准掉了。

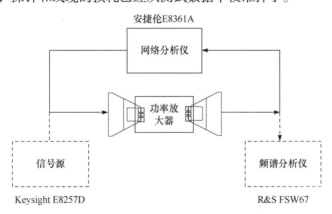

图 2.27　功率放大器小信号和大信号的测试环境

小信号的测试结果如图 2.28 所示，图中同时给出了仿真结果。由于采用了基于耦合谐振腔的宽带匹配设计，测试结果显示，此功率放大器的增益(S_{21})具有很宽的带宽，从 21.6GHz 到 41.6GHz 增益均大于 19.0dB，带宽为 63.3%，覆盖了整个 Ka 波段。在 32GHz 处的增益为 20.8dB。值得注意的是，测试结果显示带内增益依然有 3.8dB 的增益纹波。仿真带内增益纹波仅为 2.0dB，测试结果相比仿真结果恶化了 1.8dB，恶化可能来源于模型的不精确或者电磁场仿真的误差。测试显示，在 37.2GHz 的输入匹配(S_{11})约为 −12.2dB，输入匹配的带宽要低于增益带宽，当对输入匹配带宽有较高要求时，需要进一步进行优化。

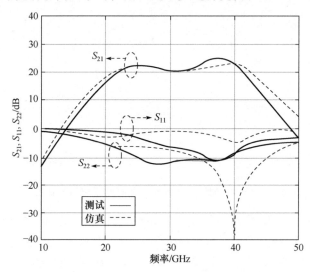

图 2.28　功率放大器的 S 参数测试结果及其与仿真结果的对比

图 2.29 给出了在 24GHz、32GHz 和 40GHz 三个频点处的大信号测试结果。在 32GHz，功率放大器的饱和输出功率(P_{out})为 15.3dBm，输出 1dB 压缩点为 12.9dBm，最大 PAE 为 32.9%。在整个频段内的饱和输出功率(P_{sat})如图 2.30 所示，饱和输出功率的 3dB 带宽比小信号增益带宽更宽，而且增益纹波也消失了。这是因为在功率放大器设计中，饱和输出功率主要由输出级决定，它具有更宽的带宽和更小的带内增益纹波，由此可以推测小信号增益纹波和增益带宽主要受到前级匹配网络的限制，这与之前的分析是一致的。

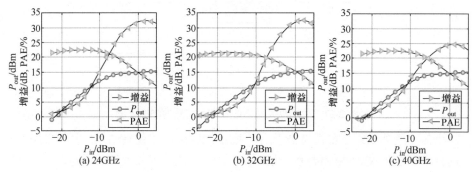

图 2.29　在 24GHz、32GHz 和 40GHz 处功率放大器的大信号测试结果

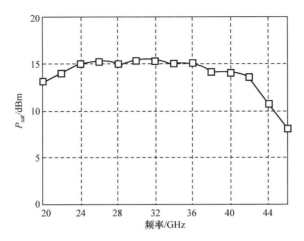

图 2.30　整个带宽内的功率放大器测试饱和输出功率

此功率放大器还被集成在 32GHz 正交相移键控(quadrature phase shift keying, QPSK)发射机中。此 QPSK 发射机包含数据基带、上混频器、功率放大器和片上解调网络。我们对此 QPSK 发射机进行数据链路测试，测试环境如图 2.31(a)所示。在测试中，随机信号数据源产生 16Gbit/s 的伪随机二进制序列(pseudo-random binary sequence, PRBS)数据输入基带接收机，转换为两路 8Gbit/s 的 PRBS 信号，被上混频器调制到 32GHz 的载频上，通过功率放大器放大，之后再由片上的解调网络解调为两路 PRBS 基带信号。测试表明，此 QPSK 发射机可以支持 16Gbit/s 的 QPSK 信号，误码率在 10^{-12} 以下。这说明了此功率放大器的宽带特性。由于基带接收通路及片上解调的带宽限制，此功率放大器支持的最大数据率无法测试得到。图 2.31(b)给出了片上解调后的 I 路误比特率(bit error rate, BER)曲线以及输出眼图。

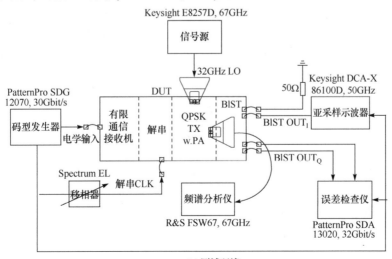

(a) 测试环境

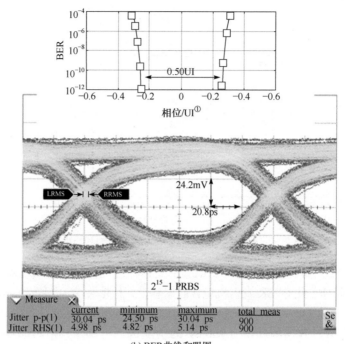

(b) BER曲线和眼图

图 2.31 集成有此功率放大器的 QPSK 发射机数据链路测试环境以及在 16Gbit/s 下测试得到的 BER 曲线和眼图

2.3 数字控制人工电介质传输线[9,10]

随着现代 CMOS 工艺特征尺寸不断减小,工艺变化对毫米波电路设计的影响越来越严重。毫米波电路同时还受到由工艺厂商或者电磁场仿真得到的器件模型精度的影响。为了克服工艺偏差和模型不准确性对毫米波电路性能的影响,毫米波电路设计中需要加入某些调谐元件。但在毫米波频段下,传统的开关电容、开关电感、容抗管调谐方式会引入极大的损耗,恶化电路性能。

我们引入了一种基于数字控制的人工电介质(digital controlled artificial dielectric, DiCAD)传输线[11],并将它应用于 56GHz 放大器中,实现了对放大器输入/输出匹配以及增益受工艺变化影响的自适应校准,取得了良好的效果。

DiCAD 传输线的结构如图 2.32(a)所示,由一对差分同平面传输线、悬空的底层金属横条以及数字信号控制的开关构成。金属横条对位于传输线之下,沿着传输线信号方向均匀分布,每对金属横条由一个数字信号控制的开关连接在一起。

---

① UI 表示单位时间。

DiCAD 传输线的横截面图如图 2.32(b)所示，图中 C_C 为单位长度的差分传输线与底层金属横条对之间的寄生电容，C_f 为单位长度的差分传输线对应的金属横条对地的寄生电容。当开关闭合后，开关可以采用其导通电阻 R_{SW} 进行等效，当开关断开后，可以采用开关的关断电容 C_{SW} 进行等效。当开关闭合之后，由于开关的导通电阻 R_{SW} 远小于 $|1/(sC_C)|$ 和 $|1/(sC_f)|$，单位长度的差分传输线对地的等效电容可以计算为

$$C_{\text{eff,ON}} \approx C_C \tag{2.22}$$

另外，当开关断开之后，单位长度的差分传输线对地的等效电容为

$$C_{\text{eff,OFF}} = \frac{(C_f + C_{SW})C_C}{C_f + C_{SW} + C_C} \tag{2.23}$$

假设单位长度差分传输线的等效电感为 L_{eff}，传输线的等效介电常数 ε_{eff} 可以由 L_{eff} 及 C_{eff} 计算得出：

$$\varepsilon_{\text{eff}} = c^2 L_{\text{eff}} C_{\text{eff}} \tag{2.24}$$

其中，c 为光在真空中的速度。由此式可知，通过控制数字控制开关的状态，即可改变传输线的等效介电常数。所有开关全部闭合与全部断开的等效介电常数之比，为此传输线的等效介电常数最大变化比：

$$K = \frac{\varepsilon_{\text{eff,ON}}}{\varepsilon_{\text{eff,OFF}}} = \frac{L_{\text{eff}} C_{\text{eff,ON}}}{L_{\text{eff}} C_{\text{eff,OFF}}} = \frac{C_f + C_{SW} + C_C}{C_f + C_{SW}} \tag{2.25}$$

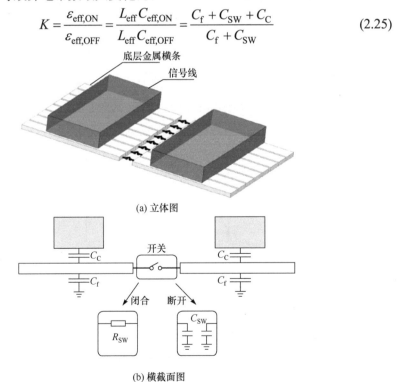

(a) 立体图

(b) 横截面图

图 2.32　DiCAD 传输线的结构示意图

可以看到，为了提高等效介电常数变化比 K，可以增大差分传输线和底层金属横条之间的寄生电容 C_C，同时减小底层金属横条对地的寄生电容以及数字控制开关的关断电容 C_{SW}。为了减小开关关断电容，必须减小开关的尺寸。同时，如果开关的尺寸太小，开关的导通电阻 R_{SW} 会过大，导致 DiCAD 传输线的等效品质因子降低，因此，开关的尺寸选择需要经过仔细考虑和优化。

图 2.33 和图 2.34 给出了两种数字控制开关的电路结构。在图 2.33 中，开关由三个晶体管构成。当控制电压为高电平时，三个晶体管都导通，金属横条通过开关连接在一起。晶体管 M_1 和 M_3 是必需的，它们保证了开关闭合时晶体管 M_2 的源端和漏端直流电压为 0，而晶体管的栅源电压为高电平，晶体管 M_2 处于充分导通状态，减小了导通电阻。图 2.33 中给出了此开关的版图设计，其中晶体管 M_1 和晶体管 M_3 的漏端分别与晶体管 M_2 的漏端和源端共用，这样减少了寄生电容。当开关的晶体管尺寸如图 2.33 所示时，提取版图的寄生电容和电阻进行仿真，此开关的导通电阻为 33.9Ω，关断电容为 10.9fF。

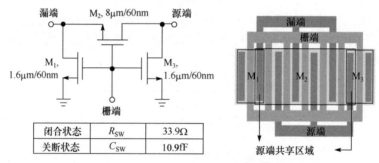

闭合状态	R_{SW}	33.9Ω
关断状态	C_{SW}	10.9fF

图 2.33　三晶体管结构的开关电路图、版图示意图以及寄生参数

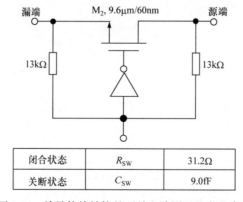

闭合状态	R_{SW}	31.2Ω
关断状态	C_{SW}	9.0fF

图 2.34　单晶体管结构的开关电路图以及寄生参数

图 2.34 中的数字控制开关由单个晶体管 M_1 与直流偏置电阻构成。通过一个反相器，使晶体管 M_1 的栅端与源端/漏端的电平总是相反，当控制电平为 0

时，晶体管的栅源电压为高电平；当控制电平为高电平时，晶体管的栅源电压为 0，从而保证了晶体管的充分关断和导通。当此开关的晶体管尺寸以及电阻阻值如图 2.34 所示时，提取版图的寄生电容和电阻进行仿真，此开关的导通电阻为 31.2Ω，关断电容为 9.0fF。与图 2.33 中的三晶体管开关进行比较可知，此单晶体管开关的性能更优异。

当 DiCAD 传输线的一端开路时，另一端看进去的阻抗与其等效介电常数成反比，因此也与数字控制信号的状态有关。

我们采用 TSMC 65nm 1P9M CMOS 工艺实现了应用于 56GHz 频率自校准放大器中的 DiCAD 传输线。差分传输线采用 3.4μm 的顶层金属 M9 布线，其宽度为 12μm，差分传输线之间的距离为 12μm，传输线的长度为 77μm。底层金属横条对采用 0.9μm 的次层金属 M8 布线，共有 16 对，宽度为 4μm，间隔为 1μm。每对金属横条采用图 2.33 所示的开关连接，开关中的晶体管尺寸标注在图 2.33 中。整个传输线的金属结构在电磁场仿真工具中进行仿真，提取出其 S 参数，此 S 参数与数字控制开关的版图做寄生参数提取得到的电路网单在电路仿真工具中进行联合仿真，可以得出不同的控制信号状态下，一端开路的 DiCAD 传输线的等效差分电容和等效品质因子。仿真结果如图 2.35 所示。从图中可见，在 56GHz 的频率处，等效差分电容随控制信号的改变线性变化，从 29.5fF 变化到 38.2fF，其品质因子从 89.5 变化到 31.1，远高于同频段的容抗管的品质因子。

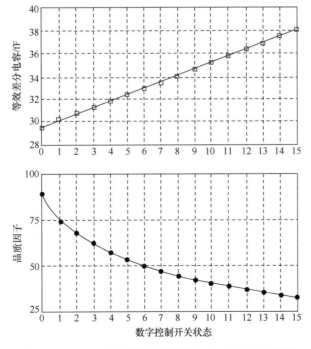

图 2.35　DiCAD 传输线的仿真等效差分电容及品质因子

相比于常用于频率调谐的容抗管,采用 DiCAD 传输线具有诸多优点。首先,DiCAD 传输线的结构与普通传输线结构类似,规则性好,易于在电磁场仿真工具中进行仿真,同时建模也更容易。其次,DiCAD 传输线的结构简化了开关绕线,其寄生参数可以直接在电磁场仿真中考虑,这样可以提高仿真精度,使仿真结果和测试结果更接近。再次,相比于容抗管,DiCAD 传输线可以直接数字控制,不需要额外的数模转换器(digital to analog converter, DAC);相比于开关电容阵列,DiCAD 传输线可以实现更小的电容精度。最后,DiCAD 传输线在毫米波频段能达到的品质因子优于同频率下一般的容抗管。

基于所提出的 DiCAD 技术,我们实现了一个频率自校准的 56GHz 放大器,其系统结构如图 2.36 所示。该放大器由三级级联构成,在输入网络、输出网络以及中间级网络中都插入了如上所述的 DiCAD 传输线来对网络的频率特性进行精细调节。芯片上还集成了一个功率检测器,可以对放大器的输出功率进行检测。在自校准过程中,从芯片输入端注入一定的功率,片上集成的功率检测器对输出功率进行检测,输出电压送给片外的 8 位模数转换器(analog to digital converter, ADC),转换结果输出到片外采用现场可编程门阵列(field-programmable gate array, FPGA)实现的自校准控制单元,自校准控制单元对片上的频率调谐器件即 DiCAD 传输线进行控制,由自校准控制单元获得最优控制状态。其校准的基本思路是通过比较各种 DiCAD 控制状态下的输出功率大小,判断输入级匹配网络、输出级匹配网络以及中间级匹配网络的最佳工作状态。

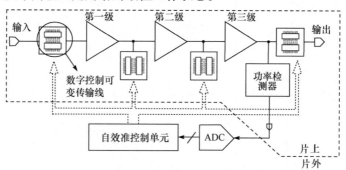

图 2.36　频率自校准 56GHz 放大器的系统框图

该频率自校准 56GHz 放大器已经采用 65nm CMOS 工艺实现,其芯片显微照片如图 2.37 所示,包含焊盘在内的芯片面积为 0.48mm×0.79mm,芯片采用 1.2V 电源供电,消耗的电流为 19.2mA。

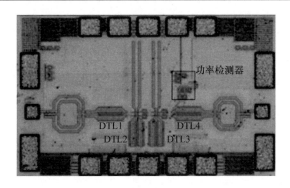

图 2.37　频率自校准放大器的芯片显微照片

图 2.38 给出了自校准之前(细线)以及自校准之后(粗线)的测量 S 参数(图中的 S_{11}、S_{21}、S_{22} 三个参数分别用不同线型表示,同一参数自校准之前和自校准之后分别用相同线型的细线、粗线表示),目标工作频率为 56GHz。从图中可以看到,在自校准之后,因工艺偏差造成的 S_{21}、S_{11} 和 S_{22} 之间的频率漂移被消除了,这说明自校准算法能够消除每级谐振腔的频率漂移。

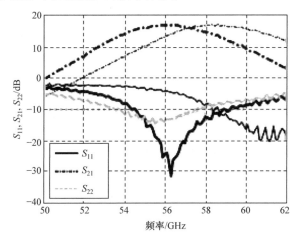

图 2.38　放大器自校准之前(细线)与自校准之后(粗线)的测量 S 参数

五块不同的放大器芯片采用同样的测试环境,在线性区运行了自校准算法,以进一步说明此算法的鲁棒性。五块芯片在 56GHz 自校准前与自校准后的 S_{11} 和 S_{21} 值如图 2.39 所示。可见,所有芯片的 S_{11} 和 S_{21} 校准后都变得更好。平均而言,S_{21} 从 13.66dB 提高到 16.26dB,提高了 2.60dB,S_{11} 从 −4.89dB 降低到 −17.67dB,降低了 12.78dB。此测试结果充分说明了自校准算法的有效性。

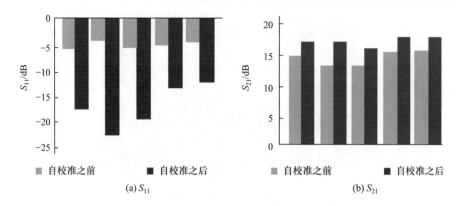

(a) S_{11}　　　　　　　　　　　　　(b) S_{21}

图 2.39　在 56GHz 处五块不同芯片运行自校准之前与之后的 S_{11} 和 S_{21}

2.4　毫米波芯片封装技术与封装天线

由于毫米波芯片的工作频率高，封装所引入的寄生效应对毫米波电路性能具有重要影响，所以封装技术成为毫米波芯片设计中必须考虑的重要因素[12]。目前常用的毫米波封装形式包括 COB(chip on board)和低温共烧陶瓷(low temperature co-fired ceramic, LTCC)、倒封装(Flip-Chip)和圆片级封装(wafer level BGA，WLB)等技术。同时，封装过程中也可以将毫米波天线一起纳入进来，通过封装实现毫米波芯片与天线的系统集成。

1) COB 和 LTCC 封装技术

金属丝键合(wire bonding)是最常采用的芯片封装技术，只是在毫米波频段，需要尽量减小关键高频信号线及地线键合线的长度，降低对毫米波芯片性能的影响。图 2.40 给出了一个毫米波芯片 COB 封装的示意图，其中毫米波芯片放在一个空腔中，两边是与芯片等高的低损耗射频衬底(一般采用 Rogers 板材)，规避了芯片厚度对键合线长度的影响，尽可能减小了键合线的长度。为了提供导热能力，芯片下方是淀积的厚铜金属层，其下方是普通的多层 FR4 PCB。毫米波天线一般也放置在低损耗射频衬底上，从而实现了毫米波芯片的直接连接。

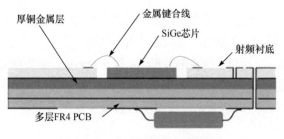

图 2.40　COB 封装示意图

图 2.41 给出了 Intel 采用这种技术实现的毫米波收发机芯片的封装示意图[13]。该芯片采用双极化的收发机结构，通过键合线将两个毫米波信号线引出，在毫米波信号线的两边同步键合了地线。在射频衬底上，采用共面波导传输线转换为微带线后连接到贴片天线上，在共面波导传输线和微带线之间插入了一个电容，以调整阻抗匹配特性，图中也给出了该封装结构的等效电路图。

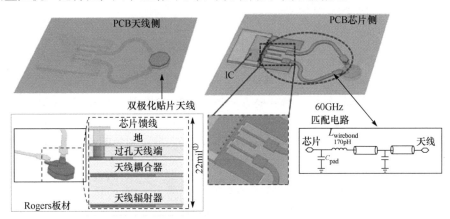

图 2.41 Intel 采用这种技术实现的毫米波收发机芯片的封装示意图[13]

基于同样的原理，采用 LTCC 技术可以实现毫米波芯片的小批量封装，并在封装过程中实现与毫米波天线的同步集成，如图 2.42 所示。

2) Flip-Chip 封装技术

Flip-Chip 是另一种低成本的毫米波芯片封装技术，图 2.43 给出了该封装技术的示意图。相比于金属丝键合技术，其引入的寄生效应更小，辐射更弱，因此具有更为优良的射频性能。其分布式的引脚布局也简化了芯片和 PCB 上的布线。但是，采用这种封装时，芯片上的焊盘分布在整个芯片上，而且芯片

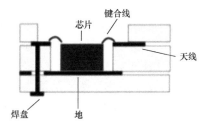

图 2.42 LTCC 封装技术示意图[14]

倒置着放在封装基板上，芯片上的感性或磁性元件的电学特性容易受到这些封装效应的影响。

3) WLB 封装技术

由于硅基工艺加工精度的提高速度远高于 PCB 的加工工艺，芯片封装尺寸越来越受到 PCB 加工工艺的限制。人们引入了 RDL 来缓解 PCB 加工精度的限制，这就是 WLB 封装技术，其示意图如图 2.44 所示。芯片上的焊盘(pad)仍分布于芯

① 1mil=0.0254mm。

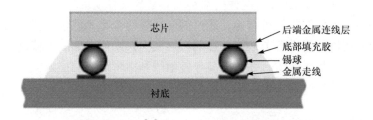

图 2.43 Flip-Chip 封装技术的示意图

片四周，在芯片加工完成后，采用类似于集成电路工艺的技术，重新生长一或两层 RDL 将芯片焊盘信号引导到焊球上。与 Flip-Chip 相比，焊球分布避开了芯片的核心区域，因此规避了对芯片上元件电磁特性的影响。这种封装技术的寄生效应也很小，具有优良的射频性能，是目前毫米波大批量封装的主要技术。

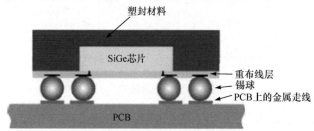

图 2.44 WLB 封装技术

4) 封装天线技术

毫米波芯片封装完成后，通常需要依靠 PCB 上的连接线才能实现与天线的连接。为了提高天线以及板上走线的性能，需要采用 Rogers 等高质量的板材，提高了 PCB 加工成本。为了降低这种成本，可以在封装过程中一起实现毫米波天线，这就是封装天线技术。图 2.45 给出了基于 WLB 技术实现的封装天线的示意图。毫米波天线利用 WLB 加工中的 RDL 来实现，并将电磁波透过低损耗的塑封材料辐射到空中。天线下 PCB 上所放置的金属块作为电磁波的反射面，可以提高天线的方向性。

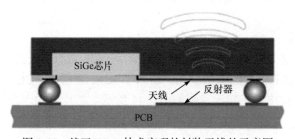

图 2.45 基于 WLB 技术实现的封装天线的示意图

参 考 文 献

[1] Sandstrom D, Varonen M, Karkkainen M, et al. W-band CMOS amplifiers achieving +10dBm saturated output power and 7.5dB NF. IEEE Journal of Solid-State Circuits, 2009, 44(12): 3403-3409.

[2] Cheung T S D, Long J R, Vaed K, et al. On-chip interconnect for mm-wave applications using an all-copper technology and wavelength reduction// IEEE International Solid-State Circuits Conference (ISSCC), San Francisco, 2003: 396-397.

[3] Eisenstadt W R, Eo Y. S-parameter-based IC interconnect transmission line characterization. IEEE Transactions on Components, Hybrids, and Manufacturing Technology, 1992, 15(4): 483-490.

[4] Leite B, Kerherve E, Beguerer J B, et al. Design and characterization of CMOS millimeter-wave transformers//SEMO/IEEE MTT-S International Microwave & Optoelectronics Conference (IMOC), Belem, 2009: 402-406.

[5] Jia H, Prawoto C C, Chi B, et al. A full Ka-Band power amplifer with 32.9% PAE and 15.3-dBm power in 65-nm CMOS. IEEE Transactions on Circuits and Systems I, 2018, 65(9): 2657-2668.

[6] Jia H, Chi B, Kuang L, et al. A 38-40GHz current-reused active phase shifter based on coupled resonator. IEEE Transactions on Circuits and Systems II, 2014, 61(12): 917-921.

[7] Jia H, Kuang L, Wang Z, et al. A W-band injection-locked frequency doubler based on top-injected coupled resonator. IEEE Transactions on Microwave Theory and Techniques, 2016, 64(1): 210-218.

[8] Liu Y, Mao L, Chi B. 185-220GHz wideband amplifier in 40nm CMOS. Electronics Letters, 2018, 54(13): 802-804.

[9] Jia H, Chi B, Kuang L, et al. Simple and robust self-healing technique for millimeter-wave amplifiers. IET Circuits, Devices & Systems, 2016, 10(1): 37-43.

[10] 贾海昆. CMOS 毫米波 FMCW 相控阵雷达收发机芯片的关键技术研究. 北京: 清华大学, 2015.

[11] Larocca T, Tam S W, Huang D, et al. Millimeter-wave CMOS digital controlled artificial dielectric differential mode transmission lines for reconfigurable ICs// IEEE International Microwave Symposium Digest, MTT-S, Atlanta, 2008: 181-184.

[12] Hasch J, Topak E, Schnabel R, et al. Millimeter-wave technology for automotive radar sensors in the 77GHz frequency band. IEEE Transactions on Microwave Theory and Techniques, 2012, 60 (3): 845-860.

[13] Dasgupta K, Daneshgar S, Thakkar C, et al. A 60-GHz transceiver and baseband with polarization MIMO in 28-nm CMOS. IEEE Journal of Solid-State Circuits, 2018, 53(12): 3613-3627.

[14] Zhang Y P, Sun M, Chua K M, et al. Antenna-in-package in LTCC for 60GHz radio// IEEE International Workshop on Antenna Technology, Cambridge, 2007: 21-23.

第 3 章　宽带毫米波前端

如 1.2 节所述,在无线收发机芯片中集成片上收发开关(transmit/receive switch, T/R Switch)能够减小封装尺寸, 降低系统成本, 但同时会降低系统性能。针对这个问题, 我们提出了一种适用于毫米波无线收发机芯片的收发开关与毫米波前端模块联合优化技术, 降低了在片上集成收发开关对收发机性能的影响, 并扩展了毫米波前端模块的带宽[1,2]。

3.1　高阶 *LC* 网络宽带匹配技术

Li 在关于射频电路设计的书[3]中探讨了阻抗匹配对射频和微波电路设计的重大意义, 以及利用高阶 *LC* 网络进行宽带匹配的电路技术。该技术是毫米波前端联合优化技术的基础, 因此在本节进行简要介绍。

在源阻抗和负载阻抗之间进行单频点或窄带匹配, 借助由电感和电容元件组成的 *LC* 网络即可实现。单频点或窄带匹配存在 L 形网络、π 形网络、T 形网络多种实现方式, 在史密斯(Smith)圆图上, 表现为从源阻抗点至负载阻抗点的不同变换路径。与窄带匹配不同, 宽带匹配需要考虑阻抗随频率的影响。在史密斯圆图上, 随频率变化的负载阻抗可以表示为一条曲线, 宽带匹配就是将负载阻抗曲线变换为源阻抗周围曲线的过程。变换后的阻抗曲线偏离源阻抗的程度与阻抗匹配的好坏程度相对应。

谐振在目标频段的中心频率 ω_c 处的 *LC* 网络, 满足:

$$\omega_c^2 \cdot L \cdot C = 1 \tag{3.1}$$

串联 *LC* 网络总阻抗的表达式如下:

$$Z_S = sL + \frac{1}{sC} = \frac{1 - \omega^2 LC}{sC} = \frac{1 - \omega^2 / \omega_c^2}{sC} \tag{3.2}$$

从式(3.2)可以看出, 当 $\omega = \omega_c$ 时, 串联 *LC* 网络的总阻抗为 0, 呈现短路状态; 当 $\omega > \omega_c$ 时, Z_S 的虚部为正, 串联阻抗呈现感性; 当 $\omega < \omega_c$ 时, Z_S 的虚部为负, 串联阻抗呈现容性。

并联 *LC* 网络总阻抗的表达式如下:

$$Z_P = \frac{1}{sC + \frac{1}{sL}} = \frac{sL}{1 - \omega^2 LC} = \frac{sL}{1 - \omega^2 / \omega_c^2} \tag{3.3}$$

当 $\omega=\omega_c$ 时，并联 LC 网络的总阻抗为无穷大，呈现开路状态，当 $\omega>\omega_c$ 时，Z_P 的虚部为负，并联阻抗呈现容性；当 $\omega<\omega_c$ 时，Z_P 的虚部为正，串联阻抗呈现感性。

图 3.1(a)和图 3.1(b)分别描绘了串联 LC 网络和并联 LC 网络的总阻抗随频率的变化。由于串联和并联 LC 网络在其谐振频率以上和以下的频段具有不同的阻抗特性(符号相反的阻抗虚部)，可作为宽带匹配设计中的重要元件。

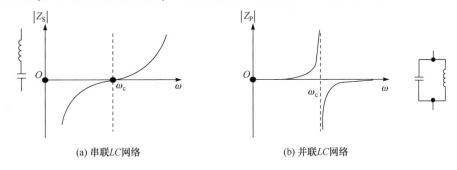

(a) 串联LC网络　　　　　　　　　(b) 并联LC网络

图 3.1　LC 网络的阻抗随频率的变化

图 3.2 在史密斯圆图上给出了一个利用串联和并联 LC 网络进行宽带匹配过程的示意图。其中图 3.2(a)中的曲线表示了负载阻抗在一个较宽频率范围内($f_L \sim f_H$)的变化，曲线的两个端点 A_0 和 B_0 分别代表负载在高频边缘 f_H 和低频边缘 f_L 处的阻抗。这里宽带匹配的目标是将负载阻抗在整个频带内匹配至源阻抗 50Ω 处(史密斯圆图的中心点)。从图 3.2(a)可以看出，曲线的中部与源阻抗点相交，匹配良好，但 A_0 和 B_0 点距离源阻抗点很远，负载阻抗仅在窄带范围内与源阻抗匹配。

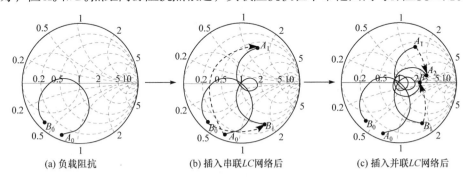

(a) 负载阻抗　　　　　(b) 插入串联LC网络后　　　　　(c) 插入并联LC网络后

图 3.2　一个宽带匹配过程的示意图

图 3.2(b)和图 3.2(c)是对图 3.2(a)中窄带的负载阻抗进行宽带 50Ω 匹配的过程。

(1) 在负载阻抗之前插入谐振在 f_L 与 f_H 中心频率处的串联 LC 谐振网络。在高频边缘 $f_H > \omega_c/(2\pi)$，串联 LC 网络呈现感性，因此 A_0 点沿顺时针方向往史密斯圆图的上方移动至 A_1 点；在低频边缘 $f_L < \omega_c/(2\pi)$，串联 LC 网络呈现容性，因此

B_0 点沿逆时针方向移动至 B_1 点；而在 f_L 与 f_H 中心频率处，串联 LC 网络呈现短路，因此负载曲线的中心部分基本保持不变。如图 3.2(b)所示，由于串联 LC 网络在其谐振频率以上和以下的频段分别呈现感性和容性，负载曲线相应的两个部分在史密斯圆图上分别向顺时针和逆时针方向移动，因此，新的阻抗曲线在频带的中心频率附近围绕源阻抗旋转，实现了较好的匹配。此时匹配带宽在图 3.2(a)的基础上得到了扩展。

(2) 在负载阻抗和串联 LC 谐振网络之前插入谐振在 f_L 与 f_H 中心频率处的并联 LC 谐振网络。如图 3.2(c)所示，A_1 点和 B_1 点在史密斯圆图上向相反的方向移动至 A_2 和 B_2，而在 f_L 与 f_H 中心频率处，由于并联 LC 网络的开路特性，第(1)步中所得曲线的中心部分基本保持不变。新的阻抗曲线在史密斯圆图上进一步旋转，并向源阻抗点集中。整个频带范围内的阻抗变化减小，完成了宽带匹配。

由以上匹配过程可见，采用串联和并联的 LC 网络组合，可以实现宽带匹配。实际电路设计过程中，需要根据负载阻抗和源阻抗随频率变化的趋势来选择合适的宽带匹配网络。除了串联和并联的 LC 网络以外，π 形网络和 T 形网络也是宽带匹配设计中的有效元件。在负载节点和源节点之间插入多个电感、电容或传输线组成高阶网络，使目标带宽内的负载阻抗曲线在向源阻抗移动的同时旋转集中，即可实现宽带的阻抗匹配。

3.2　宽带毫米波前端的电路实现与联合优化

1.2 节中提到，由收发开关产生的损耗将直接降低发射机的输出功率并增加接收机的噪声系数，因此减小收发开关的损耗非常关键。由于 60GHz 收发开关通常由无源电路实现，所以损耗的大小主要由收发开关的三个端口处的阻抗匹配情况决定。

将 3.1 节中的高阶 LC 网络宽带匹配技术与集成收发开关的前端结构相结合，对收发开关和低噪声放大器(low noise amplifier, LNA)、功率放大器进行联合优化，可以降低收发开关对系统性能的影响，并扩展毫米波前端带宽。本节首先详细说明一种集成收发开关的 60GHz 前端电路实现方案，然后结合毫米波前端的电路结构，提出一种减小收发开关损耗并扩展带宽的联合优化技术。

1) 集成收发开关的 60GHz 前端电路结构

该 60GHz 收发前端芯片的结构如图 3.3 所示，片上集成了三个模块：收发开关、LNA 和功率放大器。LNA 的输入端和功率放大器的输出端通过收发开关连接到了共同的天线接口。通过将收发开关的开关控制端驱动到高电平或低电平，可以设置该前端芯片为发射模式或接收模式。同时，开关控制端可以设置 LNA 和功率放大器的偏置电压，在发射(接收)模式下，LNA(功率放大器)的偏置被置为 0 电平，通过关断电流进一步增强 LNA 的输出端与功率放大器的输入端之间的隔离度。作为接收通路的第一个模块和发射通路的最后一个模块，收发开关的损耗应尽可能减小，避免恶化接收机的灵敏度或降低发射机的输出功率。

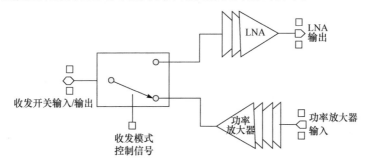

图 3.3　60GHz 收发前端芯片结构图

LNA 的电路图如图 3.4 所示。由于 65nm CMOS 工艺下单级放大器在 60GHz 频段提供的增益有限，所以前端放大器通常由多级电路级联组成。此 LNA 包含了三级放大器，每一级放大器都采用了共源共栅(cascode)结构，增强输入与输出之间的隔离度以确保电路的稳定性。为了实现最优的噪声性能，放大管的偏置电流密度选择为 $0.15\text{mA}/\mu\text{m}$[4]。在每一级放大器共源(common-source, CS)晶体管和共栅(common-gate, CG)晶体管的中间节点处插入电感 $L_{m1} \sim L_{m3}$，它们与 CS 晶体管 $M_1 \sim M_3$ 的漏端寄生电容和 CG 晶体管 $M_4 \sim M_6$ 的源端寄生电容组成了三个 π 形网络，不仅可以起到增益提升的作用[5]，同时扩展了 LNA 的带宽。

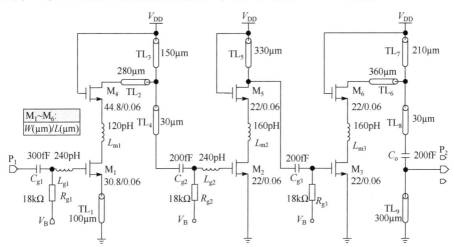

图 3.4　60GHz 宽带 LNA 的电路图

功率放大器的电路图如图 3.5 所示。功率放大器由四级放大器级联组成，其中前两级为驱动级，采用了单端 CS 结构，以较低的功耗提供较高的增益。为了提供一定的输出功率并保证较宽的带宽，后两级则采用了基于变压器耦合的差分 CS 结构[6]，晶体管的栅端偏置电压通过变压器 T_{F1} 和 T_{F2} 的次级线圈中心抽头引入，避免了隔直电容的使用。

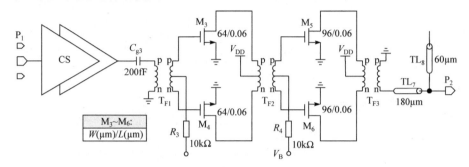

图 3.5　60GHz 宽带功率放大器的电路图

2) 联合优化技术

收发开关电路的选择对前端的性能至关重要。图 3.6(a)给出了收发开关的电路图和收发开关与 LNA、功率放大器接口电路图。收发开关采用了基于 1/4 波长传输线的结构，每条支路上的开关器件都采用了两个并联到地的晶体管以提高隔离度。NMOS 开关管 M_1～M_4 的体端采用了衬底悬浮技术[7]，通过四个 5kΩ 大电阻 R_5～R_8 与衬底相连。因此，M_1～M_4 的体端对交流信号而言近似开路，有利于降低收发开关在大信号工作状态下的插入损耗，从而提高收发开关的线性度。

收发开关的插入损耗和隔离度与开关晶体管的尺寸非常相关，设计时通常需要在这两个性能之间折中考虑。大尺寸的开关管导通电阻 R_{on} 小，因此能带来更好的隔离度，但截止状态下的漏端寄生电容 C_{off} 大，会导致更大的插入损耗。将收发开关和 LNA、功率放大器进行联合优化时，可以将开关管截止状态的寄生电容作为高阶宽带阻抗匹配网络的并联电容元件，合理选择其尺寸，在较好隔离度的情况下同时实现较小的插入损耗。通过电磁场仿真软件 HFSS 可以确定天线接口处的 G-S-G 信号焊盘引入的寄生电容 C_{PAD} 的大小，同样将其作为高阶宽带阻抗匹配网络的一个部件参与设计。

图 3.6(b)和图 3.6(c)分别是接收和发射模式下图 3.6(a)的简化等效匹配电路。其中 C_{eq1}～C_{eq4} 分别代表晶体管 M_1～M_4 在关断状态下的漏端对地电容，Z_L 代表 LNA 输入晶体管的容性阻抗，而 Z_P 代表从功率放大器的输出级差分对的漏端看进去的等效阻抗。由于传输线 TL_1 非常短(只是为走线的需求而设计)，在图 3.6(b)和图 3.6(c)中被省略。在接收模式下，由于晶体管 M_3 和 M_4 导通，经过 1/4 波长传输线 TL_3 的阻抗变化后，发射支路呈现较高的阻抗，近似为开路，在图 3.6(b)中可以被省略。同理，发射模式下接收支路近似为开路，在图 3.6(c)中被省略。

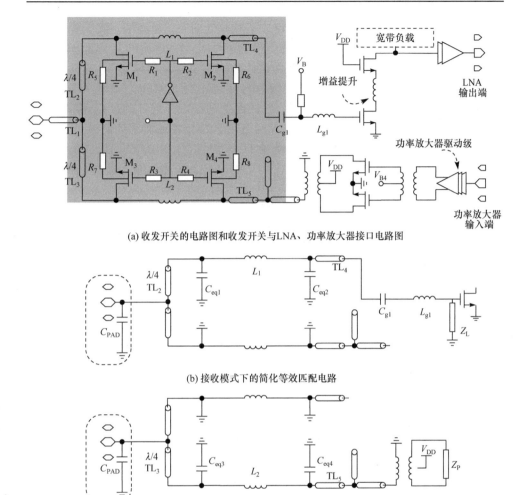

(a) 收发开关的电路图和收发开关与LNA、功率放大器接口电路图

(b) 接收模式下的简化等效匹配电路

(c) 发射模式下的简化等效匹配电路

图 3.6　收发开关电路图及各模式下的等效电路

　　从图 3.6(b) 和图 3.6(c) 中可以看出，芯片在发射和接收模式下，信号通路均呈现为高阶 LC 网络级联的形式。因此，通过合理地选择天线端口 G-S-G 焊盘的大小，收发开关中的开关管 $M_1 \sim M_4$、电感 $L_1 \sim L_2$ 的尺寸以及 LNA 输入端和功率放大器输出端的元器件尺寸，可以有效地利用晶体管寄生电容 $C_{eq1} \sim C_{eq4}$、焊盘寄生电容 C_{PAD}、具有一定阻抗的输入隔直电容 C_{g1}、初/次级线圈电感以及耦合系数有限的变压器等非理想效应，将其作为高阶 LC 匹配网络的组成部分来扩展带宽，而无须采用额外的无源器件。

　　收发开关与 LNA 的联合优化过程如图 3.7 和图 3.8 所示。其中图 3.7 是芯片在接收模式下的等效高阶匹配网络，而图 3.8 利用史密斯圆图将 LNA 输入晶体管的容性阻抗 Z_L 变换至 50Ω 天线阻抗的过程更清楚地展示了出来。LNA 输入端的电感 L_{g1} 可以等效为 L_a 和 L_b 两个电感的串联，其中 L_a 与 LNA 输入端的非理想隔

直电容 C_{g1} 组成 LC 串联网络在 60GHz 中心频率处谐振，起到第一次扩展带宽的作用；而 L_b 部分则将容性阻抗 Z_L 首先变换到感性(史密斯圆图的上半部分)，然后通过传输线 TL$_4$(短线，为走线的需要而设计)和关断状态的晶体管 M$_2$ 的寄生电容 C_{eq2} 谐振掉阻抗的虚部(史密斯圆图实轴上的 A 点)，组成第一个 π 形网络，完成第二次带宽扩展。关断状态的晶体管 M$_1$ 的寄生电容 C_{eq1} 也可视为 C_a 和 C_b 两个电容的并联，其中 C_b 与电感 L_1 组成 LC 网络在 60GHz 中心频率处谐振(史密斯圆图实轴上的 A 点至 B 点)，而 C_a 与传输线 TL$_2$、焊盘寄生电容 C_{PAD} 组成第二个 π 形网络，进一步扩展前端带宽，最终把天线端口向 LNA 输出端看过去的阻抗 Z_{RX} 匹配至 50Ω(史密斯圆图实轴上的 B 点至中心点)。

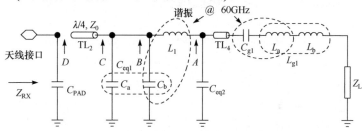

图 3.7　芯片在接收模式下的等效高阶匹配网络

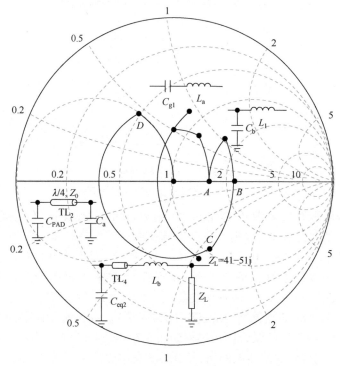

图 3.8　芯片在接收模式下的高阶匹配过程

图 3.9(a)中标注了在收发开关与 LNA 进行联合优化情况下接收通路的等效电路和元件参数，图 3.9(b)为在收发开关与 LNA 进行 50Ω 接口独立匹配设计情况下接收通路的等效电路和元件参数。图 3.10 对比了两种情况下仿真得到的不同频率下收发开关的插入损耗值。从图中可以看出，当采用联合优化设计时，收发开关的插入损耗更低，同时带宽更宽。

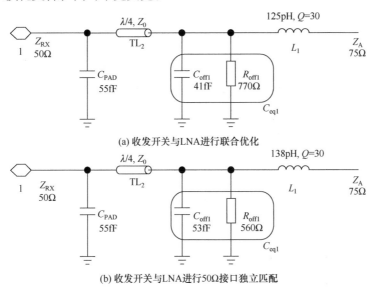

(a) 收发开关与LNA进行联合优化

(b) 收发开关与LNA进行50Ω接口独立匹配

图 3.9　联合优化和 50Ω 独立匹配设计的收发开关的等效电路

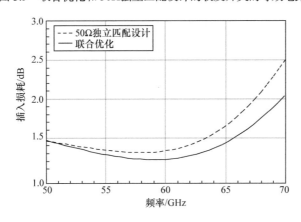

图 3.10　仿真的联合优化和 50Ω 独立匹配设计的收发开关插入损耗对比

与图 3.7 和图 3.8 类似，收发开关与功率放大器的联合优化过程如图 3.11 和图 3.12 所示。其中图 3.11 是芯片在发射模式下的等效高阶匹配网络。位于功率放大器输出端的变压器不仅是差分功率合成器，而且等效于一个由电感组成的 T 形级间匹配网络。通过优化变压器的尺寸和耦合系数，可以使得向变压器次级线圈看进去的阻抗约为 50Ω。在功率放大器与收发开关之间，采用了一个由短传输线构成的 T 形网络，作为模块间走线的同时，对功率放大器的输出阻抗进行调节，以实现更好的匹配性能。电感 L_2、1/4 波长传输线 TL_3、截止状态的晶体管 M_3/M_4 的漏端寄生电容 C_{eq3}/C_{eq4} 和焊盘寄生电容 C_{PAD} 共同组成了两个 π 形网络。图 3.12 是整个匹配过程在史密斯圆图上的展示，可以看到，经过 T 形网络和 π 形网络的组合变换之后，功率放大器输出端的阻抗以旋转的方式靠近 50Ω 的目标阻抗处。

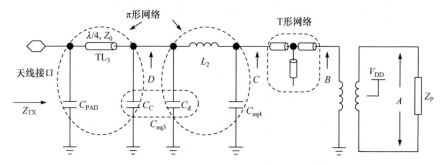

图 3.11　芯片在发射模式下的等效高阶匹配网络

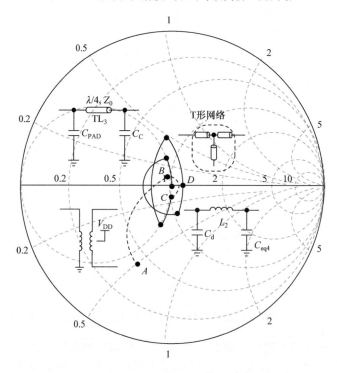

图 3.12　芯片在发射模式下的高阶匹配过程

在图 3.7、图 3.8、图 3.11 和图 3.12 中进行宽带匹配过程说明时,所采用的电感、电容、传输线和变压器均为理想元件。但在实际电路中,这些元件都是有损耗的,尤其是晶体管的寄生电容以及传输线,Q 值较低。典型情况下,晶体管的寄生电容的 Q 值只有 5 左右。根据仿真结果,采用 3.4μm 的顶层金属 M9 实现的 50Ω 传输线会引入约 0.67dB/mm 的损耗,Q 值约为 12。这些元件的寄生电阻会影响收发开关输入/输出端口的匹配特性,导致插入损耗上升。通过对收发开关电路以及其与 LNA/功率放大器接口处无源元件参数进行联合的迭代设计和优化,可以减小收发开关的损耗,并扩展整个前端芯片的带宽。

当芯片工作在接收模式下时,仿真的输入 1dB 压缩点为−28dBm,输入三阶交调点(third order input intercept point, IIP₃)为−15dBm,如图 3.13 所示。收发开关需要具有足够的隔离度,以确保发射模式下功率放大器输出的高功率不会将 LNA 输入晶体管的栅端击穿。仿真结果显示,在发射和接收模式下,60GHz 频率处,收发开关的功率放大器接口和 LNA 接口之间的隔离度分别是 33.3dB 和 34.3dB。较高的隔离度使发射模式下 LNA 输入端具有较低的电压摆幅,从而保证了电路的可靠性。

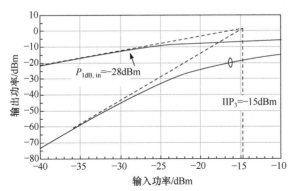

图 3.13　仿真的收发前端 1dB 压缩点和三阶交调点(接收模式)

3.3　芯片测试结果

图 3.14 是该 60GHz 收发前端的芯片照片,采用 65nm 1P9M CMOS 工艺流片,包含所有焊盘在内,该芯片的总面积为 1.0mm×1.2mm。

芯片被固定在 PCB 上,直流焊盘通过绑定线引出。S 参数测试通过 0～67GHz 的毫米波探针和安捷伦的网络分析仪 N5247A 进行。该前端芯片在发射模式下,测试与仿真的 S 参数如图 3.15 所示。开关与功率放大器级联的小信号增益(S_{21})在 60GHz 处为 20.5dB,最大值为 21.5dB(57GHz)。仿真和测试的 S_{21} 曲线比较一致。从图中可以看到,该收发前端发射模式下的 3dB 带宽为 10GHz。输入反射系数(S_{11})和输出反射系数(S_{22})

的测试结果在56～66GHz的范围内均小于−10dB,显示了良好的输入和输出匹配性能。

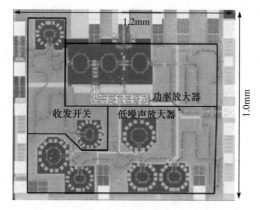

图3.14 60GHz收发前端芯片显微照片

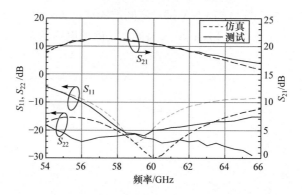

图3.15 测试和仿真的收发前端S参数(发射模式)

接收模式下,测试与仿真的S参数如图3.16所示。收发开关与功率放大器级联的S_{21}在60GHz处达到最大值,为17.8dB。3dB带宽频率范围为54～66GHz。S_{11}和S_{22}的测试结果在57～66GHz的范围内均小于−10dB,同样显示了良好的输入和输出匹配性能。

测量该前端芯片在发射模式下的大信号特性时使用了0～67GHz的信号产生器和功率计。57GHz处测试与仿真的输出功率随输入功率变化的曲线如图3.17所示。在天线接口端测试得到开关与功率放大器级联的饱和输出功率是5.6dBm,峰值PAE为3.2%。在60GHz处,饱和输出功率为5.1dBm,而峰值PAE为2.8%。与仿真结果相比,实际的饱和输出功率偏低2.9dB,主要是晶体管模型在大信号状态和毫米波频段的偏差引起的(根据65nm CMOS工艺库的说明文档,晶体管模型在30GHz以下是准确的)。根据仿真结果,收发开关的损耗导致了2.1dB的饱

和输出功率下降，如果将收发开关的影响去掉，估算的功率放大器模块的 PAE 为
5.6% (57GHz)和 5.2%(60GHz)。

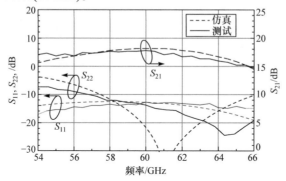

图 3.16　测试和仿真的收发前端 S 参数(接收模式)

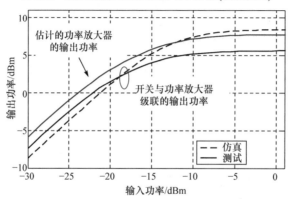

图 3.17　测试和仿真的收发前端输出功率(发射模式)

图 3.18 展示了芯片在接收模式下的噪声测试结果。噪声系数的测试通过噪声
源、线性下混频器模块和频谱分析仪进行。为了得到准确的测试结果，首先校准
了由线性下混频器模块、频谱分析仪、线缆和探针的损耗贡献的噪声。由于仪器
的限制，噪声测试只获取了 62~67GHz 范围内的数据。如图 3.18 所示，噪声系
数(noise figure, NF)在 62.6GHz 处达到最优值 5.6dB。根据仿真结果，片上收发开
关的损耗使噪声系数升高了 2.0dB。由此估算的 LNA 模块的噪声系数也如图 3.18
所示。

该收发前端芯片由 1.0V 电源电压供电，在发射模式和接收模式下直流功耗
分别为 96.2mW 和 13.2mW。

表 3.1 中总结了该收发前端芯片的关键性能指标，并与其他前端芯片进行了
对比。

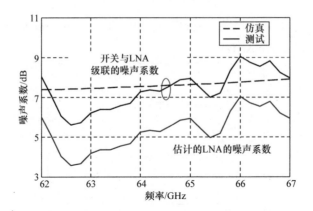

图 3.18　测试和仿真的收发前端噪声系数(接收模式)

表 3.1　60GHz 收发前端性能指标汇总与相似芯片对比

指标名称	本章工作 开关 LNA	文献[8] 开关+RX	文献[5] LNA	文献[9] LNA	文献[10] LNA
CMOS 工艺	65nm	65nm	90nm	65nm	130nm
频率/GHz	60	60	58	60	60
电源电压/V	1.0	1.2	1.5	1.2	1.5
增益/dB	17.8	35	14.6	19.3	14.7
3dB 带宽/GHz	12	—	—	7.7	7
噪声系数/dB	5.6	14	<5.5	6.1	6
S_{11}，S_{22}/dB	<−10 (56~66GHz)	—	<−6 (50~65GHz)	<−10(S_{11}) (56~73GHz)	—
功耗/mW	13.2	233	24	35	64.8
FOM*	3.5	—	—	0.83	0.32
指标名称	本章工作 开关+功率放大器	文献[8] 开关+TX	文献[6] 功率放大器	文献[11] 功率放大器	文献[12] 功率放大器
CMOS 工艺	65nm	65nm	65nm	45nm	65nm
频率/GHz	60	60	60	94	60
电源电压/V	1.0	1.2	1.0	1.0	1.2
增益/dB	21.5	15	15.8	18.5	14.3
3dB 带宽/GHz	10	—	8	14	15
饱和功率/dBm	5.6	6	11.5	7.6	16.6

续表

指标名称	本章工作 开关+功率放大器	文献[8] 开关+TX	文献[6] 功率放大器	文献[11] 功率放大器	文献[12] 功率放大器
峰值 PAE/%	3.2(开关+功率放大器) 5.6(功率放大器)	2.5(TX)	11	4.6	4.9
S_{11},S_{22}/dB	<−10 (56～66GHz)	—	—	—	<−7.6
功耗/mW	96.2	160	43.5	120	732

*FOM=增益(dB)×3dB 带宽(GHz)/(噪声系数(dB)−1)/功耗(mW)。

在接收模式下，得益于收发开关与 LNA 的联合优化，本章工作中的前端芯片实现了最大的 3dB 带宽，与其他 LNA 模块相比，增益和噪声系数处在相当的水平，避免了收发开关对接收前端性能的严重恶化。同时，本章芯片具有最低的直流功耗，根据优值(figure of merit, FOM)计算公式[13]，本芯片达到了最大的 FOM 值。在发射模式下，与表中其他文献相比，尽管片上集成了收发开关，本章前端芯片仍然具有最高的增益。

参 考 文 献

[1] Kuang L, Chi B, Jia H, et al. Co-design of 60-GHz wideband front-end IC with on-chip T/R switch based on passive macro-modeling. IEEE Transactions on Microwave Theory and Techniques, 2014, 62(11): 2743-2754.

[2] 况立雪. CMOS 毫米波高数据率无线收发机关键技术研究. 北京: 清华大学, 2014.

[3] Li R C H. RF Circuit Design. Hoboken: John Wiley & Sons, 2009.

[4] Dickson T, Yau K, Chalvatzis T, et al. The invariance of characteristic current densities in nanoscale MOSFETs and its impact on algorithmic design methodologies and design porting of Si(Ge) (Bi)CMOS high-speed building blocks. IEEE Journal of Solid-State Circuits, 2006, 41(8): 1830-1845.

[5] Yao T, Gordon M, Tang K, et al. Algorithmic design of CMOS LNAs and PAs for 60-GHz radio. IEEE Journal of Solid-State Circuits, 2007, 42 (5): 1044-1057.

[6] Chan W, Long J, Spirito M, et al. A 60GHz-band 1V 11.5dBm power amplifier with 11% PAE in 65nm CMOS// IEEE International Solid-State Circuits Conference (ISSCC), San Francisco, 2009: 380-381.

[7] Yeh M, Tsai Z, Liu R, et al. Design and analysis for a miniature CMOS SPDT switch using body-floating technique to improve power performance. IEEE Transactions on Microwave Theory and Techniques, 2006, 54(1): 31-39.

[8] Mitomo T, Tsutsumi Y, Hoshino H, et al. A 2Gb/s throughput CMOS transceiver chipset with in-package antenna for 60GHz short-range wireless communication// IEEE International Solid-State

Circuits Conference (ISSCC), San Francisco, 2012: 266-267.

[9] Weyers C, Mayr P, Kunze J, et al. A 22.3dB voltage gain 6.1dB NF 60GHz LNA in 65nm CMOS with differential output// IEEE International Solid-State Circuits Conference (ISSCC), San Francisco, 2008: 192-193.

[10] Fahimnia M, Mohammad-Taheri M, Wang Y, et al. A 59-66GHz highly stable millimeter wave amplifier in 130nm CMOS technology. IEEE Microwave and Wireless Components Letters, 2011, 21(6): 320-322.

[11] Deferm N, Osorio J, Graauw A, et al. A 94GHz differential power amplifier in 45nm LP CMOS // IEEE Radio Frequency Integrated Circuits Symposium (RFIC), Baltimore, 2011: 431-434.

[12] Martineau B, Lnopik V, Siligaris A, et al. A 53-to-68GHz 18dBm power amplifier with an 8-Way combiner in standard 65 nm CMOS// IEEE International Solid-State Circuits Conference (ISSCC), San Francisco, 2010: 428-429.

[13] Huang C, Kuo H, Huang T, et al. Low-power, high-gain V-band CMOS low noise amplifier for microwave radiometer applications. IEEE Microwave and Wireless Components Letters, 2011, 21(2): 104-106.

第4章 毫米波功率放大器

功率放大器是硅基毫米波集成电路设计中面临的主要技术挑战之一。本章结合我们的科研工作，讨论了两种毫米波功率放大器的设计技术。第一种毫米波功率放大器工作于 77GHz 频段，采用变压器来实现输入、输出以及中间级匹配，极大地降低了面积开销[1]。第二种毫米波功率放大器采用基于晶体管堆叠(stacked-transistor，后简称 stacked)的毫米波双模功率放大器技术，为解决 1.2 节提到的毫米波功率放大器在输出功率和效率方面存在的问题提供了新的设计思路[2,3]。

4.1 基于变压器的毫米波功率放大器

4.1.1 电路结构

该毫米波功率放大器可应用于 77GHz 毫米波雷达收发机中，其电路图如图 4.1 所示。它采用了三级共源级放大的结构，级间采用变压器进行匹配，变压器匹配的结构具有版图紧凑、易于添加直流偏置等优点[4]。在输出级，变压器 T_{X3} 同时起到了输出匹配以及差分转成单端的作用。电容 C_{C3} 用于抵消晶体管 M_{3A}/M_{3B} 的栅漏寄生电容。变压器 T_{X2} 和电感 L_{2A}/L_{2B} 共同实现了中间级的匹配。变压器 T_{X1} 实现了第一级和第二级之间的级间匹配。

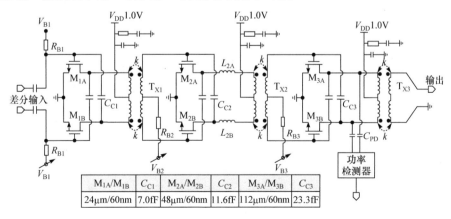

M_{1A}/M_{1B}	C_{C1}	M_{2A}/M_{2B}	C_{C2}	M_{3A}/M_{3B}	C_{C3}
24μm/60nm	7.0fF	48μm/60nm	11.6fF	112μm/60nm	23.3fF

图 4.1　功率放大器电路图

在输出级晶体管 M_{3A}/M_{3B} 的漏端接入了一个功率检测器，它通过一个小电容

C_{PD} 串接到漏端，而不是直接连接到漏端。这样的好处在于可以减小功率检测器引入输出网络的寄生电容。M_{3A}/M_{3B} 漏端的电压幅度经过串联电容分压后才被功率检测器检测，牺牲了功率检测器的灵敏度。在这里功率检测器的灵敏度并不成为一个问题，因为功率放大器的输出信号具有较大的功率。各级晶体管的直流偏置电压均由带隙基准源提供，可通过串行外设接口(serial peripheral interface, SPI)进行配置。改变偏置的配置可改变功率放大器的输出功率。当雷达收发机应用于近程雷达时，可将功率放大器配置在低输出功率模式以减少电流消耗；当雷达收发机应用于远程雷达时，可将功率放大器配置在高输出功率模式以加大发射功率。

晶体管 M_{3A}/M_{3B}、M_{2A}/M_{2B} 和 M_{1A}/M_{1B} 的尺寸分别为 112μm/60nm、48μm/60nm 和 24μm/60nm。当对线性度要求较高时，设计中应使整个功率放大器的线性度主要受到输出级的限制(输出级需处理的功率最大)，这样倒数第二级的尺寸不能过小，文献中常见的情况是选择倒数第二级的尺寸为输出级的 1/2～2/3[5-7]。在我们所开发的雷达系统中，连续波调频(frequency-modulated continuous-wave, FMCW)信号为恒包络信号，其信息包含在频率之中，幅度信息是无关紧要的。因此对功率放大器的线性度要求不高，倒数第二级的尺寸可以适当减小(为输出级尺寸的 3/7)，这样可减小直流电流消耗以提高效率。

输出级的变压器 T_{X3} 的插入损耗直接影响到功率放大器的最大输出功率以及效率。假设输出级输出到变压器 T_{X3} 的功率为 $P_{IN,TX3}$，而变压器 T_{X3} 输出到负载端的功率为 P_{OUT}，据此可以定义变压器 T_{X3} 的效率：

$$\eta = \frac{P_{OUT}}{P_{IN,TX3}} \tag{4.1}$$

在文献[8]中，对变压器的效率进行了详细的理论推导，变压器能够达到的最大效率可以表示为

$$\eta_{max} = \frac{1}{1 + 2\sqrt{\left(1 + \frac{1}{Q_1 Q_2 k^2}\right)\frac{1}{Q_1 Q_2 k^2} + \frac{2}{Q_1 Q_2 k^2}}} \tag{4.2}$$

其中，Q_1 为变压器 T_{X3} 初级线圈的品质因子；Q_2 为其次级线圈的品质因子；k 为其耦合系数。从式(4.2)可以看出，为了提高变压器的效率，应使耦合系数尽可能接近 1。变压器 T_{X3} 的结构示意图如图 4.2 所示。为了尽可能提高初级线圈和次级线圈的耦合系数，采用了上下层的层叠结构。初级线圈采用顶层金属 M9 布线，顶层金属的厚度为 3.4μm，这样减小了初级线圈的直流电阻，进而减小了经过较大直流电流时(约 70mA)的压降。次级线圈采用 0.9μm 厚的 M8 以及 0.22μm 厚的 M7 并联而成，采用两层金属并联可以提高次级线圈的 Q 值。线圈的内径为 27μm，宽度为 8μm。在三维电磁场仿真工具中对 T_{X3} 进行仿真可以得到，初级线圈整圈

的电感值为 101pH，次级线圈的电感值为 161pH，等效耦合系数为 0.83。串接功率检测器的小电容 C_{PD} 采用金属 M6 和 M7 之间的寄生电容实现，电磁场仿真得到 C_{PD} 约为 8.0fF。仿真结果表明，当功率放大器输出功率为 8.1dBm 时，功率检测器的输出电压约为 90mV，足以供后续的电路进行处理，不需要额外放大。

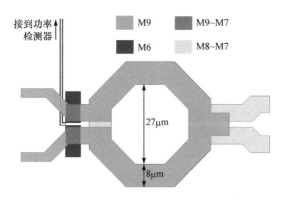

图 4.2　功率放大器输出级变压器结构图

整个三级功率放大器的仿真结果显示：在 77GHz 处的小信号增益为 18dB，小信号 3dB 带宽从 70GHz 到 83GHz。在 77GHz 处的饱和输出功率为 13.9dBm，最大的 PAE 为 20.2%。而输出匹配变压器的插入损耗约为 0.84dB。

4.1.2　芯片测试结果

该功率放大器已集成在一款 77GHz 毫米波雷达收发机芯片中，并采用 65nm CMOS 工艺进行了流片和测试，我们将在第 10 章详细讨论该雷达收发机芯片的设计技术，这里仅介绍集成在雷达收发机芯片中的功率放大器部分的性能。

我们采用 W 波段功率探头(安捷伦 W8486)以及功率计(安捷伦 4416A)来测试该功率放大器在不同频率下的输出功率，校准掉输出探针和波导管的损耗之后的测试结果如图 4.3 所示。通过改变各级放大管的偏置电压，可以将功率放大器配置在高功率模式、中等功率模式和低功率模式。在高功率模式下，功率放大器在 75.3GHz 处的输出功率最大，为 14.4dBm，在 76~79GHz 范围内的输出功率为 12.9~13.2dBm。在中等功率模式下，功率放大器输出的最大功率为 12.5dBm，在 76~79GHz 范围内的输出功率为 11.3~11.9dBm。在低功率模式下，功率放大器在 76~79GHz 范围内的输出功率为 7.7~8.7dBm。

由于功率放大器、发射端的倍频器以及本振馈线网络中连接到倍频器的缓冲级的电源端连接在一起，无法单独测试功率放大器所消耗的直流功耗。当功率放大器配置在高功率模式、中等功率模式、低功率模式时，功率放大器、发射端的

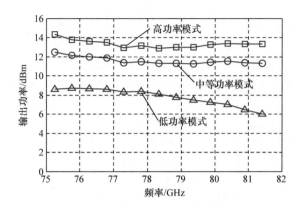

图 4.3　功率放大器在不同配置下的输出功率

倍频器及其缓冲级在 76～79GHz 频段消耗的平均直流功耗分别为 174.7mW、150.1mW、111.6mW，对应的漏端效率分别为 13.1%、10.3%、6.6%。

　　为了测试功率放大器输出端集成的功率检测器的性能，在 76.8GHz 的频率处，逐渐减小功率放大器的电源电压，同时测量其输出功率和功率检测器的输出电压，得到输出电压与功率放大器输出功率之间的关系，如图 4.4 所示。当功率放大器输出功率为 8.26dBm 时，功率检测器输出电压为 163mV。

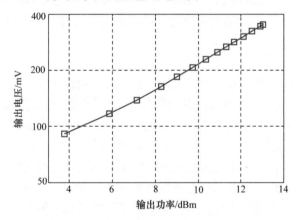

图 4.4　功率检测器输出直流电压与功率放大器输出功率的关系

4.2　基于晶体管堆叠技术的双模功率放大器

4.2.1　晶体管堆叠技术

　　采用堆叠结构的放大器电路如图 4.5 所示。N 个晶体管 M_1～M_N 源漏相连，其中 M_1 将输入电压转化为电流信号，M_2～M_N 的栅端外接电容 C_2～C_N，并通过

大电阻 $R_2 \sim R_N$ 接入偏置电压 $V_{B2} \sim V_{BN}$。通过选择合适的晶体管尺寸、外接电容大小和偏置电压大小，并在 M_N 的漏端加上适当的负载匹配网络，可以使每个晶体管的漏源电压摆幅 V_m 近似相同，并且同相相加，M_N 的漏端可以承受 $N \cdot V_m$ 的电压摆幅，而不引起晶体管的击穿问题。因此，放大器可以工作在 N 倍的电源电压下，提供较高的输出功率。

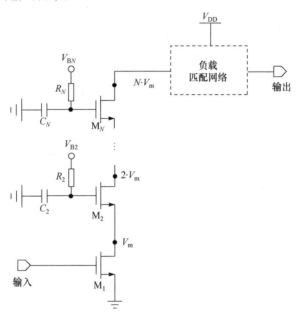

图 4.5　采用 N 个晶体管堆叠的放大器电路图

由于具有输出高功率的能力，近年来，学术界对晶体管堆叠技术开展了广泛的研究[9-13]。目前文献中已经发表了工作于 50GHz 以下毫米波频段的堆叠结构功率放大器，采用 45nm CMOS SOI 工艺[11,12]或 130nm SiGe HBT 工艺[13]实现，能够提供大于 15dBm 的饱和输出功率，以及 30%以上的峰值 PAE。

然而，采用晶体管堆叠技术的放大器在稳定性方面具有如下缺点[14]：①在两个晶体管相连接的中间节点，寄生电容会在位于上方的晶体管的栅端引入等效的负阻抗；②位于上方的晶体管的源漏寄生电容 C_{ds} 会向中间节点引入容性反馈。

4.2.2　共源共栅技术

共源共栅技术为常用的放大器技术，具有增益高、输出阻抗高和稳定性高等优点[15]。共源共栅放大器电路如图 4.6 所示。

与堆叠结构不同，在共源共栅结构中，共栅晶体管栅端的虚地特性缓解了由寄生电容引入的不稳定问题。因此，无条件稳定的共源共栅放大器比晶体管堆叠

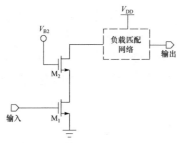

图 4.6　共源共栅放大器电路图

放大器更易于实现。

4.2.3　双模功率放大器技术

当图 4.5 中取 $N=2$ 时,与图 4.6 的结构非常类似,只是 M_2 的栅端略有区别。如前所述,堆叠结构和共源共栅结构各有优缺点,分别适合于高输出功率和低输出功率的放大器应用。将两种技术相结合,可构成双模功率放大器结构,不仅具有输出高功率的能力,而且能够提高功率放大器在低输出功率时的效率。

4.3　双模功率放大器的电路实现

4.3.1　电路结构

60GHz 双模功率放大器的电路图如图 4.7 所示。两个可配置的放大器单元通过变压器 T_{F1} 和 T_{F2} 进行差分耦合,构成了功率放大器的可配置输出级,这部分内容将在 4.3.2 节中介绍;功率放大器的驱动电路部分由两级共源放大器级联构成,这部分内容将在 4.3.3 节中介绍。功率放大器的输出级电源电压在高功率模式下为 2.5V,在低功率模式下为 1.2V,由片外的可变输出直流变换器(DC-DC converter)提供。

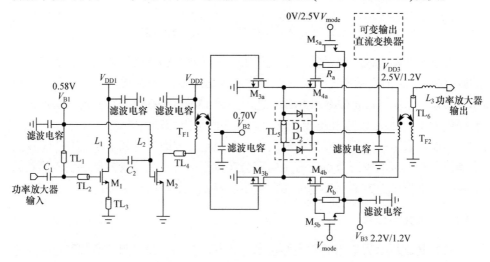

图 4.7　60GHz 双模功率放大器的电路原理图

4.3.2　功率可配置的输出级

如图 4.7 所示，通过控制晶体管 $M_{5a/b}$ 的偏置电压 V_{mode}，可以将功率放大器输出级配置为高功率(high-power, HP)模式或低功率(low-power, LP)模式。

在所采用的 65nm 体硅工艺中，射频 NMOS 晶体管制造在 P 阱(P-well, PW)中，体端与 P 型衬底可以通过四周闭合的 N 阱(N-well, NW)底部的深 N 阱(deep N-well, DNW)完全隔离。图 4.8 为晶体管 M_{4a} 的工艺横截面和连线示意图。M_{4a} 的体端与源端直接相连，消除了衬底调制效应，但同时引入了一个从 PW 至 NW/DNW 的寄生二极管 D_1。

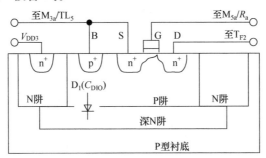

图 4.8　晶体管 M_{4a} 的工艺横截面和连线示意图

1. 基于晶体管堆叠结构的 HP 模式

在 HP 模式下，晶体管 $M_{4a/b}$ 的偏置电压 V_{B3} 被设置为 2.2V，输出级的电源电压 V_{DD3} 被设置为 2.5V。V_{mode} 为 0 V，使 $M_{5a/b}$ 断开。$M_{4a/b}$ 通过 $10k\Omega$ 的大电阻 R_a/R_b 接至 V_{B3}，因此栅端处于交流悬浮状态。$M_{3a/b}$ 和 $M_{4a/b}$ 串联相接，输出级为堆叠结构。在合适的偏置和负载条件下，$M_{3a/b}$ 与 $M_{4a/b}$ 的漏源电压可以近似同相相加，以获得较高的输出功率。

功率放大器的可配置输出级中一个放大器单元的等效小信号电路如图 4.9 所示。其中，C_{DIO} 代表 D_1 的寄生结电容，C_{off} 代表关断状态下的开关管 M_{5a} 的漏端寄生电容，C_{d3}/C_{d4}、C_{gs3}/C_{gs4} 和 r_{o3}/r_{o4} 分别代表晶体管 M_{3a}/M_{4a} 的漏端对地寄生电容、栅源寄生电容和输出电阻。由于 R_a 远大于 $1/(sC_{off})$，所以在图 4.9 中被忽略。为了简化电路分析，晶体管的栅漏电容也被忽略。当向晶体管 M_{3a} 的栅端注入一个输入电压 V_{g3} 时，由于 M_{4a} 的栅端交流悬浮，会呈现一个电压 V_{g4}。V_{g4} 的幅度与 M_{3a} 的漏端电压 V_{d3} 成正比，比例由寄生电容 C_{off} 与 C_{gs4} 形成的电容分压器决定。由于 V_{g4} 的存在，M_{4a} 的栅漏电压摆幅(V_{gd})和栅源电压摆幅(V_{gs})都被降低，从而避免晶体管击穿。

在功率放大器中，晶体管正常工作所允许的最大 V_{gd} 和 V_{gs} 由栅氧化层的击穿效应决定。对晶体管 M_{3a} 和 M_{4a} 而言，V_{gd} 总是大于 V_{gs}，因此 V_{gd} 的大小是功率放大器能否可靠工作的关键。为了实现尽可能高的输出功率，在功率放大器的设计

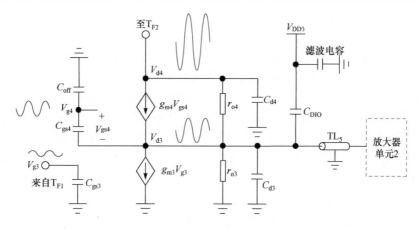

图 4.9 HP 模式下的可配置输出放大器单元的等效小信号电路图

中，需要使 M_{3a} 和 M_{4a} 在饱和输出功率附近的栅漏电压摆幅基本相同，并低于栅氧化层的击穿电压。图 4.10 给出了在 HP 模式下，功率放大器输出级在 10dBm 输入功率时(输出功率为 17.6dBm，接近功率放大器的饱和输出功率)的时域瞬态仿真波形，其中包括 M_{3a} 和 M_{4a} 的漏端和栅端对地电压，以及漏栅电压和漏源电压。$M_{5a/b}$ 的尺寸为 512μm/280nm，相应的 C_{off} 在 60GHz 频率处约为 280fF。从图中可见，当功率放大器工作在近饱和状态时，$M_{3a/b}$ 与 $M_{4a/b}$ 的漏源电压的幅度基本相同，说明 C_{off} 与 C_{gs4} 的电容分压比例较为合适。

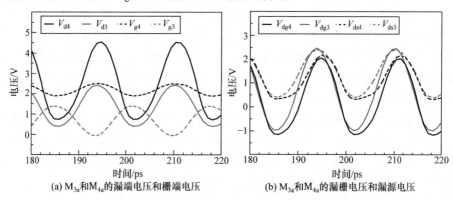

(a) M_{3a} 和 M_{4a} 的漏端电压和栅端电压   (b) M_{3a} 和 M_{4a} 的漏栅电压和漏源电压

图 4.10 时域瞬态仿真波形(输出功率为 17.6dBm)

为了减小 $M_{3a/b}$ 与 $M_{4a/b}$ 的漏源电压的相位差，应尽量减小信号路径上的寄生电容。在 $M_{3a/b}$ 和 $M_{4a/b}$ 相连的中间节点处，总寄生电容可以表示为

$$C_{tot} = C_{d3} + C_{DIO} + \frac{C_{gs4} \cdot C_{off}}{C_{gs4} + C_{off}} \tag{4.3}$$

为了减小这个寄生电容的影响，如图 4.7 所示，在 $M_{3a/b}$ 和 $M_{4a/b}$ 相连的中间

节点处，插入了传输线 TL_5。由于输出级采用了差分结构，TL_5 的中间点为虚地节点。TL_5 等效为一个差分电感与 C_{tot} 谐振，以减小信号通过寄生电容向地的泄漏，而不会影响电路的静态工作点。

根据图 4.9 可以推导出这个放大单元在 HP 模式下的等效跨导，如下：

$$G_{ms} = g_{m3} \cdot \frac{1/r_{o4} + g_{m4} \cdot C_{off} / (C_{off} + C_{gs4})}{1/r_{o3} + 1/r_{o4} + (g_{m4} + sC_{gs4}) \cdot C_{off} / (C_{off} + C_{gs4})} \tag{4.4}$$

为了避免晶体管堆叠结构的不稳定性问题，在功率放大器设计中，对晶体管的版图进行了仔细优化，以减小晶体管连线引入的寄生电容。通过选择 $M_{5a/b}$ 的尺寸，可以将 C_{off} 设置为一个合适的值，提高功率放大器性能的同时保证电路的稳定性。传输线 TL_5 由于与中间节点的寄生电容谐振，也能够增强电路的稳定性。

2. 基于共源共栅结构的 LP 模式

在 LP 模式下，V_{B3} 和 V_{DD3} 均被设置为 1.2V。V_{mode} 为 2.5V，使 $M_{5a/b}$ 导通。$M_{5a/b}$ 尺寸较大，在 60GHz 频率处导通电阻只有 2.8Ω，因此大电阻 R_a/R_b 被短路。晶体管 $M_{4a/b}$ 的栅端近似交流接地，输出级被配置为共源共栅结构。开关管 $M_{5a/b}$ 采用耐压为 2.5V 的厚栅管实现，在导通状态下，可以传输 LP 模式下 $M_{4a/b}$ 所需的 1.2V 偏置电压。

在 1.2V 的电源电压下，$M_{4a/b}$ 的栅漏电压摆幅较低，从而确保了晶体管的可靠工作。LP 模式下，由 $M_{3a/b}$ 和 $M_{4a/b}$ 组成的放大单元的等效跨导为

$$G_{mc} = g_{m3} \cdot \frac{1/r_{o4} + g_{m4}}{1/r_{o3} + 1/r_{o4} + (g_{m4} + sC_{gs4})} \tag{4.5}$$

晶体管 $M_{3a/b}$ 和 $M_{4a/b}$ 尺寸相同，可以假设：

$$r_{o3} \approx r_{o4} \approx r_o \tag{4.6}$$

$$\frac{C_{off}}{C_{off} + C_{gs4}} = \alpha \tag{4.7}$$

根据式(4.4)和式(4.5)，可以将 LP 模式下放大单元的等效跨导 G_{mc} 和 HP 模式下的等效跨导 G_{ms} 之比表示为

$$\frac{G_{mc}}{G_{ms}} = 1 + \frac{(1-\alpha)(g_{m4} - sC_{gs4}) \cdot r_o}{2 + ((1+2\alpha)g_{m4} + sC_{gs4})r_o + \alpha g_{m4}(g_{m4} + sC_{gs4})r_o^2} \tag{4.8}$$

考虑到 C_{off} 与 C_{gs4} 的分压比 $\alpha < 1$，由式(4.8)可得

$$\frac{G_{mc}}{G_{ms}} > 1 \tag{4.9}$$

因此，在相同的电源电压和偏置电压下，LP 模式(共源共栅结构)下的等效跨

导 G_{mc} 大于 HP 模式(堆叠结构)下的等效跨导 G_{ms}。

图 4.11(a)和图 4.11(b)分别对比了在相同的偏置条件下, 开关管 $M_{5a/b}$ 断开或导通两种情况下输出功率和 PAE 的仿真结果。从图中可见,当输入功率为–2.5dBm时,采用堆叠结构($M_{5a/b}$ 断开)的放大单元输出功率为 5.1dBm(3.2mW),PAE 为 3.9%,而采用共源共栅结构($M_{5a/b}$ 导通)的放大单元输出功率为 6.0dBm(4.0mW),PAE 为 5.0%。因此, 相对于堆叠结构,在相同的偏置条件和–2.5dBm 输入功率下,采用共源共栅结构能够获得 25%的输出功率提升和约 28%的 PAE 提升。

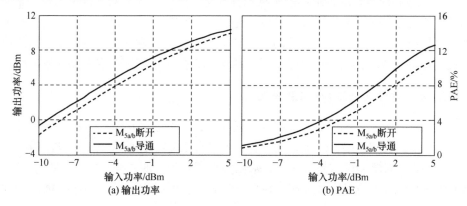

图 4.11   相同偏置条件下开关管 $M_{5a/b}$ 断开或导通时的仿真结果

实际上, 晶体管堆叠技术的主要优点在于堆叠结构允许功率放大器工作在更高的电源电压下而不产生晶体管击穿问题。因此, 晶体管堆叠技术主要用在高输出功率的功率放大器中。当功率放大器需要输出较低的功率时, 堆叠结构与共源共栅结构相比并没有优势。与仅通过降低电源电压和偏置电压来降低功率放大器输出功率的方式相比,本双模功率放大器中的可配置输出级仅需很小的代价(在片上增加一对开关晶体管), 就能够在低输出功率的情况下获得更好的性能。

3. 基于变压器的功率合成

用于功率放大器输出级差分耦合的变压器 T_{F1} 和 T_{F2} 都采用了顶层金属 M9 和次层金属 M8 堆叠而成。出于电流密度的考虑, 金属宽度选择为 7μm, T_{F1} 和 T_{F2} 的半径分别为 25μm 和 36μm。T_{F1} 处在功率放大器的驱动级和输出级之间, 完成单端至差分的转换, 同时通过它的次级线圈的抽头给晶体管 M_{3a}/M_{3b} 提供偏置。因为 T_{F1} 的初级线圈是功率放大器驱动级的电感负载, 因此它的尺寸需要和驱动级电路联合设计。T_{F2} 在功率放大器的输出端完成差分至单端的转换, 它的次级线圈通过微带线 TL_6 和电感 L_3 连接到输出的 G-S-G 焊盘上。为了减小输出端变压器的插入损耗, 本节设计中为 T_{F2} 选择了较大的尺寸, 仿真表明 T_{F2} 的耦合系数为 0.9。

功率放大器的输出匹配网络针对 HP 模式，在饱和输出功率附近进行优化。将功率放大器输出级的输入功率设置为 10dBm(足够将功率放大器输出级驱动至饱和功率附近)，进行负载牵引仿真发现，在两种模式下，$M_{4a/b}$ 漏端的最优负载为 77Ω//175pH。为了将功率放大器输出端的 50Ω 负载变换为 $M_{4a/b}$ 的最优负载，功率放大器的输出匹配网络由变压器 T_{F2}、传输线 TL_6 和电感 L_3 组成，功率放大器输出焊盘的寄生电容(26fF)也同样考虑在内。在设计过程中，通过调节 TL_6 的长度可以使 50Ω//26fF 的负载阻抗经过变换后的实部满足最优阻抗的要求，而调节 L_3 的大小可以使虚部满足最优阻抗的要求。

图 4.12(a)中的两条曲线为在 60GHz 频率处，功率放大器输出级的输出功率随输入 T_{F1} 初级线圈的功率变化的仿真结果。其中，实线表示功率放大器采用了图 4.7 中所示的输出匹配网络和 50Ω 负载的情况，而虚线表示功率放大器不采用输出匹配网络，而是在 $M_{4a/b}$ 的漏端直接连接最优负载的情况(不同输入功率下的最优负载不同，可通过负载牵引仿真确定)。在这两种情况下，输出功率的差值即输出匹配网络引入的插入损耗，如图 4.12(b)所示。由于晶体管的大信号特性会随着电压摆幅而变化，因此功率放大器输出匹配网络的插入损耗也随着输入功率的不同而改变。从图中可以看出，当输入功率为 5～9dBm 时，功率放大器所采用的输出匹配网络的损耗小于 1.0dB。

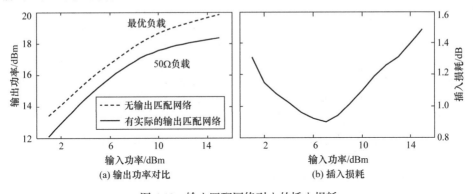

图 4.12　输入匹配网络引入的插入损耗

根据仿真结果，在 60GHz 频率处，HP 模式和 LP 模式下，功率放大器的小信号增益分别为 11.7dB 和 9.5dB。这个较高的增益使功率放大器输出级具有较低的输入 1dB 压缩点，因此显著缓解了功率放大器驱动级的输出功率和线性度压力。根据仿真结果，功率放大器的输出级在 HP(LP)模式下，饱和输出功率为 18.4(12.0)dBm，输出 1dB 压缩点为 13.7(6.0)dBm，PAE 的峰值为 20.8%(12.8%)。

4. 可靠性问题

在高功率功率放大器的设计中，除了需要避免电压摆幅过大导致的晶体管击穿问题, 晶体管的长时间可靠性也至关重要。对于深亚微米 CMOS 工艺下的 NMOS 晶体管而言, 经时击穿(time dependent dielectric breakdown, TDDB)和热载流子注入(hot carrier injection, HCI)是影响晶体管寿命的两个主要因素[16]。TDDB 与晶体管栅氧化层的电场强度相关, 可采用栅源电压和栅漏电压的均方根值(root mean square, RMS)表征。在 HP 模式下, 对功率放大器的输出级进行时域仿真并计算, 结果显示, 当功率放大器输出饱和功率时, 晶体管 $M_{3a/b}$ 和 $M_{4a/b}$ 的栅源电压的 RMS 分别为 0.87V 和 0.96V, 均低于所采用的 65nm 工艺的标准 1.2V 电压, 从而验证了功率放大器输出级关于 TDDB 的可靠性(栅漏电压的 RMS 小于栅源电压的 RMS, 无须仿真计算)。

当晶体管的漏源电压很高时, 会引起 HCI 效应, 降低晶体管的寿命。由于不能获得工艺库提供的晶体管老化模型, 所以无法对功率放大器输出级中晶体管的寿命进行计算。但通过仿真 $M_{3a/b}$ 与 $M_{4a/b}$ 的漏源电压的最大摆幅, 并与文献[17]中 40nm CMOS 工艺下的功率放大器的数据进行比较, 可以推测, 该功率放大器输出级中晶体管的寿命与文献[17]中的寿命相近。从仿真结果还发现, 该功率放大器输出级的 HCI 效应主要受限于 $M_{3a/b}$, 通过降低 $M_{4a/b}$ 的偏置电压, 可以增强电路的可靠性。

4.3.3　高增益的驱动级

在功率放大器的设计中, 驱动级的作用是将输入信号放大到足够高的功率, 从而能够将功率放大器的输出级驱动至其饱和功率点。在功率放大器的输出级前面增加驱动级, 可以提高功率放大器的增益, 同时会降低功率放大器整体的线性度和 PAE。为了减小这个影响, 需要合理地选择功率放大器驱动级的放大管尺寸, 同时进行高增益、低功耗设计。

功率放大器驱动级的电路图如图 4.7 所示。由于功率放大器的输出级在两种模式下均可提供大约 10dB 的增益, 所以对驱动级的输出功率要求不高, 选择单端的电路结构即可实现, 从而避免驱动级电路给功率放大器整体增加太多功耗。如果设计驱动级的饱和输出功率比输出级的饱和输出功率小 10dB, 则刚好可以将功率放大器的输出级驱动至其饱和功率点, 但功率放大器的线性度将由驱动级和输出级共同决定。出于线性度的考虑, 我们将驱动级的饱和输出功率设计为比输出级的饱和输出功率小 7dB, 因此选择晶体管 M_1/M_2 的宽度为 44μm, 大约为输出级放大管 $M_{3a}+M_{3b}$ 的尺寸(200μm)的 1/5(-7dB)。

功率放大器驱动级的输入端通过微带线 TL_1~TL_3 匹配至 50Ω, 而输出端则通过微带线 TL_4 直接连接变压器 T_{F1} 的初级线圈。选择 T_{F1} 的尺寸, 使晶体管 M_2 的漏端寄生电容与 T_{F1} 的初级线圈电感在 60GHz 的中心频率处谐振。晶体管 M_1 的输出端和晶体管 M_2 的输入端没有分别匹配到 50Ω, 而是在这两个共源放大级之间插入了一个由 L_1、L_2 和 C_2 组成的π形级间匹配网络。由于减少了所需的匹配元件的数目,从而降低了损耗,因此驱动级可以获得更高的增益。

　　由于晶体管 M_1 和 M_2 的尺寸较大,给 π 形级间匹配网络引入了较大的寄生电容,所以需要的电感 L_1 和 L_2 的值较小,分别是 67pH 和 60pH。一端接电源(小信号地)的电感 L_1 和 L_2 可以采用传统的螺旋形电感或微带线来实现。螺旋形电感 Q 值较高但布局复杂,微带线布局方便但损耗相对较大。为了综合两者的优势,本章在 L_1 和 L_2 中采用了类似微带线的设计,电感由顶层金属 M9 实现,但与微带线的结构不同,M9 下方的金属地平面 M1 和 M2 被移除,从而电感的长度可以缩短,同时 Q 值也得以提高,进一步降低电路的损耗从而提高驱动级的增益。

　　仿真结果显示,相对于用微带线实现 67pH 的电感 L_1,本章中的 L_1 的长度缩短了 50%(200μm 缩短至 100μm),同时 Q 值由 14 提升至 17。本章中的电感实现方案继承了微带线布局方便、易于移植的优点。

4.3.4　芯片测试结果

　　该 60GHz 双模功率放大器采用 65nm 1P9M CMOS 工艺流片。包含所有焊盘在内,芯片的总面积为 0.68mm×0.35mm。芯片的显微照片如图 4.13 所示。

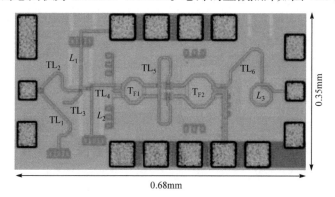

图 4.13　60GHz 双模功率放大器显微照片

　　双模功率放大器的测试结果包括小信号测试和大信号测试两部分。其中小信号测试部分采用 0~67GHz 的网络分析仪 N5247A 进行 S 参数测试。在 HP 和 LP 模式下,测试与仿真的 S 参数分别如图 4.14(a)和图 4.14(b)所示。在两种模式下,测试得到的输入反射系数(S_{11})与仿真结果非常一致,在 57~67GHz 范围内均小于 −10dB。在 60GHz 处,测试得到的增益(S_{21})在 HP 和 LP 模式下分别为 23.5dB 和 21.3dB,与仿真结果也比较符合,但可以看出测试得到的 S_{21} 曲线的中心频率比仿真结果偏高,这可能是晶体管模型的不准确(根据 65nm CMOS 工艺库的说明文档,晶体管模型在 30GHz 以下是准确的)和电磁场仿真无源器件的误差导致的。

　　功率放大器的大信号特性也是通过网络分析仪 N5247A 测量的,测量之前使用功率计探头 N8488A 和功率计 E4416A 对网络分析仪的源功率和接收功率进行

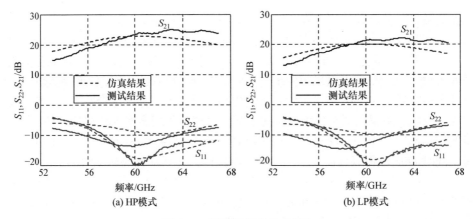

图 4.14　测试与仿真的 S 参数

了校准。在 60GHz 处对网络分析仪提供的输入功率进行扫描，得到了功率放大器在两种模式下的输出功率曲线，并计算出了相应的 PAE 曲线，如图 4.15 所示。在两种模式下，测试与仿真得到的饱和输出功率(P_{sat})一致，在 HP 和 LP 模式下分别为 17.6dBm 和 11.4dBm。在功率放大器的饱和功率下，功率放大器仍然具有 10dB 以上的增益，从而降低了对前级电路(通常是上混频器)输出功率的要求。在 HP 和 LP 模式下，功率放大器的输出 1dB 压缩点(P_{1dB})分别为 12.5dBm 和 4.7dBm。

　　60GHz 处，功率放大器的峰值 PAE 和 1dB 压缩点处的 PAE 在 HP 模式下分别为 20.4%和 6.6%，而在 LP 模式下分别为 13.3%和 3.2%。当功率放大器需要输出一个较低功率时，将此双模功率放大器配置为 LP 模式可以获得效率的提升。以 10dBm 的输出功率为例，工作在 HP 模式时，PAE 仅为 3.8%，如果将功率放大器切换为 LP 模式，PAE 可提升至约 2.8 倍(10.6%)，体现了双模功率放大器技术的优势。

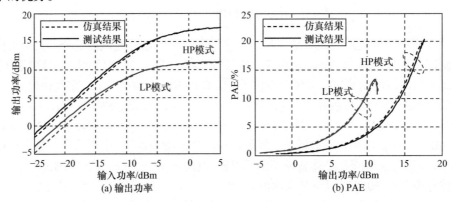

图 4.15　测试与仿真的输出功率和 PAE

　　在大信号特性的测量中，在网络分析仪不同输入功率下，对输入频率进行了二维扫描，从而得到了功率放大器在不同频率处的饱和输出功率与输出 1dB 压缩点，如图 4.16 所示。在 59～67GHz 的范围内，在 HP 模式下，功率放大器的饱和输出功率保持在 17.0dBm 以上，输出 1dB 压缩点保持在 11.9dBm 以上，而在 LP 模式下，功率放大器的饱和输出功率保持在 11.1dBm 以上，输出 1dB 压缩点保持在 4.7dBm 以上。但是与仿真结果相比，测试曲线整体向高频处偏移(与 S_{21} 的测试结果类似)。考虑到 S_{11} 的曲线测试与仿真结果比较一致，可以推测大信号特性和 S_{21} 的偏差主要来自于输出级变压器和电感等无源器件的电磁场仿真偏差。

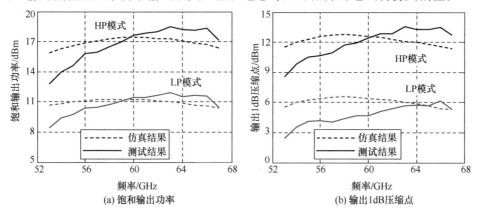

图 4.16　测试与仿真的不同频率下的饱和输出功率和输出 1dB 压缩点

　　该 60GHz 双模功率放大器的性能指标汇总与相似芯片对比如表 4.1 所示。从表中可以看出，在 HP 模式下，与同为 65nm CMOS 工艺实现的采用多路功率合成技术的 60GHz 频段功率放大器[5,18]相比，本章中的功率放大器可以提供相似的饱和输出功率，同时具有更高的 PAE 和更小的芯片面积；与采用 45nm CMOS SOI 工艺实现的晶体管堆叠结构的功率放大器相比[11,12]，本章中的功率放大器可以工作在更高的频段并提供相似的饱和输出功率。

表 4.1　60GHz 双模功率放大器的性能指标汇总与相似芯片对比

指标名称	本章工作		TMTT 2013[18]	ISSCC 2011[5]	CICC 2012[11]	TMTT 2013[12]
	HP 模式	LP 模式				
CMOS 工艺	65nm		65nm	65nm	45nm SOI	45nm SOI
电路结构	两级共源放大级+基于变压器的双模输出级		8 路功率合成	4 路功率合成	晶体管堆叠结构	晶体管堆叠结构
频率/GHz	60		61	60	47	46
电源电压/V	2.5	1.2	1.2	1.0	2.4	2.5
饱和输出功率 /dBm	17.6	11.4	15.6	18.6	17.6	15.9

续表

指标名称	本章工作		TMTT 2013[18]	ISSCC 2011[5]	CICC 2012[11]	TMTT 2013[12]
	HP 模式	LP 模式				
峰值 PAE/%	20.4%	13.3%	6.6	15.1	34.6	32.7
输出 1dB 压缩点/dBm	12.5	4.7	13.5	15.0	—	—
增益/dB	23.5	21.3	20	20.3	13	9.4
面积/mm²	0.24		2.25	0.28†	—	0.3
FOM*	89.8	79.5	79.5	86.3	79.4	73.7

*FOM=饱和输出功率(dBm) + 增益(dB) + 20lg(频率(GHz))+10lg(峰值 PAE(%))。

†只包含 G-S-G 毫米波信号焊盘，不包含直流焊盘。

根据 FOM 值公式计算得到的 FOM 值也列在表 4.1 中。得益于较高的输出功率、效率和增益，本章中的功率放大器在 HP 模式和 LP 模式下都具有不错的 FOM 值。

参 考 文 献

[1] 贾海昆. CMOS 毫米波 FMCW 相控阵雷达收发机芯片的关键技术研究. 北京: 清华大学, 2015.

[2] 况立雪. CMOS 毫米波高数据率无线收发机关键技术研究. 北京: 清华大学, 2014.

[3] Kuang L, Chi B, Jia H, et al. A 60-GHz CMOS dual-mode power amplifier with efficiency enhancement at low output power. IEEE Transactions on Circuits and Systems II, 2015, 62(4): 352-356.

[4] Chowdhury D, Reynaert P, Niknejad A M. Design considerations for 60GHz transformer-coupled CMOS power amplifiers. IEEE Journal of Solid-State Circuits, 2009, 44(10): 2733-2744.

[5] Chen J, Niknejad A M. A compact 1V 18.6dBm 60GHz power amplifier in 65nm CMOS// IEEE International Solid-State Circuits Conference (ISSCC), San Francisco, 2011: 432-433.

[6] Tsai K J, Kuo J L, Wang H. A W-band power amplifier in 65-nm CMOS with 27GHz bandwidth and 14.8 dBm saturated output power// IEEE Radio Frequency Integrated Circuits Symposium (RFIC), Montreal, 2012: 69-72.

[7] Law C Y, Pham A V. A high-gain 60GHz power amplifier with 20dBm output power in 90nm CMOS// IEEE International Solid-State Circuits Conference (ISSCC), San Francisco, 2010: 426-427.

[8] Aoki I, Kee S D, Rutledge D B, et al. Distributed active transformer-a new power-combining and impedance-transformation technique. IEEE Transactions on Microwave Theory and Techniques, 2002, 50(1): 316-331.

[9] Pornpromlikit S, Jeong J, Presti C, et al. A watt-level stacked-FET linear power amplifier in silicon-on-insular CMOS. IEEE Transactions on Microwave Theory and Techniques, 2010, 58(1): 57-64.

[10] Chen J, Helmi S, Azadegan R, et al. A broadband stacked power amplifier in 45-nm CMOS SOI technology. IEEE Journal of Solid-State Circuits, 2013, 48(11): 2775-2784.

[11] Chakrabarti A, Krishnaswamy H. High power, high efficiency stacked mm-wave class-e-like

power amplifiers in 45nm SOI CMOS// IEEE Custom Integrated Circuits Conference (CICC), San Jose, 2012: 1-4.

[12] Dabag H, Hanafi B, Golcuk F, et al. Analysis and design of stacked-FET millimeter-wave power amplifiers. IEEE Transactions on Microwave Theory and Techniques, 2013, 61(4): 1543-1556.

[13] Datta K, Roderick J, Hashemi H. Analysis, design and implementation of mm-wave SiGe stacked class-e power amplifiers// IEEE Radio Frequency Integrated Circuits Symposium (RFIC), Seattle, 2013: 275-278.

[14] Asbeck P. Stacked Si MOSFET strategies for microwave and mm-wave power amplifier// IEEE Topical Meeting on Silicon Monolithic Integrated Circuits in RF Systems, Newport Beach, 2014: 13-15.

[15] Razavi B. Design of Analog CMOS Integrated Circuits. New York: McGraw-Hill, 2001.

[16] Martineau B, Lnopik V, Siligaris A, et al. A 53-to-68GHz 18dBm power amplifier with an 8-way combiner in standard 65nm CMOS// IEEE International Solid-State Circuits Conference (ISSCC), San Francisco, 2010: 428-429.

[17] Zhao D, Reynaert P. A 60-GHz dual-mode class AB power amplifier in 40-nm CMOS. IEEE Journal of Solid-State Circuits, 2013, 48(10): 2323-2337.

[18] Aloui S, Leite B, Demirel N, et al. High-gain and linear 60-GHz power amplifier with a thin digital 65-nm CMOS technology. IEEE Transactions on Microwave Theory and Techniques, 2013, 61(6): 2425-2437.

第5章 毫米波信号源产生电路

5.1 毫米波振荡器

作为频率源和相位信号源，振荡器以及锁相环的设计对保证射频系统性能有非常重要的意义。在射频与毫米波频段，大部分的振荡器都可以采用电感、电容谐振的方式实现，其基本结构如图5.1所示。

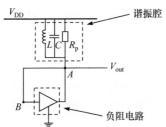

图 5.1 简单的振荡器电路

在这个反馈电路中，我们可以假设信号会以逆时针方向从 A 到 B 再返回到 A。当然，并非所有的信号都能被允许跑完这一圈：只有处于谐振频率的信号才能恰好跑完这一圈(即产生了360°的相移)而不是被谐振腔吸收。因此，在这个电路中，谐振腔起到了调节信号频率的作用。另外由于负阻电路的存在，信号的功率不断增加，直到达到一个极限：消耗的能量和增加的能量相等，此时电路的工作状态便稳定下来。

也可以说，此时这个环路满足两个条件。

(1) 负阻电路产生的增益 =1(在部分教科书中写作≥1，但稳定时应为=1)。

(2) 环路产生的相移为 $2n\pi$ ，$n \in \{0,1,2,3,\cdots\}$ 。

上述条件称为"巴克豪森准则"(the Barkhausen criterion)。值得注意的是，这是振荡产生的必要条件而非充分条件[1,2]。

由这种定性的分析可知，振荡器电路很容易受到这几种影响：负阻电路的增益影响到稳定状态下的输出，信号的输出端电压 V_{out} 也同样影响到输出。谐振腔的谐振频率则主要影响输出信号的频率。

然而，现实的情况并非如此理想，图中负阻电路并非一个完美的放大电路——通常由晶体管放大器带来的寄生因素会影响到电路的工作频率，如图5.2所示。

在较低频率的情况下，这种寄生几乎可以忽略，但在高频率的设计中，尤其是毫米波频段，放大器的寄生(主要是 C_{para})对整体电路的谐振频率则有着显著的影响。所以，这个振荡器电路的振荡频率为 $\omega_1 = 1/\sqrt{LC_{total}} = 1/\sqrt{L\left(C + C_{para}\right)}$ 。

环形振荡器则可以视为主要依靠放大器的寄生作为电路的谐振腔来使电路稳

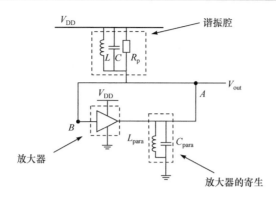

图 5.2　加上放大器寄生的振荡器电路

定在某个频率并进行输出，通常，这个放大器是一个反相器，如图 5.3 所示。

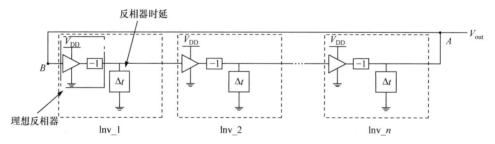

图 5.3　环形振荡器的简要示意图

也就是说，反相器自身不可避免地带来了寄生影响，并使信号反相时产生了额外的时延(或者类比成每个反相器的寄生对信号造成了时延)。这个时延的叠加 $f = \dfrac{1}{2tn}$ 便是环形振荡器的工作频率。

回到图 5.1，图中使用了并联的简化模型来代替实际的 LC 电路模型。在绝大多数情况下，电感由于材料等原因，自身含有电阻成分，因此，电感的品质因子是有限大的。

如图 5.4 所示，电感的品质因子 $Q_L = \dfrac{L\omega}{R_s}$。

当 Q_L 为有限大时，电路的等效阻抗为

$$\left| Z_{eq}(s=\mathrm{j}\omega) \right|^2 = \frac{R_s^2 + L^2\omega^2}{\left(1-LC\omega^2\right)^2 + R_s^2 C^2 \omega^2} \qquad (5.1)$$

在任何 $s=\mathrm{j}\omega$ 频率下阻抗都不会变成无穷大[1]。或者说，这个 LC 回路形成的谐振腔本身

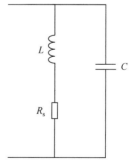

图 5.4　当品质因子为有限大时的 L 和理想的 C 组成的回路

即便处于谐振频率上也会消耗能量。

在高频的集成电路设计中，除了电感，电容也具有有限的品质因子。而在设计可调频率的振荡器中通常采用变容管(varactor)来改变频率，那么这个变容管也同样有着极为有限的品质因子——在高频到毫米波频率中更是如此。

不妨假设电感的品质因子为 Q_L，而电容的品质因子为 Q_C。在并联电路中，电路整体的品质因子为

$$Q_{p,total} = \frac{1}{\dfrac{1}{Q_L} + \dfrac{1}{Q_C}} \tag{5.2}$$

显然受到两者中更小的品质因子所主导。在并联 RLC 振荡回路中，有

$$R = Q\sqrt{\frac{L}{C}} \tag{5.3}$$

为了满足巴克豪森准则，至少要使电压增益 $g_m R_p \geqslant 1$。所以，由于有限的电感与电容品质因子，负阻电路提供的增益将需要进一步提升，同时带来更大的寄生(导致频率下降)和更大的功耗。这种影响进而制约着毫米波段的振荡器的性能。

此外，在理论设计中，我们很少会关注图 5.1 中 V_{out} 这一输出端对整体电路的影响。因为绝大部分理论设计都把输出端视作具有无穷大的输入阻抗的理想放大器。但实际上，尤其是高频的放大器，很难把输入阻抗做到很大。如图 5.5 所示，这个因后端的输入阻抗产生的 R_L 可以视作与谐振腔并联(不妨假设射频能量无论在 V_{DD} 端还是在地端都能完美地被耗尽)。进一步地，在谐振腔的简化过程中，我们得知阻抗的倒数如式(5.4)所示：

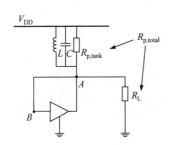

图 5.5 包含负载端的振荡器电路

$$\frac{1}{Z} = \frac{1}{Z_L} + \frac{1}{Z_C} + \frac{1}{Z_{R_p}} = \frac{1}{j\omega L} + j\omega C + \frac{1}{R_{p,total}} \tag{5.4}$$

因此，当 $\omega = 1/\sqrt{LC}$ 即处于谐振频率时，并联电路可以简单地视为一个电阻。这样可以把 $R_{p,total}$ 在谐振频率下电路的负载定义为

$$R_{p,total} = \frac{1}{\dfrac{1}{R_{p,tank}} + \dfrac{1}{R_L}} \tag{5.5}$$

因此，为了避免负载端过多地消耗振荡环路的能量(并且影响振荡频率)，需

要一个缓冲器把振荡环路和负载端隔离起来，如
图 5.6 所示。这个缓冲器通常不是一个"匹配"
的电路——我们只需要取"振荡器之精华"，而不
是将振荡器的所有能量都传输到真正的负载端。

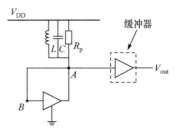

图 5.6　带有缓冲器的振荡器电路

接下来讨论采用 CMOS 工艺实现的 K 波段
的 LC 压控振荡器和超低电压压控振荡器的设
计实例。

5.1.1　负阻振荡器

1. LC 压控振荡器

由于工艺的限制，在毫米波段和准毫米波段上，常常面临着晶体管跨导 g_m 较
小的问题。因此，相比于 NMOS 交叉耦合方

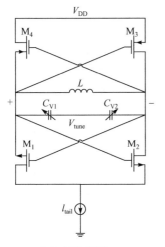

图 5.7　一个典型的采用 NMOS-PMOS
交叉耦合方式的 LC 压控振荡器[2,3]

式，需要更小跨导的 NMOS-PMOS 交叉耦合
在部分集成电路工艺下显然是个更好的选
择[2]。如图 5.7 所示，谐振腔的电感不再与
V_{DD} 直接相连，取而代之的是每个 NMOS 管
的漏极会串上一个 PMOS 管，而 PMOS 的漏
极与 V_{DD} 相连。这样，左右两侧的 NMOS 管
和 PMOS 管恰好形成一个互补型的结构。此
外，这种交叉耦合方式的电感 L 相当于
NMOS 交叉耦合方式的两个电感 L_1 和 L_2 之
和——但在工程上，电感 L 占用的面积往往
比两个 $\frac{L}{2}$ 隔离的电感要小。所以，这种方式
也不失为减小面积的一种方法。

但这种交叉耦合方式也存在一定的缺陷。
由于要满足 $\left|V_{gs3}\right| + V_{gs2} + V_{tail} = V_{DD}$，PMOS 管要变得相当大，这也导致了寄生电
容的增加。由 $\omega_1 = 1/\sqrt{L\left(C + C_{para}\right)}$ 可知，如果保持 L 不变，那么寄生电容的增加
会使工作频率下降；或者可改变的 C 的范围有限，也意味着频率工作范围变小[2]。

作为压控振荡器，为了让电路能够受控制电压 V_{tune} 的变化而改变频率，需要
使用一定的方法让谐振频率等式 $\omega_1 = 1/\sqrt{LC}$ 中的 L 或者 C 产生改变。目前的研究
中，可变电感在高频电路中的应用较为少见，因此使用更为常用的 MOS 变容管
来改变谐振腔的电容 C[3]。

MOS 变容管典型的 C-V 特征如图 5.8 所示。

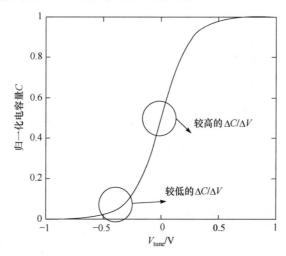

图 5.8　常见的变容管的 C-V 模型[3]

假设变容管的最大值与最小值之差为 $\Delta C = 1$，随着控制电压 V_{tune} 的变化，ΔC 会呈现出如图 5.8 所示的形状。在 V_{tune} 靠近–1V 和 1V 时，ΔC 的曲线比较平缓；而当 V_{tune} 接近 0V 时，ΔC 的曲线则最为陡峭。也就是说，当使用变容管来改变电路频率时，会使压控灵敏度 K_{VCO} 呈现"两头低中间高"的形状。此外，随着 V_{tune} 的改变，MOS 变容管的品质因子 Q_{var} 也随着变化。一般来说，同频率下，MOS 变容管在电容最小时 Q_{var} 最大，反之最小。所以如果想尽量保证变容管在不同控制电压下的品质因子，需要把可调范围限制在具有较高 Q_{var} 的一段较窄的范围。同时，MOS 变容管的叉指长度与宽度也可以缩小以获取更大的 Q_{var}，但对应的电容值的可变范围则会变窄[4,5]。

为了获得最大的可调范围，本章中尝试将变容管置于 0V 开始的偏置，如图 5.9 所示。

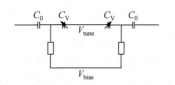

图 5.9　使用电容耦合方式连接变容管

这样可以使变容管 C_V 能够为正和负的控制电压所控，并将控制电压的最大绝对值控制在 V_{DD} 以内。这种方式的代价是耦合电容 C_0 的寄生影响到可调范围：如果保持该网络的整体最大电容值不变，通过仿真，可以发现改变 MOS 变容管 C_V 叉指数(如果叉指的长宽不变)和耦合电容 C_0 会使网络电容值放大比例随之变化，网络最小品质因子和变容管叉指数有如图 5.10 所示的关系(采用 SMC 0.13μm RF CMOS 工艺条件)。

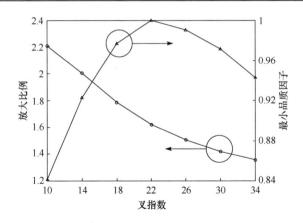

图 5.10　本节所用例子的电容耦合电路的仿真结果[3]

从图 5.10 可以看出，随着叉指数的增加，放大比例会随之下降。但最小品质因子在本例中并不呈单调变化，而是在叉指数为 22 时达到最大。因此，在本例中，为了获得较高的最小品质因子 Q_C 和较大的可调范围，叉指数在[14,22]是最好的。

本章所设计的 LC 压控振荡器的电路图如图 5.11 所示(不含偏置电路)。

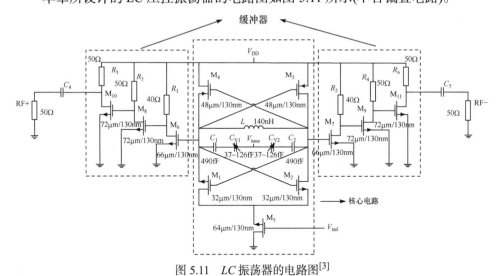

图 5.11　LC 振荡器的电路图[3]

电路的输出端 RF+ 和 RF− 分别与 50Ω 负载连接，V_{tune} 用于改变压控振荡器的工作频率，缓冲器(buffer)用来把负载端与核心区隔离。本例采用 GSMC 0.13μm RF CMOS 工艺进行流片验证，芯片照片如图 5.12 所示，占用的总面积为 540μm×620μm (包括输入/输出焊盘)或者 316μm×388μm (不包括输入/输出焊盘)。本例中使用了 Keysight N9020A MXA 信号分析仪并在共源共栅探针操作台上进行探针实验。信号分析仪连出的 RF 探针通过片上的 G-S-G-S-G 焊盘连接。测试所使用的直流电压为 1.2V，其中测得压控振荡器核心的功耗为 3.14mW。频谱分析表示该压控振荡器的工作频率范围为 22～23.4GHz(其中最低频率如图 5.13 所示，最高频率如图 5.14 所示)，工作带宽约为 1.4GHz。

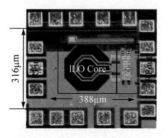

图 5.12　设计的芯片照片[3]

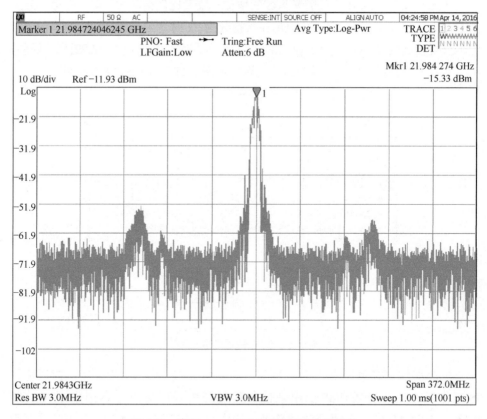

图 5.13　当 $V_{\text{tune}} = -1.2$V 时振荡器的输出频率

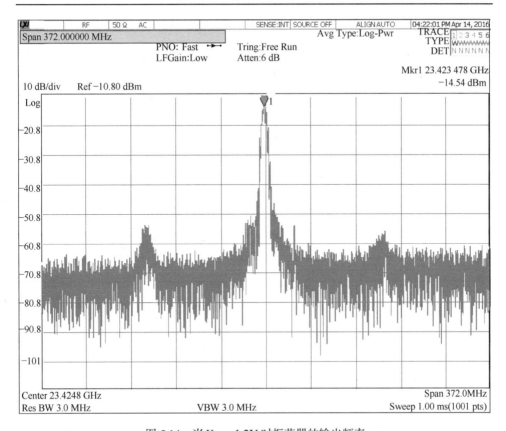

图 5.14　当 $V_{tune} = 1.2V$ 时振荡器的输出频率

2. 压控振荡器的低电压优化

压控振荡器的最低工作电压需要考虑多种因素。对于偏置在强反型区域的交叉耦合压控振荡器，最小的电源电压 $V_{DD(min)}$ 要比阈值电压 V_{th} 高：

$$V_{DD(min)} \approx V_{gs} = V_{th} + V_{dsat} \tag{5.6}$$

其中，V_{th} 和 V_{dsat} 分别是晶体管的阈值电压和饱和电压。当晶体管的尺寸比较大时，压控振荡器偏置在亚阈值区域，此时最小的工作电压为 V_{th}。对于 MOS 管而言，V_{th} 和源极-衬底电压密切相关。增加源极-衬底电压会造成阈值电压的下降，但是非常大的源极-衬底电压又会开启寄生的二极管，造成大的漏电流。在先进的纳米工艺制程下，反向短沟道效应可以用来减少阈值电压，增加晶体管的沟道长度可以减少晶体管的阈值电压。因此，文献[6]设计的压控振荡器的 MOS 管沟道长度比工艺所支持的最小沟道长度更大。而且在不影响调谐范围的情况下，适当地增加沟道长度，也有利于减少 $1/f$ 噪声和晶体管的沟道电流噪声。

文献[6]所采用的 GlobalFoundries 60nm CMOS 工艺支持的最小沟道长度为

60nm，因此，本次设计的压控振荡器的 MOS 管沟道长度扩大为 80nm。通过仿真，80nm 的沟道长度造成了阈值电压 40mV 的下降(0.54V 下降到 0.5V)，同时增加了电路的匹配，产生更对称的差分输出和更小的相位噪声。

为了更多地减少电源电压，可以使用一种栅极-交流耦合的技术[6]。如图 5.15

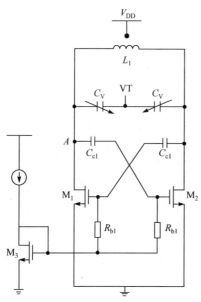

图 5.15　低电压压控振荡器的电路图

所示，通过电流镜的方式来偏置交叉耦合的晶体管。VT 用来控制变容管的电容值。R_{b1} 是偏置电阻，大约为 1kΩ，R_{b1} 的选取不可以过大，否则会造成压控振荡器相位噪声的下降。直流电流的大小通过偏置交叉耦合的晶体管来控制。晶体管的栅极通过交流电容 C_{c1}(0.2pF) 来耦合。由于偏置是通过电流镜的，直流电流对电源电压的变化不太敏感。在本章所提出的压控振荡器架构中，最小的电源电压是由 M_1 和 M_2 的饱和电压所决定的，有

$$V_{DD(min)} \approx V_{dsat} < V_{th} \qquad (5.7)$$

注意到最小的工作电压在所用的工艺中要比阈值电压小许多，即使电源电压降到 0.3V(V_{th}=0.55V)，直流电流仍然存在，可以使晶体管振荡在所需要的频率。因此，本例所提出的技术可以使压控振荡器工作在阈值电压以下。

交叉耦合晶体管的偏置状态对于功耗的大小是非常重要的。偏置在亚阈值区域的压控振荡器有更高的电流效率(g_m/I_d)，但是由于存在比较大的寄生电容，它们并不适合应用在 K 波段。偏置在强反型区域的压控振荡器的电流效率较低，综合以上因素，晶体管偏置在中等反型区域($g_m/I_d \approx 5$，$V_{gs} = 0.7V$)。再考虑到片上电感比较低的品质因子(频率为 40GHz 时，$Q \approx 10 L_1 = 0.15nH$)，计算得出的负阻大概是 20mS。

螺旋形电感是共振腔的主要元件，电感的选择需要考虑 Q 值在 40GHz 的大小，并且电感又不能太小，否则会导致等效并联电阻 R_p 的下降。LC 谐振腔的等效并联电阻为

$$R_p = \left(Q^2 + 1\right) \cdot \frac{\omega L}{Q} \approx Q\omega L \qquad (5.8)$$

因此，在优化过程中，必须同时兼顾品质因子和电感大小。

由图 5.16 和图 5.17 可知选择的电感在 40GHz 处约为 150pH，品质因子为 10

左右，因此等效并联电阻为 377Ω，所以需要的 NMOS 的跨导为

$$g_{\mathrm{m}} = \frac{2}{R_{\mathrm{p}}} \tag{5.9}$$

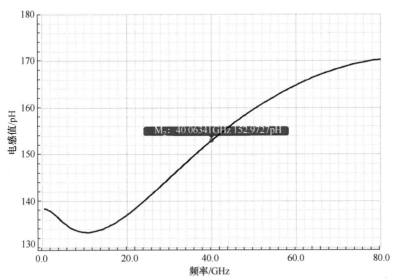

图 5.16　等效电感值随频率的变化[6]

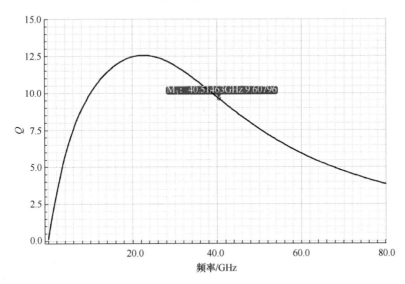

图 5.17　品质因子随频率的变化[6]

因此可以计算出每个 NMOS 管所需的跨导为 5mS，考虑到振荡器的起振条件以及 40 GHz 处变容管的 Q 值，把电路的跨导设置为 4 倍的跨导值，为 20mS 左右。

图 5.18 为输出频率随控制电压的变化(在 0~1.5V 内有大约 4GHz 的调谐范围)。

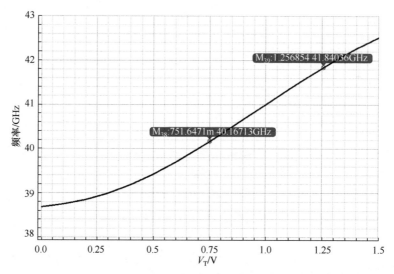

图 5.18　频率随控制电压的变化[6]

3. 基于注入锁定振荡器的相移器

利用注入锁定技术，前面提及的 LC 压控振荡器可以用作相移器。因为当振荡器处于注入锁定时，存在着：

$$\Delta\omega \approx \frac{\omega_0}{2Q} \cdot \frac{I_{\text{inj}}}{I_{\text{osc}}} \cdot \sin\theta \tag{5.10}$$

振荡器的自谐振频率 ω_0 能产生最大范围的相移。

当 $\sin\theta = 1$ 时，$\Delta\omega$ 为最大值：

$$\Delta\omega_{\text{max}} = \frac{\omega_0}{2Q} \cdot \frac{I_{\text{inj}}}{I_{\text{osc}}} \tag{5.11}$$

当 $\sin\theta = -1$ 时，$\Delta\omega$ 有着最大绝对值：

$$\Delta\omega_{-\text{max}} = -\frac{\omega_0}{2Q} \cdot \frac{I_{\text{inj}}}{I_{\text{osc}}} \tag{5.12}$$

且 $[\omega + \Delta\omega_{-\text{max}}, \omega + \Delta\omega_{\text{max}}]$ 为锁定频率范围(ω 为小信号情况下的锁定频率，即锁定频率范围中点)。如果 ω_0 能够达到锁定频率范围的上界与下界，振荡器便能够输出达 180°的相位。

显然，对于绝大部分相移器而言，能工作的频率范围(下称工作范围以避免混淆)自然是越大越好，同时，也最好能够覆盖 180°的相移。但相移器的工作频率范

围与振荡器的锁定范围和振荡器的频率范围
是存在如图 5.19 所示的关系的。如果想让相
移器产生完整的 180°的相移，需要让频率范
围同时覆盖锁定范围的上下界。图 5.19(a)中
的锁定范围很小，能够获得相当大的工作范围，
但付出的代价是如果 K_{VCO}(压控振荡器的频
率灵敏度)很大，那么相移的灵敏度也会非常
高，这样便很难将相位固定在某一点上。
图 5.19(b)中的锁定范围和频率范围几乎重
叠，能够产生 180°相移的工作范围则受限。
图 5.19(c)则是较为少见的设计，这种设计无
法覆盖完整的 180°相移。

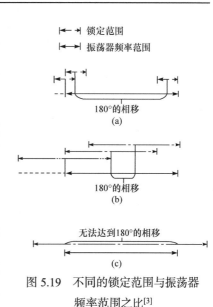

图 5.19　不同的锁定范围与振荡器
频率范围之比[3]

　　本节的电路图和图 5.11 一样，但通过控
制尾电流的晶体管来注入信号以完成注入锁
定，如图 5.20 所示。

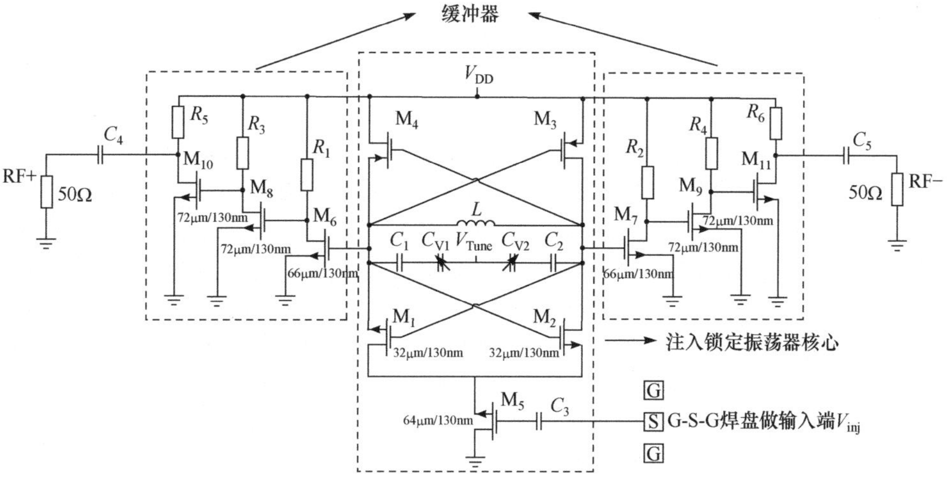

图 5.20　基于注入锁定振荡器的相移器的原理图[3]

　　其中 V_{inj} 为注入(输入)端口，RF+和 RF−为输出端口。在合适的 DC 工作状况
下，一个给定频率的输入源从电路的注入端口进入，使振荡器被锁定，其输出会
和输入有着相同的频率但有着不同的相位。当压控振荡器的自振荡频率改变时，
输入和输出的相位差也随之改变。电路的芯片照片如图 5.12 所示。

　　测试使用了 R&S ZVA67 网络分析仪。RF 探针使用了 on-wafer 12-term TOSM 方
式进行校准并接触芯片的 G-S-G(输入)和 G-S-G-S-G(输出)来连接到实际电路。测量
到的相位参数如图 5.21 所示，其中各线段分别表示在不同频率下的相位与 V_{tune} 的关系。

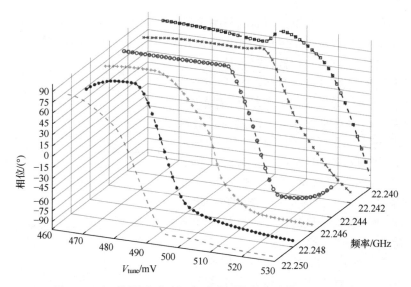

图 5.21　在不同的频率下，标准化后的相位随着 V_{tune} 的变化[3]

5.1.2　行波压控振荡器

让我们回顾巴克豪森准则，假设存在一个环形的理想传输线，并让一个信号沿着传输线行走。由于传播路径是理想的，即增益等于 1，那么只需要信号走完一个周期的相移为 $2n\pi\left(n\in\{0,1,2,3,\cdots\}\right)$ 时，信号便在这个传输线环路振荡。如图 5.22(a)所示，取最小频率(其他频率则被视为它的谐波，而谐波在设计中可以过滤掉)计，走完一个周期产生的相移就是 360°。假设使用默比乌斯环状的结构，如图 5.22(b)所示，信号则需要走两"圈"才能完成一个周期。假设图 5.22(a)的传输线长度为 L，而由于图 5.22(b)的圆的半径和图 5.22(a)中是一样的，所以图 5.22(b)的传输线长度实际为 $2L$。也就是说，图 5.22(b)中的振荡信号要花两倍的时间走完一个周期，所以频率只有图 5.22(a)的一半。反过来说，使用图 5.22(b)的结构制作同频率的振荡器，面积要小得多。

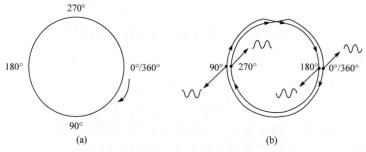

图 5.22　振荡波形在环形理想传输线的相位

再者，将图 5.22(b)以时钟看，任意一刻两条传输线的相位恰为反相，或者说

信号在传输线以奇模传播。因此，可以利
用这个特性，通过反相器对为振荡信号进
行功率补偿，如图 5.23 所示。

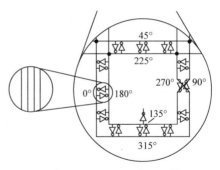

我们知道，传输线在一定情况下可以
等效成一段 $RLGC$ 电路。考虑到振荡器的
谐振频率为 $\omega_0 = 1/\sqrt{L_{\text{total}}C_{\text{total}}}$ ，不妨把振
荡器分成若干节，且每节包含同样数量
的反相器对和同等长度的传输线对。总
的电容便有

图 5.23　使用反相器对为信号提供增益[7]

$$C_{\text{total}} = \text{NumofSegments}\left(C_{\text{line,seg}} + C_{\text{parasitic,seg}} + C_{\text{varactor,seg}}\right) \tag{5.13}$$

$$L_{\text{total}} = \text{NumofSegments} \cdot L_{\text{line,seg}} \tag{5.14}$$

其中，C_{total} 为振荡器总电容；NumofSegments 为节的总数；$C_{\text{line,seg}}$ 为单节的传输
线的等效电容；$C_{\text{parasitic,seg}}$ 为单节中晶体管的寄生电容；$C_{\text{varactor,seg}}$ 为单节中变容管
的电容；L_{total} 为振荡器总电感；$L_{\text{line,seg}}$ 为单节的传输线的等效电感，更详细而准
确的计算可以从文献[7]获得。

但是，在毫米波频段上，纯粹地靠 $RLGC$ 电路对传输线进行缩放来获得其传
输线的负载电感或者电容是不精确的，更精确的方式可以通过电磁场仿真获得。
不过，在实际设计中，由于电磁场仿真需要花费大量的时间，所以这种分节设计
的思维也可以帮助到我们：可以先进行分节的仿真，并能对整体性能有一个估算，
进而将各分节逐渐合并，最后迭代到完整的电路中。

在本例中，我们使用了 GSMC 0.13μm RF CMOS 工艺进行设计。其中，传输
线为：边到边距离10μm；传输线宽度10μm；传输线环大小170μm×170μm。从
图 5.24 可以看到，该振荡器在 $V_{\text{tune}} = 0.6\text{V}$ 时的自由振荡频率 $f = 27.36\text{GHz}$ 。

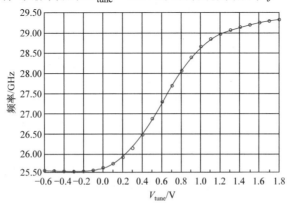

图 5.24　该振荡器的仿真结果

　　行波振荡器的集成电路实现过程中一个主要的设计局限是芯片面积，在工作频率较低的时候传输线将占据非常大的面积。一些学者利用此架构实现了工作于 32GHz 的振荡器，芯片面积超过 1.69mm²[8-10]，而在 24GHz 的频率上，行波振荡器的面积将大大超过传统的集总电路设计方案。

　　为了解决这个问题，本章提出了一种改进型的基于人造左右手传输线(composite right/left-handed transmission line，CRLH-TL)的行波振荡器。这种传输线由左手结构和右手结构组合，可以表现出许多与传统右手传输线不同的特性[11,12]。

　　行波放大器的面积都很大，主要原因如下：首先，构成行波振荡器的传输线长度与振荡频率成反比，当振荡频率变低时，传输线的长度变长；另外，由于传统行波振荡器中不包含直流馈电路径，所以需要另外的直流偏置电路，这在一定程度上增加了电路的面积。人造左右手传输线的电长度不仅与串联传输线的长度有关，还与串联、并联电容、电感等相关，所以，可以通过调整其他参数的大小来满足振荡频率的同时减小芯片面积。此外，由于人造左右手传输线结构有并联的电感及串联的电容，这些电感、电容可以用作直流的馈电及隔直通交。所以，并不需要添加额外的路径来做直流偏置，使芯片面积进一步减小。

　　基于人造左右手传输线的行波振荡器的拓扑结构如图 5.25 所示。与普通的行波振荡器相同，基于人造左右手传输线的行波振荡器也由传输线构成，并且用交叉耦合结构提供振荡的能量。

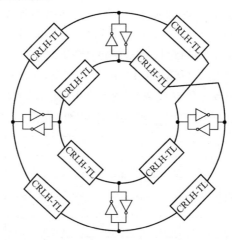

图 5.25　基于人造左右手传输线的行波振荡器拓扑结构[8,9]

　　在本例提出的架构中，将传统行波振荡器中的传输线由右手传输线以人造左右手传输线来实现。图 5.26(a)为人造左右手传输线单元的等效电路。每个单元由一个串联的电感 L_R 及并联的电容 C_R，以及串联的电容 C_L 及并联的电感 L_L 构成。人造左右手传输线的色散曲线如图 5.26(b)所示。ω_L 和 ω_R 分别为左手传输线及右手传输线的截止频率，ω_{se} 和 ω_{sh} 为串联及并联的谐振频率。其计算公式为

$$\omega_{\mathrm{L}} = \frac{1}{2\sqrt{L_{\mathrm{L}}C_{\mathrm{L}}}} \tag{5.15}$$

$$\omega_{\mathrm{R}} = \frac{2}{\sqrt{L_{\mathrm{R}}C_{\mathrm{R}}}} \tag{5.16}$$

$$\omega_{\mathrm{se}} = \frac{1}{\sqrt{L_{\mathrm{R}}C_{\mathrm{L}}}} \tag{5.17}$$

$$\omega_{\mathrm{sh}} = \frac{1}{\sqrt{L_{\mathrm{L}}C_{\mathrm{R}}}} \tag{5.18}$$

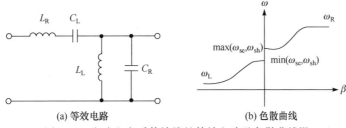

|　(a) 等效电路　|　(b) 色散曲线　|

图 5.26　人造左右手传输线的等效电路及色散曲线[8]

在本章中，设计 ω_{se} 略高于交叉耦合对的特征频率 f_{T} ，以保证传输线工作于左手传输区域。对于行波振荡器，其振荡频率可以由式(5.19)求得

$$f_0 = \frac{v_{\mathrm{p}}}{2nl} \tag{5.19}$$

其中，v_{p} 为传输线的相速度；n 为行波振荡器组成单元的个数；l 为每个组成单元的电长度。对于人造左右手传输线，其相速度为

$$v_{\mathrm{p}} = \frac{\omega}{\omega\sqrt{L_{\mathrm{R,0}}C_{\mathrm{R,0}}} - \dfrac{1}{\omega\sqrt{L_{\mathrm{L,0}}C_{\mathrm{L,0}}}}} \tag{5.20}$$

其中，$L_{\mathrm{R,0}}$ 、$C_{\mathrm{R,0}}$ 、$L_{\mathrm{L,0}}$ 及 $C_{\mathrm{L,0}}$ 分别为单位长度的串联及并联电感、电容值。基于以上各式，基于人造左右手传输线的行波振荡器的振荡频率可以表示为

$$f_0 = \frac{1}{2n\pi\sqrt{L_{\mathrm{R}}C_{\mathrm{R}}}}\left(\frac{1}{4} + \sqrt{\frac{1}{16} + n^2\sqrt{\frac{L_{\mathrm{R}}C_{\mathrm{R}}}{L_{\mathrm{L}}C_{\mathrm{L}}}}}\right) \tag{5.21}$$

可得，人造左右手传输线的行波振荡器，其振荡频率不仅与串联的电感值有关，还与并联及串联的电容值有关。所以合理设计串并联电感及电容的大小，就可以在特定的频率实现行波振荡器的小型化。

由于本设计中的人造左右手传输线的电长度不仅由串联电感 L_{R} 决定，还与 C_{R}、L_{L}、C_{L} 的大小有关。合理设计即可实现电路的小型化。C_{R} 由交叉耦合对的寄生电容构成，寄生电容的大小为 $C_{\mathrm{R}} = 0.3\mathrm{pF}$ ，设计中心振荡频率在 24GHz 附近。

其他元件值的大小可以计算为 $L_R = 0.2\text{nH}$，$C_L = 0.16\text{pF}$。由于电感值很小，所以本设计中的电感均由薄膜传输线来实现。包含交叉耦合对的人造左右手传输线单元完整电路如图 5.27 所示。整个差分环形传输线的长度为 1.4mm。而文献中实现的 32GHz 行波振荡器的长度为 1.968mm[9]。而且，新添加的 C_L、L_L 可以用作隔直电容和馈电电感，避免了额外电路的增加。

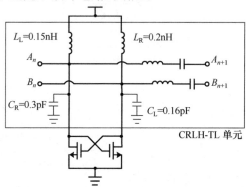

图 5.27　包含交叉耦合对的人造左右手传输线单元的完整电路[8,10]

本电路采用标准的 0.18μm CMOS 工艺实现，它可以产生四相位的正交输出，输出驱动电路也已经在片上实现。由于电路的对称性，理论上产生的四相位完全相等。为了测试考虑，其中两个输出口接上了片上负载，并不输出。其他两端口通过焊盘连接到负载。整个芯片都经过电磁场仿真，以准确地计算寄生效应及耦合效应。全芯片大小为 0.9mm×0.9mm。

电路采用探针台在片测试的方法进行测试。利用 E4440A 及安捷伦 E5052B 对振荡频率及相位噪声进行测试。偏置电压为 1.8V，偏置电流为 83mA(包含 4 个片上差分输出驱动放大器)。振荡频率的测试结果如图 5.28 所示。由测试结果可知，振荡器的振荡频率约为 23.6GHz，输出功率约为-3.6dBm。非常接近设计预期，验

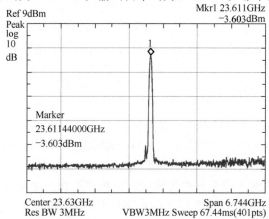

图 5.28　基于人造左右手传输线的小型化行波振荡器振荡频率测试结果[10]

证了设计的正确性。此振荡器的相位噪声测试结果如图 5.29 所示，在偏移约 1MHz 处，本振荡器的相位噪声约为−105dBc/Hz。芯片照片如图 5.30 所示。

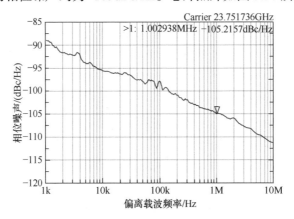

图 5.29　基于人造左右手传输线的小型化行波振荡器相位噪声测试结果[10]

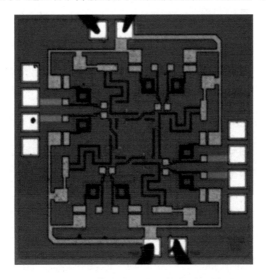

图 5.30　基于人造左右手传输线的小型化行波振荡器芯片照片[8,10]

5.2　毫米波分频器

　　为了能够提供稳定的频率输出，振荡器通常被集成在锁相环中。为了实现倍频的功能，锁相环需要在反馈环路中将振荡器的输出信号进行分频。射频频率上分频器比较常见的类型有注入锁定分频器(模拟)和数字分频器。通常来说，前者有更低的功耗，但后者具有更大的带宽，本节主要针对前者进行介绍。

5.2.1　注入锁定分频器

1. 注入锁定理论

注入锁定的现象在 17 世纪早期就开始被注意了。注入锁定简单来说，就是把一个周期的信号注入一个振荡系统中。这个注入信号会把此振荡系统锁定在同一个频率下。下面我们定性地来分析注入锁定的原理[13,14]。

一个简单的 LC 振荡器如图 5.31 所示，不考虑其他寄生电容，并且 LC 电路的自谐振频率为 $\omega_0 = 1/\sqrt{LC}$，反相器将产生一个 360° 的相移，随后反馈给 LC 振荡器，形成自谐振频率为 ω_0。

如果一个额外的相移被注入这个电路中，如图 5.32 所示，那么此电路不会在 ω_0 处谐振，因为这个频率的相移并不是 0°，而是偏离了 ϕ_0。此时振荡频率必须要改变，使 RLC 网络产生足够的相移再抵消 ϕ_0 的影响。

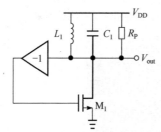

图 5.31　简单的 LC 振荡器[13]

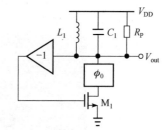

图 5.32　注入额外相位的 LC 振荡器[13]

对于一个二阶并联 RLC 电路，如图 5.33 所示，其相位响应为 $\phi = \angle H(\mathrm{j}\omega)$，其品质因子 $Q = (\omega_0/2)(\mathrm{d}\phi/\mathrm{d}\omega)$，可以推导出频率偏移为

$$\omega_1 - \omega_0 \approx \frac{\phi_0 \omega_0}{2Q} \tag{5.22}$$

假设注入一个正弦波电流 I_{inj} 到 M_1 的漏极电流来产生 ϕ_0，如图 5.34 所示，如果适当地选择 I_{inj} 的频率和幅度，电路的确会振荡在 ω_{inj}。振荡电流 I_{osc} 和 I_{inj} 合成产生一个相位去抵消 LC 电路所产生的相位偏移,我们称这个振荡器被注入到 I_{inj}。

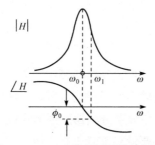

图 5.33　RLC 电路的开回路特性[13]

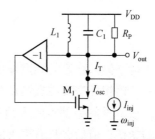

图 5.34　注入电流的 LC 振荡器[13]

如果 $\omega_{inj} \neq \omega_0$，$V_{out}$ 和 I_{inj} 必须维持一个有限的相位差，如图 5.35 所示。这是因为 $\omega_{inj} \neq \omega_0$ 时 LC 谐振电路也会贡献相位移动，使合成电流 I_T 与 V_{out} 必须维持一个有限的相位差 θ。又因为 I_{osc} 和 V_{out} 必须维持同相位，所以被注入电流 I_{inj} 和 I_{osc} 之间也会有相位差 θ。

相位 θ 可以表示为

$$\sin\phi_0 = \frac{I_{inj}}{I_T}\sin\theta = \frac{I_{inj}\sin\theta}{\sqrt{I_{osc}^2 + I_{inj}^2 + 2I_{osc}I_{inj}\cos\theta}} \tag{5.23}$$

而式(5.23)的最大值发生在：

$$\cos\theta = -\frac{I_{inj}}{I_{osc}} \tag{5.24}$$

最大值为

$$\sin\phi_{0,max} = \frac{I_{inj}}{I_{osc}} \tag{5.25}$$

这个关系说明相位 $\phi_{0,max}$ 与相位 θ 两者相差 90°，如图 5.36 所示，注入电流 I_{inj} 使相位达到最大值时对一个 RLC 并联谐振电路在振荡频率 ω_0 附近的相位可表示为

$$\tan\phi_0 \approx \frac{2Q}{\omega_0}(\omega_0 - \omega_{inj}) \tag{5.26}$$

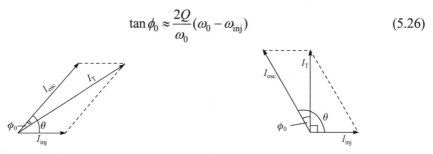

图 5.35　注入电流与输出电流间的相位关系[13]　　图 5.36　注入电流使相位最大时的关系[13]

因为 $I_T = \sqrt{I_{osc}^2 - I_{inj}^2}$ 和 $\tan\phi_0 = \dfrac{I_{inj}}{I_T}$，如果 $I_{osc} \gg I_{inj}$，注入锁定范围可以近似为

$$\omega_0 - \omega_{inj} \approx \frac{\omega_0}{2Q} \cdot \frac{I_{inj}}{I_{osc}} \tag{5.27}$$

2. 注入锁定分频器电路

注入锁定分频器同样可适用于环形振荡器。通常而言，环形振荡器的锁定范围大(Q 小)、功耗低和面积小(无电感)，但是工作频率较低。通常在 GHz 频率范

围内可采用环形振荡器作为核心，而在毫米波频率范围，通常需要采用 5.1 节详细描述的 *LC* 振荡器实现。

为了说明基于环形振荡器的注入锁定分频器的设计与优化方法，本节展示了几个基于标准的 0.18μm CMOS 工艺实现的电路设计实例。这个通过尾电流注入的分频器[15]如图 5.37 所示：尾电流 MOSFET 管 MN_1 被偏置在饱和区/线性区，而一个交流电压信号则通过栅极注入 MN_1 中。因此尾晶体管的输入信号可写为 $V_{DC} + V_{AC}\sin(2\pi f_{in}t)$。通过合理地调节晶体管大小，注入锁定分频器可以工作在除以 2、除以 3 和其他分频比。在本例中，注入电流可以通过在固定的 DC 电压 V_{DC} 下提升 AC 电压 V_{AC} 的幅度来增大。通过这种补偿电路的设计，这种分频器可以提供不同的分频比例，以便于系统实现可编程的频率输出[16]。最终，本例通过图 5.38 的电路来实现 2/3 的分频比的切换。

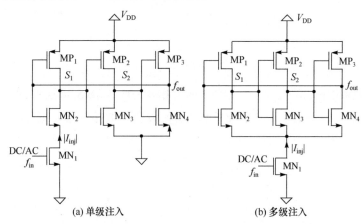

图 5.37　注入锁定分频器的结构[15,16]

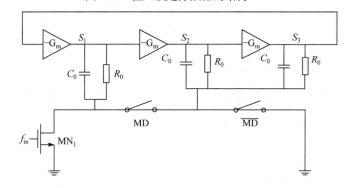

图 5.38　注入锁定分频器分频比为 2/3 时的工作模式[16]

如图 5.39 所示，调节电压直接连接到模数控制信号来抵消两个不同分频比的差距。另一种解决方法则是使用一个额外的变容管来调节负载电容。分频比为 2

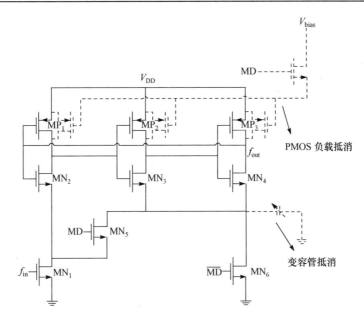

图 5.39　用来抵消分频比为 2 和为 3 之间的差距的解决方法[16]

和 3 的工作范围则通过调节这个变容管的大小来匹配。遗憾的是，额外的延迟模块或者变容管会导入更多的传播时延，这使电路的工作频率降低，占用更大的硅片面积以及需要额外的偏置电压。这些都使电路难以实际地在超大规模集成电路上实现。因此，一个更合适的方法则是调节开关晶体管的大小(MN_5 和 MN_6)。两个开关工作在不同的状态下，如分频比为 2 或者为 3。它们会因为不同的偏置状况而有着不等的电容。通过调整这两个开关到合适的大小，电路便可以在不使用额外的模块的情况下仍能抵消不同分频比时工作频率的差异。MN_5 在分频比为 3 时打开。它的栅源寄生电容 C_{gs} 和栅漏寄生电容 C_{gd} 会分别加到节点 A 和 B。MN_5 也可以视为一个在 A 和 B 之间的等效电阻。而 MN_6 所带来的寄生效应可视为电容，主要是来自截止区的漏-衬底电容 C_{db}。类似地，当电路分频比为 2 时，MN_5 关闭而 MN_6 打开。MN_5 可以看作分别在节点 A 和 B 的两个电容。然而，电容会因为 MN_5 的工作区域从线性区到截止区的改变而改变。而 MN_6 的大小会对振荡器核心的寄生有着可观的影响。因此，不同的 MN_5 和 MN_6 大小会导致振荡器核心的自振荡频率不同，如图 5.40 所示。

　　另外需要注意的地方是调节 MN_1~MN_6 的大小来保持图 5.38 中的 S_1 和 S_3 的直流电压的平衡。直流电压的不平衡——传统设计中的一个缺点，会严重地影响注入锁定分频器的噪声性能以及注入效率。

　　当开关的大小优化好后，分频器可以分别以除以 2 或 3 的状态工作于同一工作范围。MD = 1 和 0 的自振荡频率分别为 2GHz 和 3GHz，且两个工作状态的输入范围基本匹配。

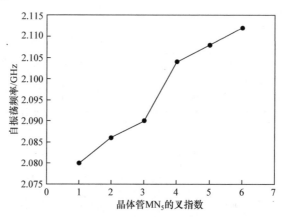

图 5.40　振荡频率随 MN_5 的叉指数的改变而改变[16]

电路使用了 0.18μm CMOS 工艺来制造。包括若干个分频比为 N 的固定分频比的注入锁定分频器和 3 个版本的分频比为 2/3 的注入锁定分频器。分频比为 2/3 的注入锁定分频器采用了额外 PMOS 负载、变容管和上述提出的简化的抵消设计这三种结构。图 5.41 为这些电路的芯片照片。

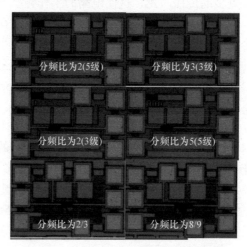

图 5.41　注入锁定分频器的芯片照片[16]

芯片的测量在 Cascade Microtech 12000 探针台上进行。输入信号来自一个信号发生器，而输出则是通过一个示波器来观察。测量出来的三个版本的分频比为 2/3 的注入锁定分频器的锁定范围统计如图 5.42 所示。这三个版本的区别仅仅在于频率抵消的方式上。使用额外 PMOS 负载的注入锁定分频器工作频率为 3.2～5.2GHz，最大功耗为 0.5mW。而使用 MOS 变容管的工作频率为 3.3～5.6GHz。

使用上述提出的简化的抵消设计的注入锁定分频器有着比其他版本更高的工作频率，达到了 5.1～8GHz。这些设计方法说明，在吉赫兹范围内采用标准的 CMOS 工艺的环形注入锁定分频器可以较好地实现工作频率与范围、功耗和面积等各项指标的平衡。

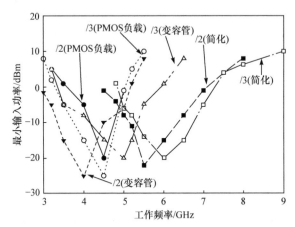

图 5.42　测量到的上述设计的分频比为 2/3 的注入锁定分频器的锁定范围[16]

5.2.2　其他毫米波段分频器的设计

1. 40GHz 高速分频器的设计[17-19]

传统的 CMOS 标准逻辑和基于环形振荡器的工作频率通常在吉赫兹范围，当工作频率上升到毫米波频段的时候，通常需要采用 LC 振荡器的注入锁定分频器或者电流逻辑(current mode logic, CML)的 CMOS 分频器。

图 5.43 为二分频电路的示意图，它由两个 D 型闩锁器对接而成，对于工作在 40GHz 处的 D 型闩锁器电路一般使用电流舵(current steering)形式的 CML 架构，如图 5.44 所示，由于前级的缓冲器的漏极偏置电压为此 D 型闩锁器的输入电压，所以可以采用直接耦合的方式。此电路采用 65nm CMOS 工艺实现，可工作在

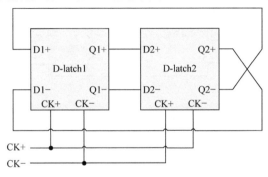

图 5.43　二分频电路的示意图[6]

40GHz 处，消耗 10mA 左右的电流，输出缓冲器和高速分频器采用直接耦合的方式，输出缓冲器采用自偏置的方式，偏压直接为高速分频器提供偏置电压，减少了版图的复杂度并更加紧凑，从而减少了电路的寄生电容，优化了设计。

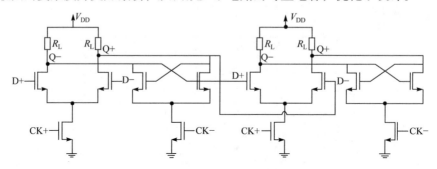

图 5.44　不带电流源的高速 40GHz 分频器[6]

2. 20GHz 分频器以及低速分频器

后面的除二电路使用的是带有电流源方式的 CML，工作在 1.5V 的电源电压的直流电流的消耗逐渐减少，最后的差分信号经过双转单电路，产生单端输出，双转单电路的好处在于可以输出一个占空比为 50% 的单端信号，此信号后面接上反相器，将输出电平驱动到满幅输出。

图 5.45 为带有电流源的 D 锁存器。电流模式逻辑电路相较于其他逻辑电路

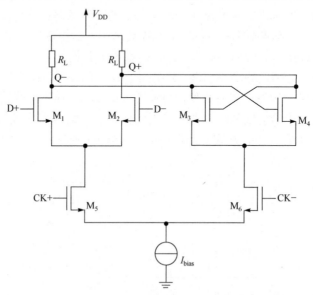

图 5.45　带有电流源的 D 锁存器[6]

而言，能够达到较高的工作频率，但是缺点是因为有恒定的电流消耗而会造成较大的功率损耗，功率损耗与速度之间必须小心地考量以保证设计的合理性。MOS差分对在电流模式逻辑中扮演一个非常重要的角色，这时驱动电压 V_{od} 为

$$V_{od} = \sqrt{\dfrac{2I_{bias}}{\mu_n C_{ox}\left(\dfrac{W}{L}\right)}} \tag{5.28}$$

其中，I_{bias} 为电流源的大小；W/L 为差分对的宽长比。由于驱动电压要尽可能小，以满足高速短时间内的切换操作，因此 I_{bias} 要尽可能减少或者 W/L 要尽可能增加，所以需要特定的设计考量以简单地满足推导理论。首先，为了保证可以侦测到的输出摆幅，降低 I_{bias} 表示负载电阻需要增加，这时会因为较大的时间常数而显示出较小的工作频宽。但是，当通过加大电流来使输出时间常数减少时，会消耗很多的芯片面积。

其次，除了驱动电压 V_{od} 之外，寄生电容 C_{gs} 也会影响电流模式逻辑门的输入频宽，即太大的宽长比(W/L)伴随着过大的 C_{gs} 将严重地加到前一级的输出负载上，造成切换速度的恶化，因此电路的宽长比(W/L)应该取合适的值。

在先进工艺制程下，电源电压一般较低(如 1.2V)，因此电流源的驱动电压应该尽可能降低，以便在输入信号改变的情况下，差分对仍旧工作在饱和区，因此电流源的宽长比要大，否则会影响工作速度。图 5.46 为压控振荡器以及 40GHz 与 20GHz 分频器输出信号的瞬态仿真结果，可以看出分频器和压控振荡器都工作在相应的频率处。

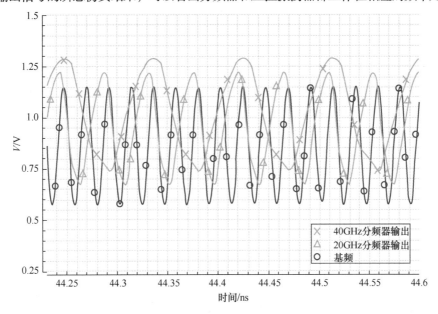

图 5.46　压控振荡器和分频器的输出随时间的变化[6]

5.3 毫米波锁相环

近年来，毫米波锁相环已经成为国内外高校和科研机构研究的一个热门话题，已经有许多毫米波锁相环和高速分频器被发表出来[20-22]。锁相环一般包含四个主要电路：鉴频鉴相器(phase frequency detector，PFD)、压控振荡器、分频器(divider)以及环路滤波器(loop filter, LPF)。图 5.47 显示了锁相环的基本结构，参考频率由外部晶体振荡器产生，鉴相器用来比较除频器与参考频率处的输出相位，这个相位差经过环路滤波器转换为控制电压来控制压控振荡器。环路稳定后，输出频率将锁定在 N 倍的参考频率处[6]。

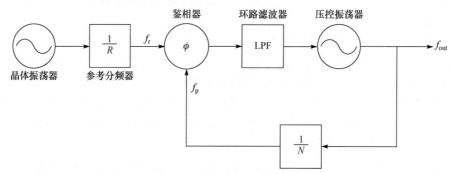

图 5.47　锁相环的基本结构[6]

1. 40GHz 锁相环设计

本锁相环使用自顶向下的方法设计[6]，先使用 ADS(advanced design system)软件定下锁相环的系统参数，其次进行晶体管级的设计。图 5.48 显示了锁相环的线性模型，该模型由鉴相器、环路滤波器、压控振荡器、预分频器和分频器组成。

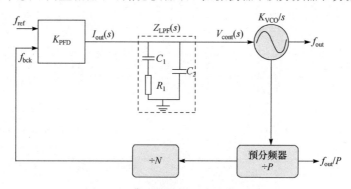

图 5.48　典型的锁相环线性模型图[6]

二阶回路滤波器的转移函数为

$$Z_{\text{LPF}}(s) = \frac{V_{\text{cont}}(s)}{I_{\text{out}}(s)} = \frac{1 + \dfrac{s}{\omega_{\text{z}}}}{s(C_1 + C_2)\left(1 + \dfrac{s}{\omega_{\text{p2}}}\right)} \tag{5.29}$$

$$\omega_{\text{z}} = \frac{1}{R_1 C_1} \tag{5.30}$$

$$\omega_{\text{p2}} = \frac{1}{R_1} \cdot \frac{C_1 + C_2}{C_1 \cdot C_2} \tag{5.31}$$

开环回路函数为

$$H_{\text{OL}}(s) = \frac{I_{\text{out}} K_{\text{VCO}}}{NP} \cdot \frac{1 + \dfrac{s}{\omega_{\text{z}}}}{s^2 (C_1 + C_2)\left(1 + \dfrac{s}{\omega_{\text{p2}}}\right)} \tag{5.32}$$

假设环路频宽 ω_{c} 远大于 ω_{z}，但是又远小于 ω_{p2}，那么开环回路函数可以简化为

$$H_{\text{OL}}(s) = \frac{I_{\text{out}} K_{\text{VCO}}}{NP} \cdot \frac{\dfrac{s}{\omega_{\text{z}}}}{s^2 (C_1 + C_2)} \tag{5.33}$$

当其中 $G(s)$ 的幅值下降为 1 时，可以推得环路频宽的大小为

$$\omega_{\text{c}} = \frac{I_{\text{out}} K_{\text{VCO}} R_1}{NP} \cdot \frac{C_1}{C_1 + C_2} \tag{5.34}$$

图 5.49 为其开环回路的频率波特图,在频率接近为零时的相位大小为 $-180°$,

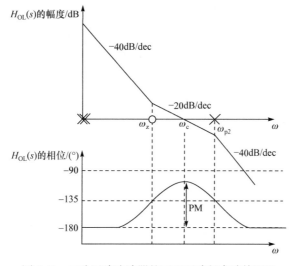

图 5.49　二阶回路滤波器的开环回路频率波特图[6]

零点 ω_z 和极点 ω_{p2} 可以提供最多正 90° 和负 90° 的相位移动。

所以如果将回路频宽设置为零点 ω_z 和极点 ω_{p2} 的几何平均数，此时的相位裕度(phase margin, PM)将达到最大。因此我们定义了一个新的参数 γ :

$$\gamma = \frac{\omega_c}{\omega_z} = \frac{\omega_{p2}}{\omega_c} \tag{5.35}$$

将 ω_z 和 ω_{p2} 代入，可以得到

$$\frac{C_1}{C_2} = \gamma^2 - 1 \tag{5.36}$$

因此环路带宽的公式可以简化为

$$\omega_c = \frac{I_{out}K_{VCO}R_1}{NP} \cdot \left(1 - \frac{1}{\gamma^2}\right) \tag{5.37}$$

γ 与相位裕度的关系如表 5.1 所示。

表 5.1　参数 γ 与相位裕度的关系[6]

γ	相位裕度
1	0°
2	36.9°
3	53.1°
4	61.9°
5	67.4°
6	71°

因为此锁相环使用的二阶回路滤波器，除数为 256，其中 N=128，P=2，输出频率为 40GHz 左右，所以参考频率为 157MHz 左右。设计流程如下。

(1) 压控振荡器的增益为 3GHz/V。

(2) 回路频宽选择在 2MHz。

(3) 相位裕度选择在 60° 左右，其对应的 γ 为 4，所以将零点放置在回路频宽的四分之一处，即 500kHz，而将极点放置在 8MHz 处。

(4) 选择充电泵的电流为 $I_{out} = 200\mu A$ 。

(5) 计算 R_1 :

$$R_1 = \frac{\dfrac{NP\omega_c}{I_{out}K_{VCO}}}{1 - \dfrac{1}{\gamma^2}} = 5.38k\Omega \tag{5.38}$$

(6) 计算 C_1 与 C_2：

$$C_1 = \frac{1}{R_1 \omega_z} = 59.2\text{pF} \tag{5.39}$$

$$C_2 = \frac{C_1}{\gamma^2 - 1} = 3.9\text{pF} \tag{5.40}$$

以上设计的参数如表 5.2 所示。

表 5.2　锁相环的环路参数[6]

压控振荡器的增益	K_{VCO}	3GHz/V
开环回路频宽	ω_{c}	2MHz
零点频率	ω_{z}	500kHz
极点频率	ω_{p2}	8MHz
无源元件参数	R_1	5.38kΩ
	C_1	59.2pF
	C_2	3.9pF

　　将表 5.2 中的参数放入 ADS 中进行环路增益和相位裕度的仿真，图 5.50 与图 5.51 为系统仿真的结果，可以看出环路频宽为 2MHz，此时相位裕度为 61°，仿真结果基本与设计的结果相一致。

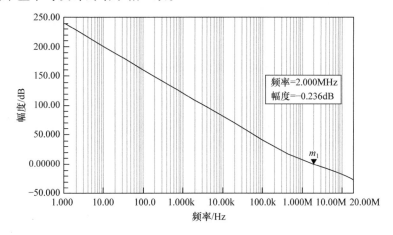

图 5.50　开环回路频宽仿真结果[6]

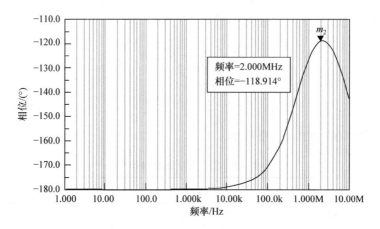

图 5.51　开环相位仿真结果[6]

2. 整数分频锁相环的相位噪声模型

相位噪声是锁相环的重要指标，图 5.52 是包含了输入参考频率信号、鉴频鉴相器、电荷泵、低通滤波器以及压控振荡器的噪声的示意图。该模型涉及的参数如下。

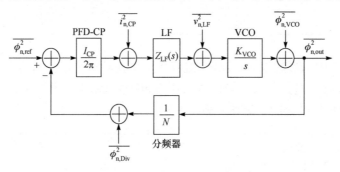

图 5.52　整数锁相环的噪声模型[6]

$\overline{\phi_{n,ref}^2}$：代表输入参考频率信号的噪声，单位是 rad^2/Hz，此噪声对整个输出噪声的贡献如式(5.41)所示，噪声传递函数呈现低通特性。并且需要注意的是传递函数和分频比 N 相关，因此整数分频的锁相环的参考频率不可选取得太小，太大的分频比会造成参考频率信号的噪声大大上升。

$$\overline{\phi_{n,ref,out}^2}=\overline{\phi_{n,ref}^2}\left|\frac{NH_0(s)}{1+H_0(s)}\right|^2 \tag{5.41}$$

$\overline{i_{n,CP}^2}$：代表鉴频鉴相器和电荷泵的噪声，单位是 A^2/Hz，此噪声对整个输出噪声的贡献如式(5.42)所示，噪声传递函数呈现低通特性。并且需要注意的是传递

函数和分频比 N 相关，因此整数分频的锁相环的参考频率不可选取得太小，太大的分频比会造成电荷泵的噪声大大上升。

$$\overline{i_{\text{n,CP,out}}^2} = \overline{i_{\text{n,CP}}^2} \left| \frac{2\pi}{I_{\text{CP}}} \cdot \frac{NH_0(s)}{1+H_0(s)} \right|^2 \tag{5.42}$$

鉴频鉴相器和电荷泵的噪声主要来源于电荷泵的电流，并且电流越大，噪声越大，但是从传递函数中可以观察出，环路对噪声有抑制作用，电流越大，$\overline{i_{\text{n,CP,out}}^2}$ 反而越小，噪声传递函数呈现低通特性，并且电流噪声越大，环路抑制越强烈，对输出噪声的影响反而越小。

$\overline{v_{\text{n,LF}}^2}$：代表环路滤波器的噪声，单位是 V^2/Hz。环路滤波器对输出噪声的贡献呈现带通特性，传递函数如下：

$$\overline{v_{\text{n,LF,out}}^2} = \overline{v_{\text{n,LF}}^2} \left| \frac{\dfrac{K_{\text{VCO}}}{s}}{1+H_0(s)} \right|^2 \tag{5.43}$$

环路滤波器的噪声主要来源于电阻噪声，电阻越大，噪声越大，因此环路设计时电阻不可以过大。只要电阻设计在合适的范围内，此噪声对输出相位噪声就可以忽略。

$\overline{\phi_{\text{n,VCO}}^2}$：代表压控振荡器的噪声，单位是 rad^2/Hz。传递函数如下：

$$\overline{\phi_{\text{n,VCO,out}}^2} = \overline{\phi_{\text{n,VCO}}^2} \left| \frac{1}{1+H_0(s)} \right|^2 \tag{5.44}$$

由于环路的抑制作用，噪声传递函数呈现高通特性，传递函数具有高通特性。压控振荡器是锁相环中最重要的模块，对于整数锁相环，带外噪声基本上是由压控振荡器的噪声决定的，因此，压控振荡器的噪声优化对减小输出相位噪声至关重要。

$\overline{\phi_{\text{n,Div}}^2}$：代表分频器的噪声，单位是 rad^2/Hz，此噪声对整个输出噪声的贡献如式(5.45)所示，噪声传递函数呈现低通特性。

$$\overline{\phi_{\text{n,Div,out}}^2} = \overline{\phi_{\text{n,Div}}^2} \left| \frac{NH_0(s)}{1+H_0(s)} \right|^2 \tag{5.45}$$

分频器的噪声传递函数和输入参考信号的参考频率是一样的。其主要的噪声来源于晶体管的闪烁噪声以及电阻的热噪声。

综合以上的分析，锁相环的总的输出相位噪声为

$$\overline{\phi_{n,out}^2} = \overline{\phi_{n,ref}^2} \left| \frac{NH_0(s)}{1+H_0(s)} \right|^2 + \overline{\phi_{n,Div}^2} \left| \frac{NH_0(s)}{1+H_0(s)} \right|^2 + \overline{\phi_{n,VCO}^2} \left| \frac{1}{1+H_0(s)} \right|^2$$

$$+ \overline{i_{n,CP}^2} \left| \frac{2\pi}{I_{CP}} \cdot \frac{NH_0(s)}{1+H_0(s)} \right|^2 + \overline{\phi_{n,LF}^2} \left| \frac{\dfrac{K_{VCO}}{s}}{1+H_0(s)} \right|^2 \tag{5.46}$$

图 5.53 显示了典型的锁相环输出相位噪声，带外主要由压控振荡器的相位噪声决定，带内主要由参考时钟和电荷泵的噪声决定。

3. 锁相环的压控振荡器

考虑一个压控振荡器的线性反馈模型如图 5.54 所示，其传递函数可以表示为

$$\frac{Y(s)}{X(s)} = \frac{H(s)}{1-H(s)} \tag{5.47}$$

对于一个压控振荡器，主要有两个噪声会影响其相位噪声，一个是外部的噪声的影响，如电源电压的抖动和控制信号的抖动，另外一个是来自电路内部的噪声。下面讨论一下相位噪声对输出频谱的影响。

相位噪声是由于输出信号的相位受到干扰和抖动造成的，因此输出信号可以表示为

$$V_{out}(t) = A_0 \cos\left[\omega_0 t + \theta_n(t) \right] \tag{5.48}$$

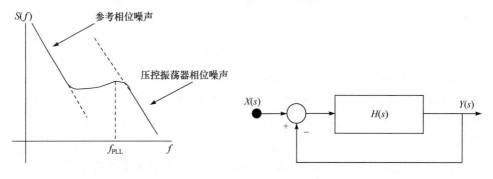

图 5.53　典型的锁相环输出相位噪声(f_{PLL}　　　　　图 5.54　振荡器的线性模型
　　　　　为环路频宽)[6]

$$\theta_n(t) = \theta_p(\omega_m)\sin(\omega_m t) \tag{5.49}$$

其中，$\theta_p(\omega_m)$ 为在频偏 ω_m 处的相位扰动的幅度谱密度(rad/Hz)。由式(5.49)可知在频偏 ω_m 处的相位抖动的功率谱为

$$S_\theta(\omega_m) = \frac{\theta_p(\omega_m)^2}{2} \tag{5.50}$$

考虑到 $\theta_p(\omega_m)$ 的值接近 0：

$$
\begin{aligned}
V_{out}(t) &= A_0 \cos\left[\omega_0 t + \theta_p(\omega_m)\sin(\omega_m t)\right] \\
&= A_0\left\{\cos(\omega_0 t) + \frac{\theta_p(\omega_m)}{2}\cos\left[(\omega_0+\omega_m)t\right] - \frac{\theta_p(\omega_m)}{2}\cos\left[(\omega_0-\omega_m)t\right]\right\}
\end{aligned} \tag{5.51}
$$

以得出频偏 ω_m 处的单边相位扰动的功率为

$$P_{SSB}(\omega_m) = \frac{1}{2}\left[A_0\frac{\theta_p(\omega_m)}{2}\right]^2 \tag{5.52}$$

相位噪声定义为频偏处的单边功率与中心频率处功率的比值，可以推导为

$$
\begin{aligned}
L(\omega_m) &= 10\lg\left[\frac{P_{SSB}(\omega_m)}{P(\omega_0)}\right] \\
&= 10\lg\frac{\frac{1}{2}\left[A_0\frac{\theta_p(\omega_m)}{2}\right]^2}{\frac{1}{2}A_0^2} = 10\lg\left[\frac{\theta_p(\omega_m)^2}{4}\right]
\end{aligned} \tag{5.53}
$$

那么

$$L(\omega_m) = 10\lg\left[\frac{S_\theta(\omega_m)}{2}\right] \tag{5.54}$$

上述方程式说明了相位噪声与相位扰动之间的关系，在决定相位噪声方面是非常有用的。由于锁相环的线性模型中的传输变量为相位，所以通过仿真处每个模块的噪声，随后根据其相应的传输函数就可以求出输出端总的相位噪声，根据上述公式可以求出相位噪声的大小。

由于 LC 振荡器是通过调节 LC 谐振腔的电容来改变频率的，工作频率很高，比较适合工作在 40GHz 左右的高频处，所以 LC 振荡器是本节设计的首选。

对于 LC 振荡器而言，电感与电容是两个重要的元件，下面对电感和电容两个元件进行介绍。对射频电感而言，最主要的有螺旋形电感和传输线电感两种。其中螺旋形电感可以利用涡旋结构在有限的面积内产生有效的电感值。一个典型的螺旋形电感，其中可变的参数有线宽(W)、线距(S)、内外直径与线圈数，这些参数都会影响射频电感的品质因子[14,23,24]。

影响一个电感的品质因子的能量损耗大致可以分为三部分，第一部分为低频时金属的电阻，金属的长度、宽度、厚度以及金属的导电率均会对低频时金属的电阻产生影响。图 5.55 为典型的电感等效电路，其中 R_s 代表电感的等效电阻，R_{sub}

代表衬底的等效电阻，C_s 代表电感的两个输入端点的寄生电容，电感的品质因子可以表示为

$$Q = \frac{\omega L_s}{R_s} \tag{5.55}$$

一般而言，越是上层的金属的品质因子越好，这主要是由于顶层的金属比较厚，并且寄生电容比较小，因此用顶层金属实现的电感品质因子较好。电感能量损耗的第二部分是电容性耦合损耗，从图 5.55 可以看出，电感的能量会通过电容 C_{ox} 耦合至衬底，经过衬底电容 C_{sub} 与衬底电阻 R_{sub} 将能量损耗，因此越是上层的金属层与衬底之间的寄生电容越小。

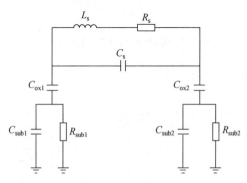

图 5.55　电感等效电路

电感的能量损耗的第三部分是磁性耦合损耗，其中最著名的效应称为趋肤效应(skin effect)。当工作频率升高时，金属的电阻会随着频率的升高而增加，这主要是由于电流不会再均匀分布在金属内，而是集中在金属的表面。其电流存在的深度可以表示为

$$\delta = \frac{1}{\sqrt{\pi f \mu \sigma}} \tag{5.56}$$

其中，μ 代表金属的磁导率(permeability)；σ 代表金属的电导率(conductivity)；f 代表工作频率。因此金属电阻可以简化为

$$R_s = \frac{1}{\sigma \delta} = \sqrt{\frac{\pi f \mu}{\sigma}} \tag{5.57}$$

可以得出金属的电阻会随着频率的平方根升高而增加。因为 CMOS 制程的衬底是有导电性的，当螺旋形电感通过电流时会产生磁场通过衬底，因为楞次定律衬底会感应产生反方向电流，此感应电流称为涡电流(eddy current)，因此大部分的螺旋形电感内圈均是中空的。而电感的品质因子在工作频率较低时，虽然电感的电阻会随着频率的平方根增加，但需要注意的是，这并非线性地增加。可以看出，在较高的工作频率时，因为电容性耦合损耗和磁性耦合损耗，电感的品质因子反而随着频

率的升高而下降，如图 5.56 所示。

　　本设计中的压控振荡器的输出需要同时驱动 $50\,\Omega$ 负载和 40GHz 的高频分频器，压控振荡器输出端口使用了两个输出缓冲器，一个输出缓冲器接在压控振荡器后面用于同时驱动 40GHz 的分频器和第二个输出缓冲器，第二个输出缓冲器用来驱动 $50\,\Omega$ 负载。考虑到 40GHz 的输出频率较高，因此缓冲器的负载使用的是串联电感和电阻作为

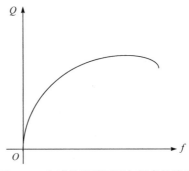

图 5.56　电感的品质因子与频率的关系

负载，用以扩大缓冲器的频宽。图 5.15 为压控振荡器的结构。图 5.57 为缓冲器的架构，采用了大电阻进行自偏置，这样简化了电路的设计。

4. 鉴频鉴相器

　　鉴频鉴相器用来比较参考频率和分频器的输出之间的频率与相位差，它的实现方式包括静态方式和动态方式，鉴于本次的参考频率比较高，为 157MHz 左右，本例使用的是动态的 TSPC(true single phase clock) 鉴相器，由于晶体管的数目较少，寄生电容也较少，比较适合高速应用。图 5.58 显示的是本例使用的基于 TSPC 的鉴频鉴相器。

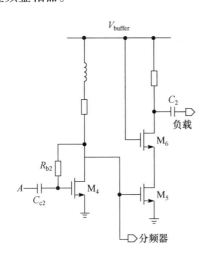

图 5.57　压控振荡器的输出缓冲电路(单端)[6]

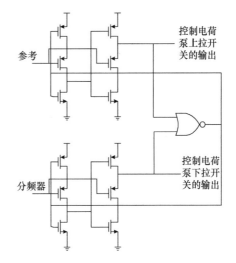

图 5.58　TSPC 鉴频鉴相器[6]

5. 分频器及其他电路

　　本例所使用的分频器详见 5.2.2 节毫米波频段的分频器。

此外，本例所用到的电路还包括电荷泵、环路滤波器和输入缓冲器。

在电荷泵每个晶体管尺寸的选择上，不使用最小的沟道长度与宽度，反而使用较大尺寸的晶体管来构成电流源，主要有以下三个优点。

(1) 这些电流源要求相当小的饱和电压就可以使晶体管工作在饱和区，因此输出电压的损耗将减少，充电泵可以有较大的操作范围。

(2) 使用较长沟道的晶体管意味着较大的晶体管面积，这样就有较小的闪烁噪声，因为闪烁噪声与面积成反比。

(3) 较大的沟道长度意味着较大的输出阻抗，使它们更像理想的电流源。

图 5.59 为电荷泵和环路滤波器的电路图，晶体管 NMOS 的沟道长度为 $1.6\,\mu m$，PMOS 的沟道长度为 $0.8\mu m$。图 5.60 为输入参考频率的缓冲器，输入信号是 157MHz 的正弦波，但是鉴频鉴相器的输入是 0V 和 1.5V 的数字信号，电源电压为 1.5V。因此输入信号必须先通过由 NMOS 管、PMOS 管和偏置电阻 R 构成的自偏置放大器放大，随后经过反相器输出占空比为 1∶1 的方波，仿真结果如图 5.61 所示。

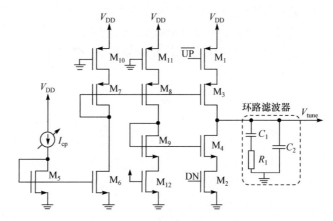

图 5.59　电荷泵和环路滤波器的电路图[6]

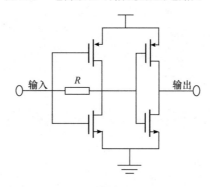

图 5.60　输入缓冲电路[6]

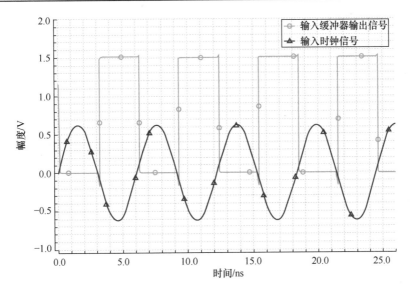

图 5.61　输入时钟信号和输入缓冲器输出信号幅度随时间的变化[6]

6. 仿真结果

由文献[19]可知，锁相环的锁定时间可以推导为

$$\text{Lock time} \approx \frac{4}{f_c} \tag{5.58}$$

由于环路频宽设计在 2MHz 左右，所以由公式得到锁定时间为 2μs 左右。图 5.62 为控制电压的仿真曲线，锁相环锁住时间为 2μs 左右，与理论结果比较符合，图 5.63 为放大后的控制电压的曲线，大概有正负 4mV 的抖动。

参考杂散(reference spur)为

$$\text{spur} = \frac{V_m \cdot K_{VCO}}{f_m} \tag{5.59}$$

其中，V_m 为控制信号上的电压抖动，为 4mV；f_m 为参考频率 157MHz；K_{VCO} 为 3GHz/V，可以计算出参考杂散在-20dBc 以下，由于仿真结果为未完全稳定下来的仿真结果，所以实际的控制电压应该会更小。

7. 测试结果

图 5.64 和图 5.65 分别为锁相环的版图和相应的芯片照片，为了判断 40GHz 的分频器是否正常工作，输出加了测试电路(图 5.64 中左侧 G Div G)，芯片的总面积为 1mm×0.4 mm 。

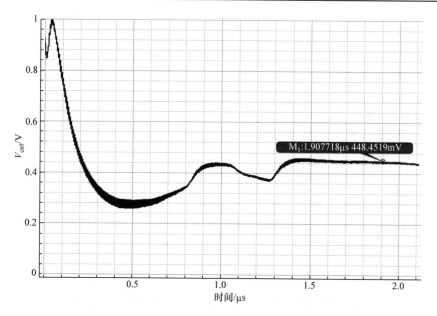

图 5.62　压控振荡器控制电压随时间的变化曲线[6]

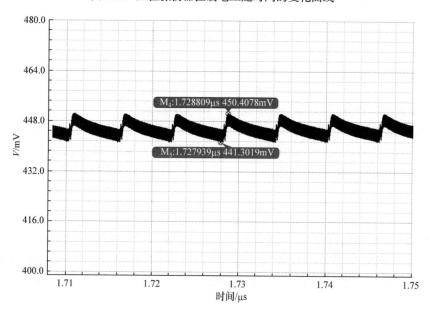

图 5.63　放大的控制电压(正负 4mV 的抖动)[6]

　　图 5.66 和图 5.67 为输入参考频率为 156.25MHz 与 161MHz 时的输出频谱，由于除频数为 256，可以观察到锁相环已经正常工作在相应的频率处。输出信号的强度分别为−12.62dBm 和−17.00dBm 左右，这主要是由于变容管和电感的品质

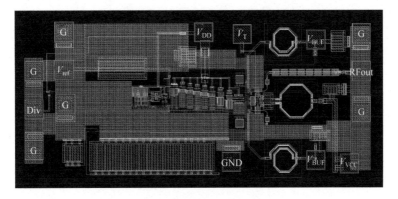

图 5.64　锁相环的电路版图[6]

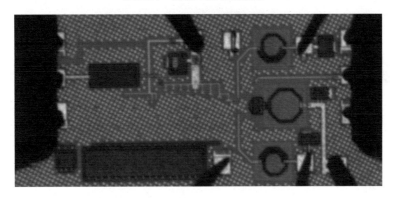

图 5.65　锁相环芯片照片[6]

因子的变化，由图 5.66 可以看到，参考杂散信号的强度为–52dBm 左右，而信号强度为–12.62dBm，因此参考杂散为–42.38dBc，由图 5.67 可以看出，参考杂散信号的强度为–55dBm，而信号强度为–17.00dBm，因此参考杂散为–38dBc，此时主要是电荷泵的匹配较差，造成了时钟馈入，因此造成了比较差的参考杂散。

　　图 5.68 为相位噪声的测试结果，可以观察到测试的环路频宽与设计的 2MHz 有一些偏差，有可能是环路滤波器和电荷泵的电流偏差所致，也有可能是压控振荡器的压控增益的偏差所致。受限于仪器，只能配合下混频器才能测到 40GHz 左右的相位噪声，这会带来 25dB 左右的信号衰减，但是并不会影响相位噪声的数值，因为噪声和信号同时被衰减了 25dB 左右，测试结果表明，在 1MHz 处带内的噪声约为–103dBc/Hz，在 1kHz 处的噪声为–90dBc/Hz 左右，测试结果较好。

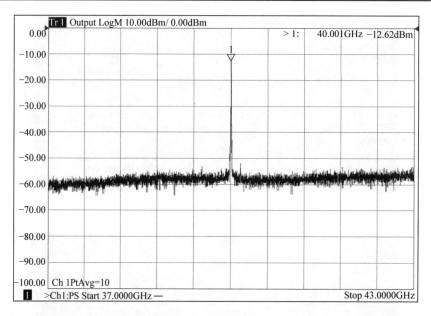

图 5.66　输入频率为 156.25MHz 时的输出频谱(除频数为 256，输出频率为 40.001GHz)[6]

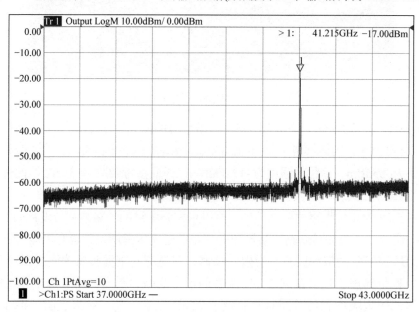

图 5.67　输入频率为 161MHz 时的输出频谱(除频数为 256，输出频率为 41.215GHz)[6]

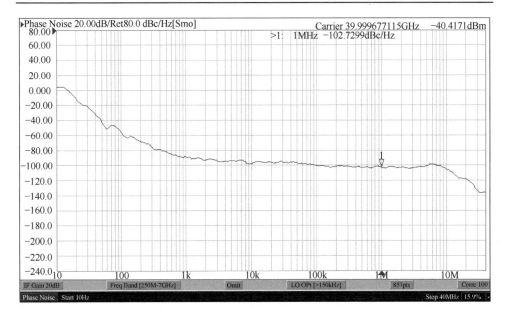

图 5.68　锁相环输出为 40GHz 时的相位噪声[6]

参 考 文 献

[1] Razavi B. Design of Analog CMOS Integrated Circuits. New York: McGraw-Hill, 2001.

[2] Razavi B. RF Microelectronics (Prentice Hall Communications Engineering and Emerging Technologies Series).2nd ed. Upper Saddle River:Prentice Hall Press, 2011.

[3] Qiu Q L, Yu X P, Sui W Q. A K-band low-power phase shifter based on injection locked oscillator in 0.13μm CMOS technology. Journal of Infrared, Millimeter, and Terahertz Waves, 2017, 38(11): 1368-1386.

[4] Cao C H, Oo K K. Millimeter-wave voltage-controlled oscillators in 0.13μm CMOS technology. IEEE Journal of Solid-State Circuits, 2006, 41(6): 1297-1304.

[5] Zhao Y, Wang Z G. 20-GHz differential colpitts VCO in 0.35-μm BiCMOS. Journal of Infrared, Millimeter, and Terahertz Waves, 2009, 30(3): 250-258.

[6] 冯晨. 60GHz 低功耗接收机与 40GHz 锁相环的设计. 杭州: 浙江大学, 2014.

[7] Wood J, Edwards T C, Lipa S. Rotary traveling-wave oscillator arrays: A new clock technology. IEEE Journal of Solid-State Circuits, 2001, 36(11): 1654-1665.

[8] 彭洋洋. 微波/毫米波单片集成收发机中关键电路的设计及其小型化. 杭州: 浙江大学, 2012.

[9] Chien J C, Lu L H. A 32-GHz rotary traveling-wave voltage controlled oscillator in 0.18μm CMOS. IEEE Microwave and Wireless Components Letters, 2007, 17(10): 724-726.

[10] Peng Y Y, Yu X P, Gu J M, et al. An area-efficient CRLH (composite right/left-handed)-TL approach to the design of rotary traveling-wave oscillator. IEEE Microwave and Wireless Components Letters, 2013, 23(10): 560-562.

[11] Caloz C, Sanada A, Itoh T. A novel composite right-/left-handed coupled-line directional coupler with arbitrary coupling level and broad bandwidth. IEEE Transactions on Microwave Theory and Techniques, 2004, 52(3): 980-992.

[12] Chen P, Huang P C, Kuo J J, et al. A 22-31GHz distributed amplifier based on high-pass transmission lines using 0.18μm CMOS technology. IEEE Microwave and Wireless Components Letters, 2011, 21(3): 160-162.

[13] Razavi B. A study of injection locking and pulling in oscillators. IEEE Journal of Solid-State Circuits, 2004, 39(9): 1415-1424.

[14] 刘深渊, 杨清渊. 锁相回路. 台北: 沧海书局, 1970.

[15] Yu X P, Lim W M, Lu Z, et al. 0.8 mW 1.1-5.6 GHz dual-modulus prescaler based on multi-phase quasi-differential locking divider. Electronics Letters, 2010, 46(24): 1595-1597.

[16] Qiu Q L, Yu X P, Sui W Q, et al. Design and optimization of the ring oscillator based injection locked frequency dividers. Microelectronics Journal, 2018, 72: 40-48.

[17] Kim D D, Cho C, Kim J, et al. Wideband mmwave CML static divider in 65nm SOI CMOS technology// Custom Integrated Circuits Conference (CICC), San Jose, 2008: 627-634.

[18] Lim D, Kim J, Plouchart J O, et al. Performance variability of a 90GHz static CML frequency divider in 65nm SOI CMOS// IEEE International Solid-State Circuits Conference (ISSCC), San Francisco, 2007: 542-621.

[19] Lee J, Razavi B. A 40-GHz frequency divider in 0.18μm CMOS technology. IEEE Journal of Solid-State Circuits, 2004, 39(4): 594-601.

[20] Cao C, Ding Y, Kenneth K O. A 50-GHz phase-locked loop in 0.13-μm CMOS. IEEE Journal of Solid-State Circuits, 2007, 42(8): 1649-1656.

[21] Cho L, Lee C, Liu S. A 1.2-V 37 38.5-GHz eight-phase clock generator in 0.13-μm CMOS technology. IEEE Journal of Solid-State Circuits, 2007, 42(6): 1261-1270.

[22] Scheir K, Vandersteen G, Rolain Y, et al. A 57-to-66GHz quadrature PLL in 45nm digital CMOS// IEEE International Solid-State Circuits Conference-Digest of Technical Papers (ISSCC), San Francisco, 2009: 494-495.

[23] Lee T H. The Design of CMOS Radio-Frequency Integrated Circuits. Cambridge: Cambridge University Press, 2003.

[24] Fong N, Kim J, Plouchart J, et al. A low-voltage 40-GHz complementary VCO with 15% frequency tuning range in SOI CMOS technology. IEEE Journal of Solid-State Circuits, 2004, 39(5): 841-846.

第6章　77GHz 数模混合 FMCW 雷达信号源

近几年来,无人驾驶技术越来越受到工业界和社会各界的关注。安全、可靠、精确的无人驾驶技术,一方面可以将人们从烦琐的驾照考试、疲劳的道路驾驶中解放出来,为大众节省交通方面所花费的时间和精力,另一方面可以有效避免酒后驾驶、恶劣天气、夜间行车等受限于人的意识和判断的车祸因素。除了奔驰、奥迪、宝马等传统汽车大厂,许多互联网巨头如谷歌、亚马逊、苹果和百度等也纷纷开展无人驾驶技术的研发工作。

除了核心的人工智能驾驶算法,全车布满的传感器网络也是无人驾驶系统中至关重要的一部分。其中,测距测速传感器或者称为汽车雷达,更是实现安全无人驾驶的关键。根据探测距离和应用类型的不同,汽车雷达可以分为近程、远程两种[1]。在过去的标准中,近程雷达大多使用的是 24GHz 频段,而远程雷达使用的是 77GHz 频段。最近几年以来,由于半导体制造工艺的进步和 77GHz 频段天线尺寸较小的优势,逐渐不再使用 24GHz 频段,24GHz 频段远程和近程汽车雷达将统一使用 77GHz 频段[2]。

根据调制方式的不同,汽车雷达可以分为 FMCW 和脉冲波调频两种制式。而 FMCW 雷达凭借着其峰值功率较小和易于 CMOS 工艺实现的优点,成为汽车雷达的主流实现方式。常见的 FMCW 调制为三角波调制,其产生一个正弦信号,其输出频率随时间的变化如图 6.1 所示,主要的调制参数为调制带宽和调制周期。衡量 FMCW 三角波调制性能的方式通常为测量调制线性度,具体观测量为均方根频率误差[3]。在 FMCW 雷达收发机中,决定均方根频率误差的关键模块是 FMCW 雷达信号源。因此,如何实现低成本、低复杂度及高线性度的 FMCW 雷达信号源是一个至关重要的问题。本章将在第 5 章所介绍内容的基础上,结合我们的科研工作,介绍一项 77GHz 数模混合 FMCW 雷达信号源芯片的设计技术。

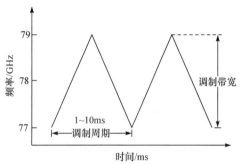

图 6.1　FMCW 三角波调制输出频率随时间的变化关系

6.1　毫米波雷达信号源研究现状

目前已报道的 FMCW 雷达信号源采用 3 类不同的频率合成器结构：模拟频率合成器、数模混合频率合成器和全数字频率合成器τ。

基于模拟方式实现的 FMCW 雷达信号源有两种，一种是直接数字频率合成方式[3]，另一种是通过 $\Delta\Sigma$ 调制器产生调制信号的方式[4]。直接数字频率合成方式[3]是通过对一个整数锁相环输入一个三角波调制参考信号来实现的，这种实现方式需要一个规模巨大的查找表来完成参考信号的三角波调制，并且其数字频率合成特性导致的阶梯状参考频率变化会极大地恶化调制线性度。通过 $\Delta\Sigma$ 调制器产生调制信号的方式[4]与传统的其他调制类型相同，调制速度受限于频率合成器的环路带宽，从而导致 FMCW 调制在上下频率拐点处存在较大的频率误差。此外，随着 CMOS 工艺节点的不断减小，基于模拟方式实现的 FMCW 雷达信号源所需要的模拟滤波器将会占用大量的芯片面积，造成芯片成本升高。

基于数模混合方式的 FMCW 雷达信号源[5]能够避免模拟滤波器在先进工艺上集成困难的问题，极大地节省芯片面积。但是数模混合方式需要设计一个高线性度、高分辨率的数字鉴相器，称为时间数字转换器(time-to-digital converter, TDC)。因为时间是一个模拟量，所以从本质上看，高精度、高线性度的时间数字转换器的设计难度相当于一个高精度、高线性度的模拟数字转换器。另外，与通过 $\Delta\Sigma$ 调制器产生调制信号的方式相同，基于数模混合方式的 FMCW 雷达信号源在上下频率拐点附近也会由于有限的环路带宽而产生较大的频率误差。

为了同时解决模拟滤波器占用大量面积和频率拐点附近存在较大频率误差的问题，文献[6]使用了一种基于两点调制方式的全数字锁相环。全数字方式的实现，一方面省去了滤波器中模拟电容占用的芯片面积，另一方面为两点调制的高通路径和低通路径之间相互匹配提供了便利，从而减轻了有限的环路带宽对于调制速度的限制。然而，基于全数字方式的 FMCW 雷达信号源也存在两个问题，其中一个问题也是需要一个高精度、高线性度的时间数字转换器，另一个问题是其独有的数控振荡器[7]需要复杂的校准电路，且校准电路无法根据工艺、电压和温度的变化自适应地做出调整。

6.2　77GHz 数模混合 FMCW 雷达信号源的系统设计

6.2.1　系统结构

本章提出了一个基于 Bang-Bang 鉴相器的 FMCW 雷达信号源结构，其系统框图如图 6.2 所示。为了避免数控振荡器在粗调和中调曲线之间切换时带来的非单调频率变化，该结构采用了一个频率覆盖为 37～41GHz 的压控振荡器[8]，其频率覆盖范围由 4 条调谐曲线构成，每条调谐曲线的覆盖范围达到 2GHz。为了达到 FMCW 应用所需的 77GHz 频段，压控振荡器输出还需要经过一个 2 倍频器再送到收发链路。另外，压控振荡器的输出到达多模分频器(multi-modulus divider, MMD)之前需要经过 4 级级联的 2 分频器。其中，第 1 级 2 分频器为注入锁定分频器，负责将振荡器的输出分频到 20GHz 左右；后面 3 级 2 分频器是 CML 2 分频器，通过 3 级级联分频得到 2.5GHz 左右的差分信号。

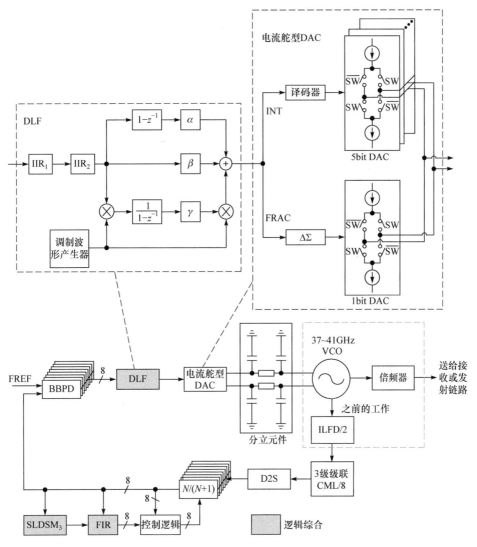

图 6.2　基于 Bang-Bang 鉴相器的 FMCW 雷达信号源

接着，在经过差转单(D2S)电路之后，信号被送到 8 路脉冲吞没式多模分频器 $N/(N+1)$ 和 8 路 Bang-Bang 鉴相器。单比特单环三阶 ΔΣ 调制器的输出经过 8 级延时链路得到 8 路分频比，用此 8 路分频比分别控制 8 路多模分频器，这样就构成了混合有限冲激响应(finite impulse response，FIR)滤波结构[9]。8 路 Bang-Bang 鉴相器的输出先经过 2 级级联的单极点无限冲激响应(infinite impulse response，IIR)滤波器，这两个 IIR 滤波器的极点频率都放在远大于环路带宽的位置，主要是为了加强抑制带内噪声和 ΔΣ 调制器的量化噪声。然后，IIR 滤波器的输出再经过由比例支路、积分支路和型Ⅲ支路三个支路构成的数字滤波器，之后由电流舵型数模转换器转成电流信号，并在电容负载上积分得到电压信号。该电压信号经过电阻电容(RC)网络构成的抗混叠滤波器之后，接入压控振荡器的调谐电压控制端，构成了闭合的环路。

值得注意的是，为了使单条调谐曲线覆盖尽量宽的频率范围，压控振荡器采用了差分调谐的结构，所以前面的电流舵型数模转换器、电容负载和抗混叠滤波器都采用差分结构。虽然电流舵型数模转换器的输出端采用了电容作为积分器，但该电容(约 100pF)相比于传统的电荷泵型锁相环里的积分电容(通常大于 1nF)要小许多，可以实现片上集成。在本实现中，为了方便研究该积分电容大小对环路的影响，将积分电容和其后的抗混叠滤波器放置在了芯片外。

6.2.2 单比特单环 3 阶 ΔΣ 调制器

通常来说，小数频率合成器使用 ΔΣ 调制器配合多模分频器实现小数分频[10]。在常见的小数频率合成器结构中，使用最多的是称为"1-1-1MASH"的 3 阶 ΔΣ 调制器，其结构框图如图 6.3 所示。该 1-1-1MASH 的传递函数为

$$Y(z) = X(z) + \left(1 - z^{-1}\right)^3 R(z) \tag{6.1}$$

其中，$X(z)$ 为输入信号；$Y(z)$ 为输出信号；$R(z)$ 为均匀分布的量化白噪声。图 6.4 给出了 1-1-1MASH 的时域输出结果和输出量化噪声。从图 6.4(a)中可以得知，1-1-1MASH 的输出范围是–3～4，共有 8 种输出值。从图 6.4(b)可以看到，1-1-1MASH 有很好的噪声整形效果，以 60dB/10 倍频的方式将低频的噪声推向高处，一方面压低了低频噪声贡献，另一方面高频的噪声容易被后续的低通滤波器滤除。

然而对于基于 Bang-Bang 鉴相器的小数频率合成器来说，1-1-1MASH 的–3～4 的输出抖动所带来的分频信号剧烈的相位抖动会极大地降低 Bang-Bang 鉴相器的增益，并增大其量化噪声贡献[11,12]。图 6.5 给出了 1-1-1MASH 控制的多模分频器所产生的分频信号(DIV)相位抖动示意图，从中可以看出 1-1-1MASH 的输出抖动会给 Bang-Bang 鉴相器的输入带来 7 倍分频器输入信号周期的抖动。假设多模分频器输入的信号是 2.5GHz，那么它的周期是 400ps，7 倍抖动范围就是 2.8ns；而

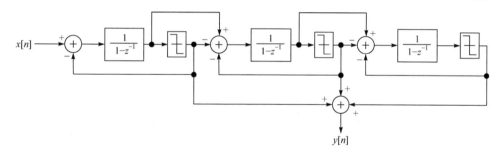

图 6.3　1-1-1MASH 3 阶 $\Delta\Sigma$ 调制器结构框图

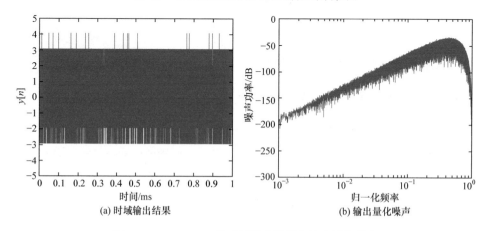

(a) 时域输出结果　　　　　　　　(b) 输出量化噪声

图 6.4　1-1-1MASH 的时域输出结果和输出量化噪声

一般高增益、低量化噪声的 Bang-Bang 鉴相器要求的时钟抖动为几十皮秒量级，所以 1-1-1MASH 不适合直接用于基于 Bang-Bang 鉴相器的小数频率合成器。

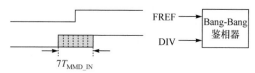

图 6.5　经过 1-1-1MASH 控制的多模分频器所产生的分频信号相位抖动示意图

为了减小 $\Delta\Sigma$ 调制器带来的分频信号的相位抖动，一个简单的方式是采用 1 阶 $\Delta\Sigma$ 调制器，其结构框图如图 6.6 所示。该 1 阶 $\Delta\Sigma$ 调制器的传递函数为

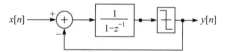

图 6.6　1 阶 $\Delta\Sigma$ 调制器的结构框图

$$Y(z) = X(z) + \left(1 - z^{-1}\right)R(z) \tag{6.2}$$

其中，$X(z)$ 为输入信号；$Y(z)$ 为输出信号；$R(z)$ 为均匀分布的量化白噪声。

同样对 1 阶 ΔΣ 调制器进行仿真得到它的时域输出结果和输出量化噪声，如图 6.7 所示。从图 6.7(a)可知，1 阶 ΔΣ 调制器的输出只有 0 和 1 两种情况，是 1-1-1MASH 的 1/7，减小了 Bang-Bang 鉴相器所看到的分频信号的相位抖动。然而从图 6.7(b)可以看到，1 阶 ΔΣ 调制器的输出带有很强的谐波信号，这会使频率合成器的输出带有幅度很高的杂散。另外，1 阶 ΔΣ 调制器的噪声整形是 20dB/10 倍频，从而导致低频噪声贡献太大。

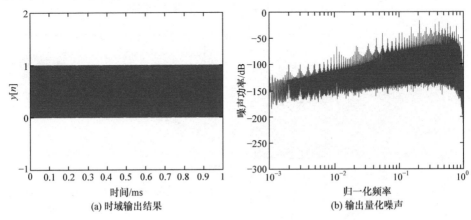

(a) 时域输出结果　　　　　　　　　(b) 输出量化噪声

图 6.7　1 阶 ΔΣ 调制器的时域输出结果和输出量化噪声

为了改善 1 阶 ΔΣ 调制器的谐波性能和噪声整形功能，并且保留其低相位抖动的优势，我们使用了单比特单环 3 阶 ΔΣ 调制器，其结构框图如图 6.8 所示。根据图 6.8 可以得到单比特单环 3 阶 ΔΣ 调制器的传递函数如下：

$$Y(z) = \text{STF}(z)X(z) + \text{NTF}(z)R(z) \tag{6.3}$$

其中，STF(z) 为信号传递函数，其表达式为

$$\text{STF}(z) = \frac{1}{16\left(1-z^{-1}\right)^3 + 16\left(1-z^{-1}\right)^2 + 4\left(1-z^{-1}\right) + 1} \tag{6.4}$$

NTF(z) 为噪声传递函数，其表达式为

$$\text{NTF}(z) = \frac{16\left(1-z^{-1}\right)^3}{16\left(1-z^{-1}\right)^3 + 16\left(1-z^{-1}\right)^2 + 4\left(1-z^{-1}\right) + 1} \tag{6.5}$$

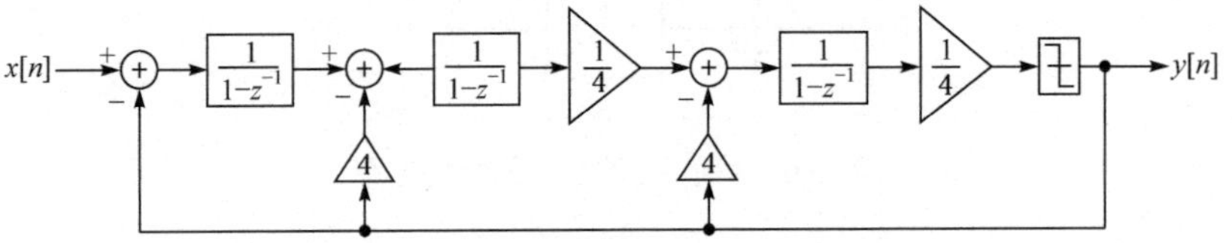

图 6.8　单比特单环 3 阶 ΔΣ 调制器的结构框图

图 6.9 给出了单比特单环 3 阶 ΔΣ 调制器的时域输出结果和输出量化噪声。

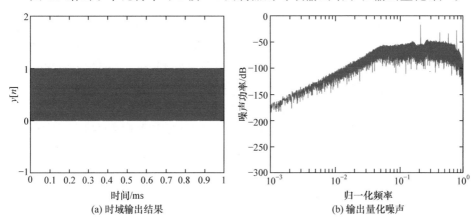

(a) 时域输出结果　　　　　　　　　(b) 输出量化噪声

图 6.9　单比特单环 3 阶 ΔΣ 调制器的时域输出结果和输出量化噪声

对比图 6.4、图 6.7 和图 6.9 可知：一方面，单比特单环 3 阶 ΔΣ 调制器与 1 阶 ΔΣ 调制器相同，输出只有 0 和 1 两种情况，Bang-Bang 鉴相器所看到的分频信号的相位抖动较小，如图 6.10 所示；另一方面，单比特单环 3 阶 ΔΣ 调制器与 1-1-1MASH 具有相近的噪声整形效果，都为 60dB/10 倍频，且谐波性能明显好于 1 阶 ΔΣ 调制器。因此，单比特单环 3 阶 ΔΣ 调制器相比于 1-1-1MASH 和 1 阶 ΔΣ 调制器更加适用于基于 Bang-Bang 鉴相器的小数频率合成器。

图 6.10　经过单比特单环 3 阶 ΔΣ 调制器控制的多模分频器所产生的分频信号相位抖动示意图

然而单比特单环 3 阶 ΔΣ 调制器的应用也存在一些限制。对于小数频率合成器来说，其最明显的限制是输入动态范围有限[10]。图 6.3 和图 6.6 所示的 1-1-1MASH 和 1 阶 ΔΣ 调制器的输入动态范围是 0~1。而经过仿真可以得到，图 6.8 所示的单比特单环 3 阶 ΔΣ 调制器的输入动态范围是 0.16~0.83，也就是说只有在这个范围内输入的数，输出才是稳定且正确的。非满摆幅的输入动态范围会给 FMCW 应用造成一定的限制，例如，最终要在 77GHz 频段实现一个带宽为 2GHz 的三角波调制，根据图 6.2 所示的结构，压控振荡器的输出变化范围为 1GHz，所以多模分频器的输入端变化范围是 1GHz/16=62.5MHz。单比特单环 3 阶 ΔΣ 调制器允许的输入变化范围为 0.83−0.16=0.67，于是可以得到最低的参考频率(FREF)为 62.5MHz/0.67≈93.3MHz。为了留有足够的裕量，本节中参考频率取的是 125MHz，所以它所支持的最大三角波调制带宽为 125MHz×0.67×32=2.68GHz。

6.2.3 混合型 FIR 滤波技术

根据以上分析可知，与 1-1-1MASH 相比，采用单比特单环 3 阶 ΔΣ 调制器能够给予 Bang-Bang 鉴相器更小的分频信号相位抖动。在多模分频器的输入频率为 2.5GHz 的情况下，分频信号的上升沿抖动范围约为 400ps，还是比低量化噪声的 Bang-Bang 鉴相器所要求的几十皮秒要高许多。为了进一步(等效地)减小分频信号的相位抖动，本节采用了混合型 FIR 滤波技术[9]，其结构如图 6.11 所示。由图 6.11 可知，本节采用的是 8 路多模分频器和 Bang-Bang 鉴相器构成的 8 拍(tap)FIR 结构。单比特单环 3 阶 ΔΣ 调制器的输出经过 8 级延时，分别送给 8 路多模分频器。

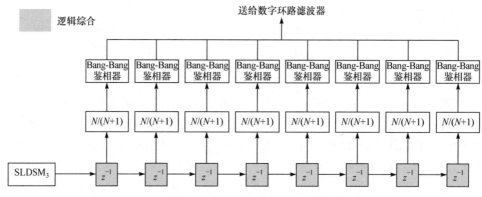

图 6.11　混合型 FIR 滤波结构示意图

为了清楚地说明混合型 FIR 滤波技术的作用，图 6.12 给出了 9 个参考周期内参考信号和分频信号的时域波形，同时给出了 Bang-Bang 鉴相器的相对应输出情况。出于公平对比的考虑，在关闭 FIR 滤波时，仍使用 8 路多模分频器和 8 路 Bang-Bang 鉴相器，保持 8 路多模分频器的分频比都相同。从图 6.12(a)可以看到，在关闭 FIR 滤波时，8 路分频信号 DIV0～DIV7 根据单比特单环 3 阶 ΔΣ 调制器引入的相位抖动进行同步变化，从而导致 8 路 Bang-Bang 鉴相器的输出在 0 和 8 两种状态间变化，波动十分大。从图 6.12(b)可以看到，在开启 FIR 滤波后，由于同一时刻输入 8 路多模分频器的分频比不同，所以 8 路分频信号的瞬时相位也不同，从而实现了相位抖动相消的效果。这反映到 8 路 Bang-Bang 鉴相器的输出就表现为输出抖动的减小。如图 6.12(b)所示，开启 FIR 滤波之后，8 路 Bang-Bang 鉴相器的输出有 0～8 这 9 种状态，相当于实现了一个多比特输出的 Bang-Bang 鉴相器，其等效的相位抖动分辨率相比于关闭 FIR 滤波的状态提升了 8 倍。而相位抖动分辨率的提高意味着 Bang-Bang 鉴相器的量化噪声降低。又由于 Bang-Bang 鉴相器的量化噪声决定了频率合成器的带内相位噪声水平[11,12]，所以引入混合型 FIR 滤波能够改善频率合成器的带内相位噪声，后面的测试结果将会说明这一点。除了改善带内相位噪声之外，引入混合型 FIR 滤波还能进一步地降低单比特单环

3 阶 ΔΣ 调制器在带外贡献的量化噪声。混合型 FIR 滤波的噪声传递函数为[13]

$$\text{NTF}_{8\text{-tap FIR}}(z) = \frac{1 + z^{-1} + z^{-2} + z^{-3} + z^{-4} + z^{-5} + z^{-6} + z^{-7}}{8} \tag{6.6}$$

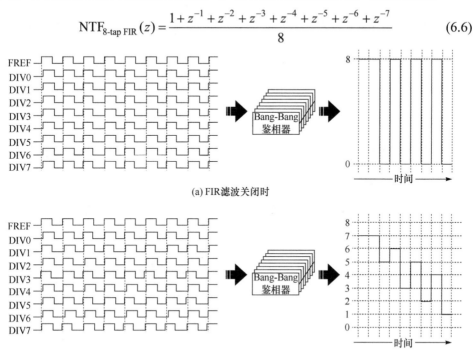

(a) FIR 滤波关闭时

(b) FIR 滤波开启时

图 6.12 混合型 FIR 滤波关闭/开启时的参考信号和 8 路分频信号，以及 Bang-Bang 鉴相器的对应输出

　　由上述分析可知，混合型 FIR 滤波的拍数越多，对 Bang-Bang 鉴相器贡献的带内量化噪声和单比特单环 3 阶 ΔΣ 调制器在带外贡献的量化噪声的改善越明显。然而，两个实际的实现因素限制了混合型 FIR 滤波的拍数继续增加。第一个因素是功耗，有几拍 FIR 滤波就意味着有几路多模分频器和几路 Bang-Bang 鉴相器。Bang-Bang 鉴相器的功耗较小，可以忽略，而多模分频器输入的是频率约为 2.5GHz 的射频信号，如果一味地增加 FIR 滤波的拍数，多模分频器的数量将会以 2 的幂次关系不断增加，考虑到噪声性能和功耗的折中，这里采用了 8 拍混合型 FIR 滤波，对应 8 路多模分频器和 8 路 Bang-Bang 鉴相器。第二个因素是版图布局的对称性和匹配问题。图 6.12(b)中分析混合型 FIR 滤波对分频信号 DIV0～DIV7 的影响时没有考虑各个支路之间的相位偏差。实际上，由于版图匹配性的问题，构成 FIR 滤波的不同支路存在着不同的路径时延，如果 FIR 滤波的拍数过多，会加大相互间的相位偏差，那么将无法实现图 6.12(b)所示的相位抖动相消的效果，从而导致其等效的相位抖动分辨率提升程度有限。综合考虑上述两点因素，本节采用了 8 拍的混合型 FIR 滤波结构。

6.2.4 型Ⅲ调频斜率估计技术

前面介绍的单比特单环 3 阶 ΔΣ 调制器和混合型 FIR 滤波技术都是通过改善 FMCW 雷达信号源的相位噪声来改善 FMCW 调制性能的。为了进一步改善 FMCW 调制线性度，本书还采用了型Ⅲ调频斜率估计支路技术[14]。型Ⅲ调频斜率估计支路技术可以为基于 Bang-Bang 鉴相器的 FMCW 雷达信号源带来三个方面的改善。

第 1 个方面的改善如图 6.13 所示。图 6.13(a)显示的是普通型Ⅱ结构的 FMCW 雷达信号源，它在进行 FMCW 三角波调制时，压控振荡器的差分输入端是一个三角波调制的电压信号，根据电容积分器反推得到电流舵型数模转换器的输入是一个均值为 0 的方波信号，其幅值代表的是三角波调制的斜率。为了得到这个表示斜率的方波信号，可以继续向前反推出 IIR 的输出和 Bang-Bang 鉴相器的输出同样是一个方波信号。这就意味着，8 路分频信号和参考信号会偏离单频点锁定时的状态，始终保持一个正的或者负的相位差，使 Bang-Bang 鉴相器的输出是一个方波信号。8 路分频信号和参考信号始终存在相位差且相位差大小与 FMCW 调制斜率成正比的状态会导致混合型 FIR 滤波的相位抖动相消效果减弱，从而导致频率合成器的相位噪声恶化，最终反映出 FMCW 调制线性度恶化。

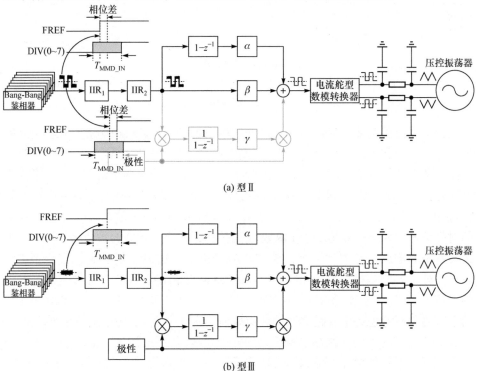

(a) 型Ⅱ

(b) 型Ⅲ

图 6.13　型Ⅱ/ⅢFMCW 雷达信号源进行调制时的环路信号示意图

图 6.13(b)显示的是型Ⅲ结构的 FMCW 雷达信号源，它与型Ⅱ结构最大的不同在于多了一条传递函数为 $\frac{\gamma}{1-z^{-1}}$ 的支路，它被称为"型Ⅲ调频斜率估计支路"。顾名思义，型Ⅲ调频斜率估计支路能够自适应地提供 FMCW 三角波调制所需的斜率值。首先，压控振荡器的输入端想要的是三角波电压信号，所以电流舵型数模转换器的输入端(即数字滤波器的输出端)就是代表正负斜率值的方波信号。型Ⅲ调频斜率估计支路拥有一级累加器，即相当于一个积分器。假设现在只观测数字滤波器的输出端输出正值时，数字滤波器的输出相当于一个固定值(或者说是常数值)，那么要反推型Ⅲ调频斜率估计支路的输入值就要对数字滤波器的输出端进行差分操作(或者说微分)，这样可以得到型Ⅲ调频斜率估计支路的输入值为 0(常数的微分值为 0)。也就是说，IIR 的输出均值是 0，所以 Bang-Bang 鉴相器的输出均值也是 0。因此，在拥有型Ⅲ调频斜率估计支路的情况下，8 路分频信号和参考信号的状态与环路工作在单频点时相同，不存在固定的相位差。所以相比于型Ⅱ结构，型Ⅲ结构的 FMCW 雷达信号源在进行 FMCW 三角波调制时不会发生相位噪声恶化，所以 FMCW 调制线性度不会恶化。上述为型Ⅲ调频斜率估计支路技术带来的第一个方面的改善。

第二个方面的改善是 FMCW 三角波调制的拐点问题，如图 6.14 所示。由图 6.14(a)可知，型Ⅱ FMCW 雷达信号源在拐点附近有过冲问题，会偏离理想的三角波调制曲线。这是两方面原因造成的：①有限的环路带宽导致环路在拐点附近频率瞬间切换时跟不上调制控制字的变化；②8 路 Bang-Bang 鉴相器的输出动态范围就只有 3bit(0～8)，而一般的时间数字转换器的输出动态范围有 6～10bit，所以基于 Bang-Bang 鉴相器的型Ⅱ FMCW 雷达信号源在拐点附近会受限于 Bang-Bang 鉴相器的最大或者最小输出(即全 1 或者全 0)，导致其响应速度比基于时间数字转换器的结构要慢。从图 6.14(b)可以看到，型Ⅲ FMCW 雷达信号源在拐点处几乎没有过冲发生，这主要归功于它的型Ⅲ调频斜率估计支路(图 6.13(b))。在前面的分析中可知，利用型Ⅲ调频斜率估计支路可以得到三角波调制所需的频率值，而对称的三角波调制的斜率值是一个占空比为 50%且均值为 0 的方波信号(正负幅值相同)。那么，一个简单的思路就是每当遇到拐点时，将之前估计出来的斜率值符号取反，就能得到下一段的斜率值。具体来说，当 FMCW 三角波调制处于频率上升阶段时，型Ⅲ调频斜率估计支路会根据负反馈的结果得到一个正斜率值，然后三角波调制频率经过拐点，开始进入频率下降阶段，由于三角波调制的对称性，下降阶段所需的斜率值实际上就是上升阶段斜率值乘以-1。FMCW 三角波调制从频率下降阶段向频率上升阶段切换时也是同样的道理。根据图 6.13(b)，斜率值符号变化靠的是一个极性信号控制。这个信号来自于三角波发生器数字电路，因此可以与输入给单比特单环 3 阶 ΔΣ 调制器的频率控制字信号同步变化。值得注意的是，为了保证符号变化不影响环路，需要在型Ⅲ调频斜率估计支路的输入和输出端都进行符号变化。

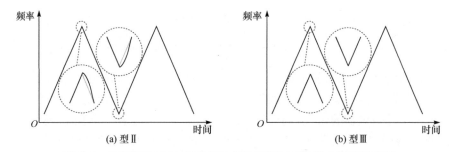

图 6.14　型Ⅱ/ⅢFMCW 雷达信号源进行调制时的拐点频率示意图

　　对于线性的压控振荡器，以上两个方面的改善也可以通过两点调制来完成，但实际中的压控振荡器都存在非线性问题，使两点调制所需的校准十分复杂。这一点对于宽带 FMCW 调制尤为严重，因为宽带 FMCW 调制在 77GHz 以下的调制带宽一般有 2GHz 左右，需要遍历压控振荡器整条调谐曲线的 50% 以上。为了说明压控振荡器调谐非线性的影响，图 6.15 给出了线性调谐和非线性调谐的 FMCW 调制信号示意图。图 6.15(a)显示的就如之前分析的那样，在进行三角波频率调制时，根据压控振荡器的线性调谐特性，其输入端接的积分电容上的电压波形同样为三角波，从而反推出电流舵型数模转换器的输出是占空比为 50%、均值为 0 的方波信号。如果考虑压控振荡器的调谐非线性，如图 6.15(b)所示，那么积分电容上的电压波形就不再是三角波，发生了波形畸变。对畸变的电压波形做微分就能得到电流舵型数模转换器的输出电流波形，其已经不再是表示恒定斜率的方波信号。如果使用两点调制的高通路径来实现斜率估计，则需要先对压控振荡器的非线性进行校准，得到一张校准映射表，这个做法十分复杂且无法对抗工艺、电压和温度变化所带来的影响。如果使用型Ⅲ调频斜率估计支路技术，则可以根据压控振荡器的调谐非线性自适应地估计 FMCW 三角波调制所需要的斜率值，相比于使用两点调制的型Ⅱ结构，复杂度更低且斜率估计的效果更好。这就是型Ⅲ调频斜率估计支路技术带来的第 3 个方面的改善。

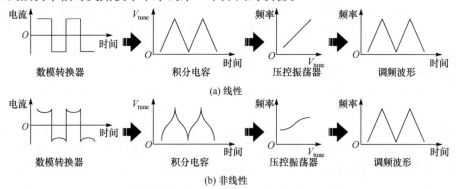

图 6.15　线性/非线性调谐压控振荡器的 FMCW 调制信号示意图

6.3   77GHz 数模混合 FMCW 雷达信号源的电路设计

6.3.1   数字电路

由于所提出的基于 Bang-Bang 鉴相器的 FMCW 雷达信号源是数模混合型的设计,所以其中的数字电路的验证流程比普通的纯数字电路要多一步电路级验证。图 6.16 给出了数模混合电路中数字电路的一般设计和验证流程。这里的行为级模型指的是基于 MATLAB/Simulink 搭建的行为级模型。通过行为级仿真,可以确认行为级模型的正确性。然后,需要将行为级模型转为由硬件描述语言编写的寄存器传输级代码,并使用与行为级模型相同的输入激励进行仿真。将寄存器传输级的仿真结果与行为级模型的结果进行对比,验证通过(即结果完全相同)后,可以继续进行综合和布局布线等后端操作,并对后端操作后的版图提取寄生参数,得到带有版图寄生的门级网表。接着,使用与行为级模型相同的输入激励对带有版图寄生的门级电路进行仿真,并将输出结果与行为级模型的结果进行对比。验证通过后,将数字电路的版图导入 Cadence 软件,与模拟部分的版图拼接,并对版图进行反提,得到带有寄生参数的晶体管级电路。同样地,利用与行为级模型相同的输入激励对带有寄生参数的晶体管级电路进行仿真验证。综上可知,在数模混合电路中,数字电路的设计一般要经过行为级、寄存器传输级、门级、晶体管级这 4 个层级的设计,并且 4 个层级要用相同的输入激励仿真,保证各个层级的输出结果一致,方为验证通过。

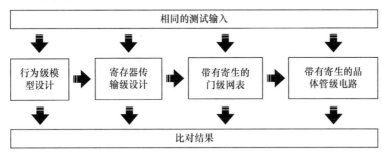

图 6.16   数模混合电路中数字电路的一般设计和验证流程

6.3.2   电流舵型数模转换器

电流舵型数模转换器分为整数部分、小数部分和共模反馈电路。其中整数部分如图 6.17 所示,一共有 32 个电流单元。电流单元的数量是由数字滤波器输出的整数部分范围决定的。由于数字滤波器输出的整数部分最大变化范围是-32~32,

所以需要 32 个差分电流单元来实现。每个电流单元是由上下两部分的 Cascode
开关电流镜构成的，电流管放在最底端，开关管放在 Cascode 管与电流管之间，
这样可以减小开关对输出节点的时钟串扰效应，又不会影响电流单元的切换速度。
在 NMOS 和 PMOS 部分，分别对电流管的漏端、Cascode 管的源端的寄生电容和
开关导通电阻进行匹配设计，最终使 PMOS 开关和 NMOS 开关在电流切换速度
上得以匹配。通常，差分电流单元只有正向输出和负向输出两种状态。而图 6.17
中的整数部分电流单元除了正向输出和负向输出，还有所有开关管完全关断的状
态。这是因为在典型的情况下，电流舵型数模转换器只有小数部分在工作，为了
节省功耗并避免电流失配，可以将整数部分完全关闭。

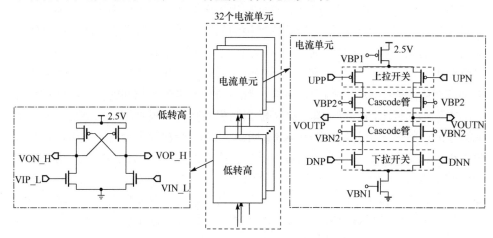

图 6.17　电流舵型数模转换器的整数部分

　　电流舵型数模转换器的小数部分由 1 阶 ΔΣ 调制器(图 6.18)和小数部分电流
单元(图 6.19)构成。小数部分的工作状态是：输入为 0.5 时输出电流为 0，输入
大于 0.5 时输出正向电流，输入小于 0.5 时输出负向电流。为了严格实现 "0.5"
这个判决阈值，图 6.18 中采用了两个 1 阶 ΔΣ 调制器，其中上半部分在输入大
于或者等于 0.5 时开启，将输入值减去 0.5 后左移了 1 位，再送入 1 阶 ΔΣ 调制
器，得到正向电流控制信号 DNN 和 UPP。与之相反，图 6.18 的下半部分在输
入小于 0.5 时开启，用 0.5 减去输入值后左移 1 位，送入 1 阶 ΔΣ 调制器，得到
负向电流控制信号 DNP 和 UPN。根据不同的输入值，图 6.18 总结了 1 阶 ΔΣ 调
制器的三种瞬时输出情况。这三种输出对应着小数部分电流单元的三种工作状
态，如图 6.19 所示。图 6.19(a)显示的是小数部分电流单元的电路图，它一共有
4 条支路：两条输出支路和两条哑支路。引入两条哑支路是为了使小数部分电流
单元在所有的工作状态下，电流镜像管(最上端的 PMOS 管和最下端的 NMOS

管)流过的电流恒定，这能加快电流在不同支路之间的切换速度，使其能满足频率约为 1.2GHz 的工作时钟的切换速度要求。图 6.19(b)显示的是输入为阈值 0.5 时的输出状态，所有的电流都通过两条哑支路，两条输出支路同时关闭。图 6.19(c)显示的是小数部分电流单元正向输出的状态，正向上拉支路和负向下拉支路导通，同时哑支路有 1 条导通，保持 4 条支路上流过的电流总和恒定。图 6.19(d)显示的是小数部分电流单元负向输出的状态，正向下拉支路和负向上拉支路导通，同时哑支路有 1 条导通，保持 4 条支路上流过的电流总和恒定。图 6.19(b)～图 6.19(d)显示的 3 种工作状态之间并不是互相切换的关系，由图 6.18 可知，当输入大于等于 0.5 时，1 阶 ΔΣ 调制器的输出会在状态 1 和状态 2 之间切换，而当输入小于 0.5 时，1 阶 ΔΣ 调制器的输出会在状态 1 和状态 3 之间切换。因此，只会有 1 路哑支路电流同时被切换到输出支路，且至少存在 1 条哑支路是导通的。

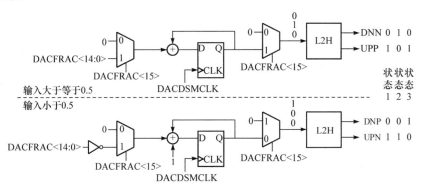

图 6.18　电流舵型数模转换器小数部分的 1 阶 ΔΣ 调制器

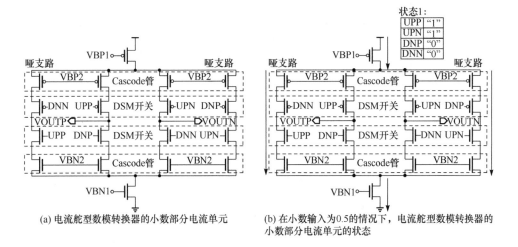

(a) 电流舵型数模转换器的小数部分电流单元　　　(b) 在小数输入为0.5的情况下，电流舵型数模转换器的小数部分电流单元的状态

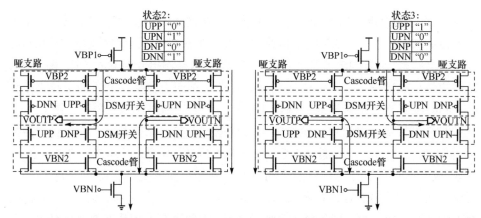

(c)电流舵型数模转换器的小数部分电流单元正向输出的状态   (d)电流舵型数模转换器的小数部分电流单元负向输出的状态

图 6.19   电流舵型数模转换器中的小数部分电流单元及工作状态

为了给压控振荡器提供差分输入，电流舵型数模转换器也被设计为差分输出的形式，因此需要提供 1 个共模反馈电路来维持输出共模电压的稳定。电流舵型数模转换器的共模反馈部分如图 6.20 所示。两个接成单位增益缓冲输出级的轨到轨的运放对输出端两个差分电压进行取样，再通过电阻取得共模电平，并在误差放大器上与期望的共模电平值进行比较。误差放大器的输出电压被转化为上拉电流，从而通过负反馈调整输出端的共模电平值。

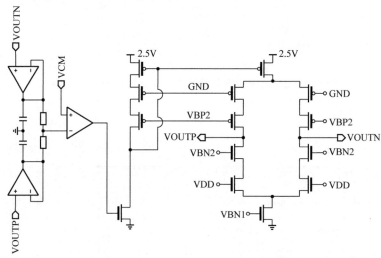

图 6.20   电流舵型数模转换器的共模反馈部分

6.3.3   电流模 2 分频器

图 6.2 中，压控振荡器的输出经过 1 级注入锁定分频器之后，信号频率约为

20GHz,此信号继续输入给 3 级级联的电流模 2 分频器,最后得到频率约为 2.5GHz 的信号。单级电流模 2 分频器的结构如图 6.21 所示,包含两个差分输入的锁存器内核和 1 个输出级。为了保持锁存器内核的负载匹配,在没有接输出级的锁存器输出端要放置与输出级相同的晶体管负载(即图 6.21 中的 M_7 和 M_8)。图 6.21 所示的锁存器内核有两种结构:有尾电流源和没有尾电流源的结构。对于没有尾电流源的结构,输入开关管 M_1 和 M_2 的切换速度更快,适用于更高的输入频率,但其缺点是需要通过输入共模电平来控制电流大小。

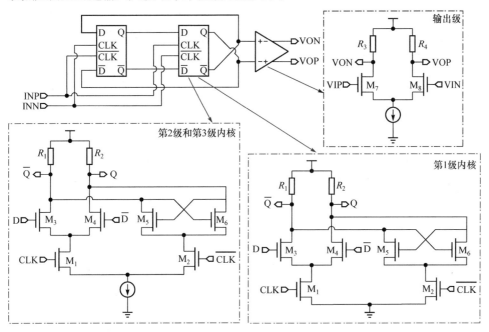

图 6.21　单级电流模 2 分频器(第 1 级从 20GHz 到 10GHz, 第 2 级从 10GHz 到 5GHz, 第 3 级从 5GHz 到 2.5GHz)

电流模 2 分频器的设计顺序为先设计输出级再设计锁存器内核。输出级的设计流程为:①先根据输出负载电容及输出幅度的要求,设置输出级中的电阻 R_3 和 R_4;②根据输出共模电平的要求,计算出输出级所需的电流,然后根据电流和放大倍数调整输出级中的放大管 M_7 和 M_8。锁存器内核的设计流程为:①先确定大致想要实现的功耗(即电流),然后根据共模电平求出电阻 R_1 和 R_2;②令 M_3、M_4、M_5、M_6 的尺寸相同,根据电流值设置一个合适的初始尺寸用于迭代,再令 M_1、M_2 的尺寸相同,并设一个较大的尺寸(因为是开关管)作为初始值;③令 M_1 和 M_2 的输入为共模电平,即信号幅度为 0,仿真单级电流模 2 分频器的自谐振频率;④自谐振频率应该与分频后的输出频率相近(如对于第 1 级电流模 2 分频器来说就是 10GHz 左右),如果自谐振频率偏高,那么返回步骤①,减小电流值并增大电阻值，重新迭代，如果自谐振频率偏低，那么减小 $M_3 \sim M_6$ 的尺寸，重新仿真自谐振频率，如果不能发生自谐振，应考虑调节 $M_3 \sim M_6$ 使其 g_m 值增大或者本征增益增大；⑤调节好自谐振频率以后，对 M_1 和 M_2 施加差分幅度为 200mV 的输入信号，通过时域仿真确认各个工艺角下电流模 2 分频功能都正确的输入频率范围，如果该频率范围高于所需的分频范围，那么可以减小 M_1 和 M_2 的尺寸，为前一级减小负载，如果输入频率范围小于所需的分频范围，则要加大 M_1 和 M_2 的尺寸。

有一些设计考虑需要额外说明。在锁存器内核电路中，输入管 M_1 和 M_2 主要的功能是开关，因此它们应该取最小的沟道长度，一方面提高开关切换速度，另一方面也减轻对前级的负载。而 $M_3 \sim M_6$ 除了电流切换之外，还极大地影响自谐振正反馈的环路增益。环路增益可以表示为 $M_5(M_6)$ 的 g_m 值与 $M_5(M_6)$ 漏端的总阻抗的乘积，只有环路增益大于 1，才有可能发生自谐振。因此，在固定电阻 R_1 和 R_2 情况下，提升 $M_3 \sim M_6$ 的本征增益对增大环路增益是有帮助的。然而，在正常的工作点下，提升本征增益一般意味着加大 $M_3 \sim M_6$ 的晶体管长度，这又会加大 $M_3 \sim M_6$ 在锁存器输出端的电容贡献，导致自谐振频率降低；为了弥补自谐振频率的降低，需要减小电阻 R_1 和 R_2，这样又降低了环路增益值。因此，需要反复地调整负载电阻 R_1 和 R_2，还有 $M_3 \sim M_6$ 的尺寸，使电流模 2 分频器能成功自谐振，并且自谐振频率在合适的位置。

6.4　77GHz 数模混合 FMCW 雷达信号源芯片测试结果

本章所提出的基于 Bang-Bang 鉴相器的 FMCW 雷达信号源已经采用 TSMC 65nm CMOS 工艺进行了流片验证，其芯片照片如图 6.22 所示，芯片面积为 1mm×2mm。

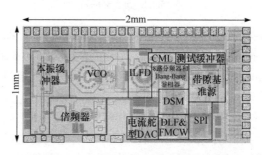

图 6.22　基于 Bang-Bang 鉴相器的 FMCW 雷达信号源的芯片照片

6.4.1　相位噪声

如图 6.22 所示，本芯片一共有 3 个输出口，分别是最后一级电流模 2 分频器的输出(约 2.5GHz)、压控振荡器的输出(约 39GHz)和倍频器的输出(约 78GHz)。在实际测试过程中，由于倍频器的输出要经过波导管到下混频器，输出受到约 40dB 的强烈衰减，最终使输出的信噪比不足以测试出正确的相位噪声。因此，这一部分分析的是电流模 2 分频器的输出端和压控振荡器的输出端测试得到的结果。

　　图 6.23 显示的是在电流模 2 分频器的输出端测试的相位噪声。图中对比了采用单比特单环 3 阶 ΔΣ 调制器且开启混合型 FIR 滤波的情况和采用 1-1-1MASH ΔΣ 调制器且关闭混合型 FIR 滤波的情况，有两点值得说明：①采用单比特单环 3 阶 ΔΣ 调制器且开启混合型 FIR 滤波比另一种情况改善了近 25dB 的带内噪声，充分说明单比特单环 3 阶 ΔΣ 调制器和混合型 FIR 滤波对于 Bang-Bang 鉴相器量化噪声的改善；②从图 6.23 可知，采用单比特单环 3 阶 ΔΣ 调制器且开启混合型 FIR 滤波的情况下环路带宽约为 120kHz，而采用 1-1-1MASH ΔΣ 调制器且关闭混合型 FIR 滤波的情况下环路带宽约为 40kHz；在相同配置下，环路带宽越大意味着 Bang-Bang 鉴相器的增益越大，也就意味着 Bang-Bang 鉴相器的输入抖动越小，因此，利用环路带宽的对比可以间接得到"采用单比特单环 3 阶 ΔΣ 调制器且开启混合型 FIR 滤波能够改善相位噪声性能"这一结论。

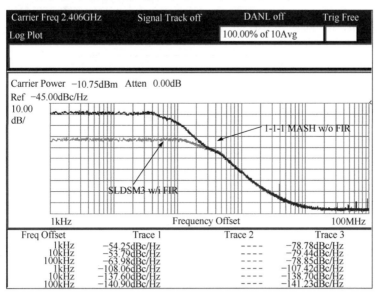

图 6.23　采用单比特单环 3 阶 ΔΣ 调制器且开启混合型 FIR 滤波的相位噪声和采用 1-1-1MASH ΔΣ 调制器且关闭混合型 FIR 滤波的相位噪声对比(在最后一级电流模 2 分频器输出端测试)

　　图 6.24 和图 6.25 显示的是压控振荡器的输出端测试的相位噪声。图 6.24 给

出的是输出频率为 38.5GHz 时的相位噪声曲线，其 1MHz 处的相位噪声为 −87.68dBc/Hz。图 6.25 给出了 1MHz 处的相位噪声随输出频率的变化关系。

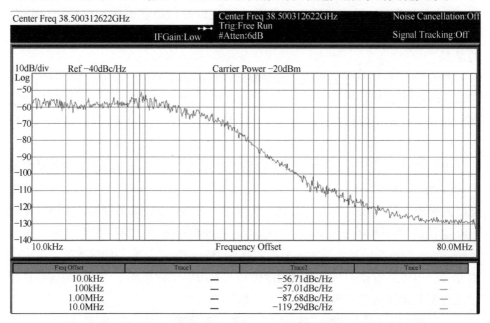

Freq Offset	Trace1	Trace2	Trace3
10.0kHz	—	−56.71dBc/Hz	—
100kHz	—	−57.01dBc/Hz	—
1.00MHz	—	−87.68dBc/Hz	—
10.0MHz	—	−119.29dBc/Hz	—

图 6.24　基于 Bang-Bang 鉴相器的 FMCW 雷达信号源的相位噪声(在压控振荡器的输出端测试)

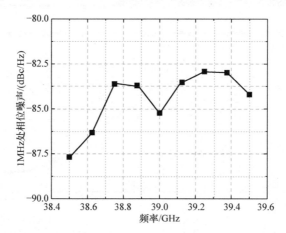

图 6.25　基于 Bang-Bang 鉴相器的 FMCW 雷达信号源在 1MHz 处相位噪声随输出频率的变化
关系(在压控振荡器的输出端测试)

6.4.2　参考杂散

参考杂散的测试是在最后一级电流模 2 分频器的输出端进行的，测试频谱如

图 6.26 所示，参考杂散为−67.783dBc(参考频率为 125.0MHz)。图 6.27 给出了参考杂散随输出频率的变化关系。

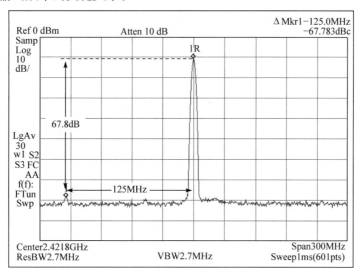

图 6.26　基于 Bang-Bang 鉴相器的 FMCW 雷达信号源的参考杂散(在最后一级电流模 2 分频器输出端测试)

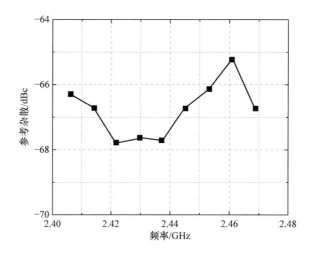

图 6.27　基于 Bang-Bang 鉴相器的 FMCW 雷达信号源的参考杂散随输出频率的变化关系(在最后一级电流模 2 分频器输出端测试)

6.4.3　调制频谱

图 6.28 显示的是 FMCW 三角波调制信号的输出频谱，其调制输出频率范围

为 77～78.827GHz，故调制带宽为 1.827GHz。理想的 FMCW 三角波调制频谱为能量均等的宽带频谱，而图 6.28 中不同频点的频谱幅度不同是由下混频器的增益波动、倍频器的增益波动以及测试缓冲级的增益波动等因素造成的。

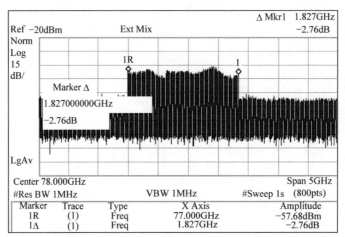

图 6.28　FMCW 三角波调制信号的输出频谱(在倍频器的输出端测试)

6.4.4　调制线性度

通过 Keysight 89601B 软件在电流模 2 分频器输出端进行解调测试可测得调制线性度。图 6.29 显示了调制周期为 2ms、调制带宽为 1.83GHz 时，不同模式下的调制频率和频率误差与时间的关系，并由此计算出相应的均方根频率误差，用以衡量调制线性度。表 6.1 给出了 2 种调制周期、3 种调制带宽情况下各个模式的均方根频率误差对比。通过图 6.29 和表 6.1 可知，单比特单环 3 阶 ΔΣ 调制器(SLDSM3)、混合型 FIR 滤波还有型Ⅲ调频斜率估计支路均能提升调制线性度，验证了本书所采用的这 3 种技术的优势。

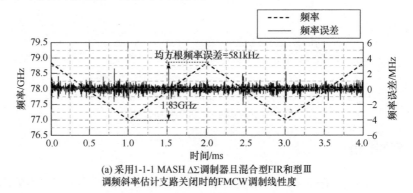

(a) 采用1-1-1 MASH ΔΣ调制器且混合型FIR和型Ⅲ
调频斜率估计支路关闭时的FMCW调制线性度

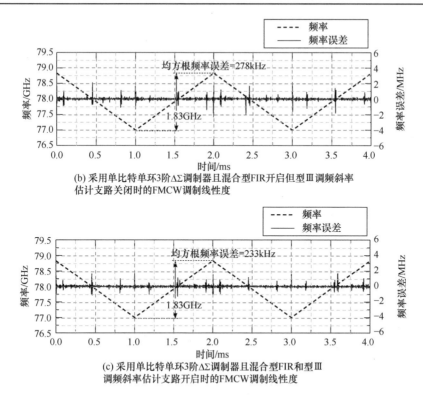

(b) 采用单比特单环3阶ΔΣ调制器且混合型FIR开启但型Ⅲ调频斜率
估计支路关闭时的FMCW调制线性度

(c) 采用单比特单环3阶ΔΣ调制器且混合型FIR和型Ⅲ
调频斜率估计支路开启时的FMCW调制线性度

图 6.29　FMCW 调制线性度

表 6.1　FMCW 三角波调制在不同调制参数下的调制线性度

FMCW 三角波调制参数		均方根频率误差/kHz		
带宽/GHz	周期/ms	1-1-1 MASH	SLDSM3+FIR	SLDSM3+FIR+型Ⅲ
1.83	1	682	416	336
1.83	2	581	278	233
0.914	1	452	250	189
0.61	2	475	219	181

　　图 6.30 给出了基于 Bang-Bang 鉴相器的 FMCW 雷达信号源中各模块的功耗消耗统计(数据中不包括输出测试缓冲器的功耗)，包括倍频器、压控振荡器及缓冲器消耗了大部分功耗。表 6.2 总结了该雷达信号源芯片的性能，并与国际上的其他工作进行了对比。该芯片在维持相似性能的情况下，极大地简化了电路设计的复杂度。

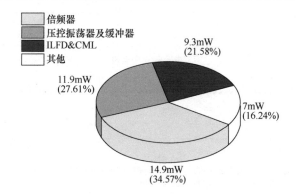

图 6.30　基于 Bang-Bang 鉴相器的 FMCW 雷达信号源中各模块的功耗消耗统计

表 6.2　本章设计与其他文献的性能比较

指标	本章	文献[15]	文献[2]	文献[16]
采用的工艺	65nm CMOS	65nm CMOS	65nm CMOS	65nm CMOS
设计功能	频率合成器	收发机	发射机	频率合成器
频率/GHz	77～78.827	76.92～78.85	77～77.31	76.2～76.5
1MHz 处的相位噪声/(dBc/Hz)	−81.7	−81	−83.4	−85.1
调制带宽/GHz	1.83	1.93	0.312	0.3
调制周期/ms	1	2	2	约 1.85
均方根频率误差/kHz	336	674	961	73
面积/mm^2	2	4.64	2.74	0.29
功耗/mW	43.1	343	320	51.3

参 考 文 献

[1] 贾海昆. CMOS 毫米波 FMCW 相控阵雷达收发机芯片的关键技术研究. 北京: 清华大学, 2015.

[2] Park J, Ryu H, Ha K, et al. 76-81-GHz CMOS transmitter with a phase-locked-loop-based multichirp modulator for automotive radar. IEEE Transactions on Microwave Theory and Techniques, 2015, 63(4): 1399-1408.

[3] Mitomo T, Ono N, Hoshino H, et al. A 77GHz 90nm CMOS transceiver for FMCW radar applications. IEEE Journal of Solid-State Circuits, 2010, 45(4): 928-937.

[4] Lee J, Li Y, Hung M H, et al. A fully-integrated 77-GHz FMCW radar transceiver in 65-nm CMOS technology. IEEE Journal of Solid-State Circuits, 2010, 45(12): 2746-2756.

[5] Sakurai H, Kobayashi Y, Mitomo T, et al. A 1.5GHz-modulation-range 10ms-modulation-period 180kHz rms-frequency-error 26MHz-reference mixed-mode FMCW synthesizer for mm-wave

radar Application// IEEE International Solid-State Circuits Conference (ISSCC), San Francisco, 2011: 292-293.

[6] Wu W, Staszewski R, Long J. A 56.4-to-63.4GHz multi-rate all-digital fractional-n PLL for FMCW radar applications in 65nm CMOS. IEEE Journal of Solid-State Circuits, 2014, 49(5): 1081-1096.

[7] Wu W, Long J, Staszewski R. High-resolution millimeter-wave digitally controlled oscillators with reconfigurable passive resonators. IEEE Journal of Solid-State Circuits, 2013, 48(11): 2785-2794.

[8] 陈磊. 40GHz 锁相环型频率综合器及时钟分布网络关键技术研究. 北京:清华大学, 2013.

[9] Xu N, Shen Y, Lv S, et al. A spread-spectrum clock generator with FIR-embedded binary phase detection and 1-bit high-order ΔΣ modulation// IEEE Asian Solid-State Circuits Conference (ASSCC), Xiamen, 2015: 1-4.

[10] 孙远峰. 基于双通道控制技术的锁相环频率综合器. 北京: 清华大学, 2010.

[11] Zanuso M, Tasca D, Levantino S, et al. Noise analysis and minimization in Bang-Bang digital PLLs. IEEE Transactions on Circuits and Systems II, 2009, 56(11): 835-839.

[12] Marucci G, Levantino S, Maffezzoni P, et al. Analysis and design of low-jitter digital Bang-Bang phase-locked loops. IEEE Transactions on Circuits and Systems I, 2014, 61(1): 26-36.

[13] Yu X, Sun Y, Rhee W, et al. An FIR-embedded noise filtering method for ΔΣ fractional-n PLL clock generators. IEEE Journal of Solid-State Circuits, 2009, 44(9): 2426-2436.

[14] Yeo H, Ryu S, Lee Y, et al. A 940MHz-bandwidth 28.8μs-period 8.9GHz chirp frequency synthesizer PLL in 65nm CMOS for X-band FMCW radar applications// IEEE International Solid-State Circuits Conference (ISSCC), San Francisco, 2016: 238-239.

[15] Jia H, Kuang L, Wei Z, et al. A 77GHz frequency doubling two-path phased-array FMCW transceiver for automotive radar. IEEE Journal of Solid-State Circuits, 2016, 51(10): 2299-2311.

[16] Luo T N, Wu H H, Chen Y J. A 77-GHz CMOS FMCW frequency synthesizer with reconfigurable chirps. IEEE Transactions on Microwave Theory and Techniques, 2013, 61(7): 2641-2647.

第7章 毫米波相控阵技术

相控阵技术经历了几十年的发展历程，如今已经逐渐成熟，广泛应用于军事领域和部分民用领域。传统的相控阵芯片多采用高性能的Ⅲ-Ⅴ族工艺来实现，但成本较高。近年来，硅基工艺尤其是锗硅工艺的性能已经取得较大的改进，可基本满足目前通信芯片的需求。硅基工艺的相控阵芯片具有成本低、集成度高等优势，已经逐步取代部分Ⅲ-Ⅴ族芯片的市场地位。并且，硅基工艺毫米波相控阵前端芯片在部分军事领域和车载雷达中已经取得了成功应用，也是未来5G通信相控阵芯片的有力竞争方案。本章的目的是对硅基毫米波相控阵技术进行全面的综述，介绍毫米波相控阵技术的发展与应用(7.1节)、相控阵理论基础(7.2节)以及毫米波相控阵芯片实例分析(7.3节)，并在7.4节进行简要总结。

7.1 毫米波相控阵技术的发展与应用

7.1.1 军事对抗

雷达是一种可以主动和实时地探测远距离目标的装备，自从20世纪30年代问世以来，雷达已经广泛应用于各种军事领域，并在第二次世界大战中获得飞速的发展[1]。20世纪60年代开始，出现了采用相控阵天线技术的雷达，称为相控阵雷达(phased array radar, PAR)。

在工作模式方面，与传统的机械扫描雷达相比，相控阵雷达天线波束扫描的实现不需要天线的机械转动，因而又称为电扫描雷达或者电子扫描阵列雷达(electronically scanned array radar, ESAR)。相控阵雷达的天线阵列是由大量可以独立控制的小型天线单元排列而成的，通过控制小型天线单元发射/接收信号的相位，即可形成指向不同的阵列波束。在功能方面，与传统的机械扫描雷达相比，相控阵雷达主要具有以下优点。

(1) 波束指向灵活，能实现无惯性快速扫描，扫描数据率高。

(2) 可同时形成多个独立波束，分别实现搜索、识别、跟踪等多种功能。

(3) 目标容量大，可在空域内同时监视和跟踪数百个目标。

(4) 环境适应能力强，可在复杂军事环境中工作。

(5) 抗干扰能力强，即使少量组件失效仍能正常工作。

　　相控阵雷达的发展历程可以归纳为三个主要阶段：无源相控阵雷达、基于固态器件的有源相控阵雷达、基于单片微波集成电路的有源相控阵雷达。三个技术阶段代表性的雷达装备分别是美国高功率监视雷达系统 AN/FPQ-16、美国 AN/FPS-115 "铺路爪" 远程预警雷达(图 7.1(a))、应用于美国 F/A-22 猛禽战斗机的 AN/APG-77 有源相控阵雷达(图 7.1(b))。

(a) AN/FPS-115 "铺路爪" 远程预警雷达　　　　　　(b) AN/APG-77有源相控阵雷达

图 7.1　AN/FPS-115 "铺路爪" 远程预警雷达和 AN/APG-77 有源相控阵雷达

　　集成电路工艺技术水平的显著提高，为毫米波相控阵雷达的研制奠定了工艺基础。同时，毫米波相控阵技术以其易于大规模阵列集成、波束扫描快速灵活且可控、空间分辨率精确等各种优点，广泛应用于各种防空预警、导弹制导、目标跟踪等军事领域，也将是未来电子对抗战中的关键技术。

7.1.2　智能驾驶

　　早在 20 世纪 70 年代，人们就开始对汽车驾驶的智能化进行研究，随着技术和工艺的不断发展，如今汽车驾驶的智能化已经发展到高级驾驶辅助系统 (advanced driver assistance systems, ADAS)，该系统不但可以提高驾驶员驾驶的安全性和便捷性，还可以增加车辆和道路的安全性。常见的驾驶辅助系统包括车载导航、自适应巡航、车道偏离警示、防撞警示、泊车辅助等，如图 7.2 所示。

　　一个完整的高级驾驶辅助系统需要处理器、传感器、地图和算法等多项技术的协同配合处理,传感器是其中一项面临重大挑战的关键技术。纵观目前的 ADAS 产品，主流的传感器方案是激光雷达、毫米波雷达、超声波雷达、摄像头和红外，表 7.1 是主流传感器方案的性能对比总结。

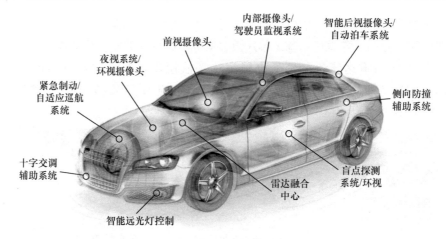

图 7.2　高级驾驶辅助系统

表 7.1　主流传感器方案的性能对比总结

性能	方案				
	激光雷达	毫米波雷达	超声波雷达	摄像头	红外
精度	优	良	一般	一般	一般
天气适应性	良	优	良	一般	一般
成本	高	中	低	低	低

与超声波雷达、摄像头和红外等利用光学传感器的方案相比，毫米波雷达具有穿透能力强、天气适应性强等优点；与激光雷达相比，毫米波雷达具有体积小、成本低和天气适应性强等优点；因此毫米波雷达在驾驶辅助系统的传感器方案中占有主导的地位。毫米波相控阵是毫米波车载雷达中最关键的技术，对智能驾驶系统的性能具有决定性的作用。

目前，世界各国对毫米波车载雷达的使用频率范围主要有三个频段：24GHz雷达(分为 20.00～24.25GHz 窄带雷达和 24.25～24.65GHz 宽带雷达)、77GHz 雷达(76～77GHz)和 79GHz 雷达(77～81GHz)。其中 24GHz 雷达通常安置在汽车尾部，在中短距离内实现车身环境和障碍物的探测与传感，从而辅助驾驶员进行泊车、变道等操作；77GHz 雷达通常安置在汽车头部，在中长距离内实现距离的测量和实时监测，辅助驾驶员进行自动跟车、自适应巡航(adaptive cruise control，ACC)、自动紧急制动(autonomous emergency braking，AEB)等功能操作；而 79GHz 雷达主要用于近距离的高精度探测。

7.1.3　5G 移动通信系统

毫米波相控阵技术不但在军事领域和智能驾驶系统中扮演了重要的角色，也将成为 5G 移动通信系统的关键技术之一。

《爱立信移动市场报告》显示全球移动签约用户总数在 2017 年已达 78 亿,预测在 2023 年将达到 89 亿,同时该报告还预测到 2023 年,蜂窝物联网连接数将达到 35 亿,以每年 30%的速度增长[2]。我国《5G 愿景与需求》白皮书预测 2030 年全球物联网设备总数有望达到千亿规模,且 2023 年年底的全球移动数据流量将比 2010 年增长近 2 万倍[3]。未来千亿规模的物联网连接设备和爆炸性增长的移动数据流量将会严重超出第四代(4G)移动通信系统所能承受数据传输速率的极限,为了满足对高速数据传输速率日益增长的需求,全世界都在火热研究和布局 5G 移动通信系统。

庞大的数据流量需要 5G 移动通信系统具有高传输速率和高网络容量,5G 移动通信系统预期需要实现 1000 倍于 4G 移动通信系统的数据吞吐速率,这迫切需要更多的频谱资源来提供支持。因此,频率高、频谱资源丰富的毫米波频段得到重点关注和大量研究,并被认为是未来 5G 通信的主要技术趋势之一。为了形成全球通用的毫米波段通信标准,2015 年 11 月,国际电信联盟 (International Telecommunication Union, ITU)在世界无线电通信大会(WRC-15)上公布了应用于未来移动通信的毫米波候选频段,如图 7.3 所示,包括 24.25～27.5GHz、31.8～33.4GHz、37～40.5GHz、42.5～43.5GHz、45.5～47GHz、47.2～50.2GHz、50.4～52.2GHz、66～76GHz、81～86GHz,最终的正式标准在 2019 年世界无线电通信大会(WRC-19)上讨论确定。

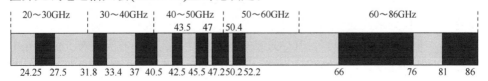

图 7.3　应用于未来移动通信的毫米波候选频段

尽管 5G 通信的毫米波频段标准尚未正式确定,但毫米波通信技术无疑将成为 5G 通信的关键技术。为了在未来引领 5G 发展方向、主导 5G 标准的制定,世界各国已经围绕毫米波频段的 5G 应用制定了相关频谱政策,并开展了一系列实验工作。其中,美国率先发布其 5G 频谱规划,包括 28GHz(27.5～28.35GHz)、37GHz(37～38.6GHz)、39GHz(38.6～40GHz)三个拟用许可频段和 64～71GHz 免许可频段。我国工业和信息化部也于 2017 年 7 月宣布 24.75～27.5GHz 和 37～42.5GHz 频段用于中国 5G 研发试验。

5G 移动通信系统旨在通过更高的数据速率、更低的时延和更好的链路稳定性为多用户提供更好的体验。如何在高速率下实现多个用户同时使用基站和移动设备之间的高带宽定向链路是 5G 通信面临的重要挑战。5G 移动通信系统要实现信号传输速率的提高和系统信道容量的增大，需要通过开发新型频谱资源、提高频谱利用效率和布置超密集网络等多种途径来实现。

多天线技术作为提高系统频谱利用效率和信号传输可靠性的有效技术途径，已经成功应用于多种无线通信系统中[4]。2010 年，贝尔实验室的 Marzetta 提出应用于 5G 通信的大规模多输入多输出(multiple-input and multiple-output, MIMO)概念[5]。大规模 MIMO 技术应用在 5G 移动通信系统中具有以下优点：①极大地提高空间分辨率从而实现空间资源的深度挖掘；②采用波束赋形技术降低干扰，实现高可靠的信号传输；③大幅度提升频谱利用率和功率效率。因此，大规模 MIMO 技术被认为是 5G 通信中的一项关键可行技术。

作为大规模 MIMO 中波束成形的关键实现途径，相控阵技术飞速发展，世界各地的专家学者都围绕应用 5G 通信的相控阵技术开展了大量的研究工作。7.3 节将会对部分具有代表性的应用于 5G 通信的硅基毫米波相控阵芯片进行详细的分析。

7.2　相控阵基础理论

天线阵作为相控阵技术的实现载体，其结构是把若干天线辐射单元以一定的规则排列并互相连接，并达到产生定向方向图的目的[6]。相控阵技术，是一种天线单元相位可控的天线阵技术，通过改变天线阵中每个天线辐射或接收电信号的幅度或相位信息来改变阵列等效波束的方向和强度。天线阵有多种几何结构，如线性阵、平面阵、共形阵等，其中最基本的是线性阵，即所有天线单元的阵元中心沿同一条直线放置。线性阵分为端射和侧射两种类型，侧射型线性阵的天线波束位于阵列轴线的法线方向，应用较为广泛。本节将以侧射型线性阵为基础来讨论相控阵的天线相位扫描原理。

7.2.1　相位扫描原理

图 7.4 所示是一个 N 单元线性天线阵的简图，N 个天线单元在 y 轴上以间距 d 等间距直线分布。假设每一个天线单元的激励电流为 $I_i(i=0,1,2,\cdots,N-1)$，方向图函数为 $f_i(\theta,\varphi)$，第 i 个天线单元至目标观察点的距离为 r_i，相邻天线单元之间的馈电相位差为 $\Delta\phi_{\mathrm{B}}$，A_i 为第 i 个天线单元的系统幅度加权值，则第 i 个天线单元的激励电流 I_i 可以表示为

$$I_i = A_i \mathrm{e}^{-\mathrm{j}i\Delta\phi_{\mathrm{B}}} \tag{7.1}$$

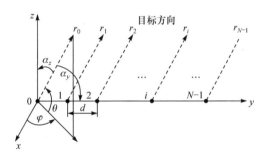

图 7.4　N 单元线性天线阵简图

由于每一个天线单元的辐射电场强度与其激励电流 I_i 成正比，所以 N 单元线性天线阵中第 i 个天线单元在目标观察点处产生的电场强度为

$$E_i(\theta,\varphi)=k_iI_if_i(\theta,\varphi)\frac{\mathrm{e}^{-\mathrm{j}\frac{2\pi}{\lambda}r_i}}{r_i} \tag{7.2}$$

其中，k_i 为第 i 个天线单元辐射场强的比例常数。

根据线性传播媒介的电场叠加原理，N 单元线性天线阵在目标观察点处的总场强可认为是所有天线单元在目标观察点处产生的辐射场强之和，即线性天线阵的合成场强为

$$E(\theta,\varphi)=\sum_{i=0}^{N-1}E_i(\theta,\varphi)=\sum_{i=0}^{N-1}k_iI_if_i(\theta,\varphi)\cdot\frac{\mathrm{e}^{-\mathrm{j}\frac{2\pi}{\lambda}r_i}}{r_i} \tag{7.3}$$

若各个天线单元结构一致，具有相同的比例常数 k 和方向图函数 $f(\theta,\varphi)$，并将式(7.1)代入式(7.3)，则式(7.3)化简为

$$E(\theta,\varphi)=kf(\theta,\varphi)\sum_{i=0}^{N-1}A_i\mathrm{e}^{-\mathrm{j}i\Delta\phi_\mathrm{B}}\cdot\frac{\mathrm{e}^{-\mathrm{j}\frac{2\pi}{\lambda}r_i}}{r_i} \tag{7.4}$$

由于目标观察点与天线的距离 r_i 远远大于 r_i 与 r_0 的差值，所以可以用 r_0 代替式(7.4)中分母位置的 r_i，但分子中的 r_i 项与相位有联系，不能被 r_0 代替。根据 r_i 与 r_0 的几何关系可得

$$r_i=r_0-id\cos\alpha_y,\quad \cos\alpha_y=\cos\theta\sin\varphi \tag{7.5}$$

理想情况下，假设不同天线单元辐射场强的比例常数相同，即令 $k=1$，则式(7.4)可以化简为

$$E(\theta,\varphi)=f(\theta,\varphi)\frac{\mathrm{e}^{-\mathrm{j}\frac{2\pi}{\lambda}r_0}}{r_0}\sum_{i=0}^{N-1}A_i\mathrm{e}^{-\mathrm{j}i\left(\Delta\phi_\mathrm{B}-\frac{2\pi}{\lambda}d\cos\theta\sin\varphi\right)} \tag{7.6}$$

观察式(7.6)可见，线性天线阵的合成场强 E 是 θ、φ 的函数，故 $E(\theta,\varphi)$ 可称为

线性天线阵的场方向图函数，而在等式的右边，$f(\theta,\varphi)$ 是天线单元的方向图函数，其余部分为阵列因子。因此，在天线单元结构一致的线性天线阵中，天线阵的场方向图函数 $E(\theta,\varphi)$ 等于各个天线单元的方向图函数 $f(\theta,\varphi)$ 与其阵列因子的乘积。

为了更直观地理解相控阵的相位扫描原理，通常将相控阵放置在平面中讨论。图 7.5 所示是 N 单元线性排列相控阵系统示意图，具有移相功能的阵列单元在同一平面内以等间距 d 呈直线排列，馈电网络用于实现信号的合成和分配以及调节各个阵列单元间信号幅度的权值。

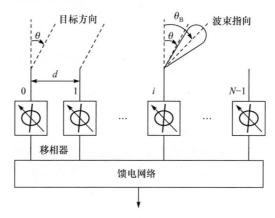

图 7.5　N 单元线性排列相控阵系统

假设任意相邻阵列单元之间的馈电相位差为 $\Delta\phi_B$，目标观察方向与阵列单元的夹角为 θ，相控阵最大波束指向为 θ_B，假定阵列单元是均匀的且方向图 $f(\theta,\varphi)$ 为全向性的，则相控阵的方向图函数 $F(\theta)$ 为

$$F(\theta)=\sum_{i=0}^{N-1} A_i e^{-ji\left(\Delta\phi_B - \frac{2\pi}{\lambda}d\sin\theta\right)} \tag{7.7}$$

其中，$\Delta\phi_B = 2\pi d \sin\theta_B / \lambda$；$2\pi d \sin\theta / \lambda$ 称为相邻阵列单元之间的空间相位差，表示相邻阵列单元接收到目标观察 θ 方向信号的相位差，令 $\Delta\phi_A = 2\pi d \sin\theta / \lambda$。

天线均匀分布，则 $A_i = 1$，若再令 $\Delta\phi = \Delta\phi_A - \Delta\phi_B$，则式(7.7)化简为

$$F(\theta)=\frac{1-e^{jN\Delta\phi}}{1-e^{j\Delta\phi}} \tag{7.8}$$

利用欧拉公式可将式(7.8)化简为

$$F(\theta)=\frac{\sin\left(\dfrac{N\Delta\phi}{2}\right)}{\sin\left(\dfrac{\Delta\phi}{2}\right)}e^{j\frac{N-1}{2}\Delta\phi} \tag{7.9}$$

对式(7.9)取模值,即得线性排列相控阵系统的幅度方向图$|F(\theta)|$为

$$|F(\theta)|=\frac{\sin\left(\frac{N\Delta\phi}{2}\right)}{\sin\left(\frac{\Delta\phi}{2}\right)} \tag{7.10}$$

由于N较大且$\Delta\phi$较小,所以$\sin\Delta\phi/2\approx\Delta\phi/2$,式(7.10)化简为

$$|F(\theta)|=N\frac{\sin\left(\frac{N\Delta\phi}{2}\right)}{\frac{N\Delta\phi}{2}}=N\frac{\sin\left[\frac{N\pi}{\lambda}d(\sin\theta-\sin\theta_{B})\right]}{\frac{N\pi}{\lambda}d(\sin\theta-\sin\theta_{B})} \tag{7.11}$$

根据式(7.11),当$N\Delta\phi/2=0$时,可得线性排列相控阵系统的幅度方向图$|F(\theta)|$的最大值为N。此时,$\Delta\phi=\Delta\phi_{A}-\Delta\phi_{B}=0$,即$\sin\theta-\sin\theta_{B}=0$,所以最大波束指向$\theta_{B}$为

$$\theta_{B}=\arcsin\left(\frac{\lambda}{2\pi d}\Delta\phi_{B}\right) \tag{7.12}$$

由式(7.12)可以看出,阵列单元间的距离d为一个固定值时,改变它们之间的馈电相位差$\Delta\phi_{B}$,即可改变相控阵天线波束的最大值指向θ_{B}。从上面的分析得知,若阵列单元间相位差$\Delta\phi_{B}$受到连续控制,则可以实现相控阵天线阵列波束的相位扫描。

7.2.2 相控阵系统结构

1. 基本结构

根据相控阵系统中阵列单元结构的不同,相控阵分为两种最基本的架构:无源相控阵架构和有源相控阵架构[7]。其基本结构的示意图分别如图 7.6、图 7.7 所示。

无源相控阵架构如图 7.6 所示,每个阵列单元均有一个单独的移相器来实现相位控制,但所有信号均由单一的中央收发机进行处理。接收通道中每个阵列单元的信号由天线接收后,经过移相器相位处理,再通过馈电网络进行多路信号的功率合成,最后由同一个中央接收机进行信号识别与处理。发射通道的发射信号由发射机调制生成后,经馈电网络分配给各个阵列单元,再由移相器进行相位处理后经天线发射。无源相控阵架构使用的有源收发组件少,因而成本较低,但馈电网络和移相器的损耗会直接影响相控阵系统的灵敏度和效率,是该架构所面临的重要挑战,此外,如果需要获得较低的旁瓣电平,则馈电网络需要提供适当的幅度加权功能。

有源相控阵架构如图 7.7 所示,每个阵列单元均有独立的发射/接收(T/R)组件

来提供信号的幅度和相位控制功能。由于独立 T/R 组件的存在，有源相控阵系统的噪声系数基本不受馈电网络和移相器损耗的影响，系统的信噪比和灵敏度获得了较大的提升，可靠性也获得了进一步的提高，单个通道 T/R 组件的损坏，基本不影响系统的正常工作，而且每个阵列单元的幅度和相位可独立控制，还提高了相控阵系统的灵活性。但由于 T/R 组件的数量庞大，系统的复杂性和成本也随着通道数的增加而增加。

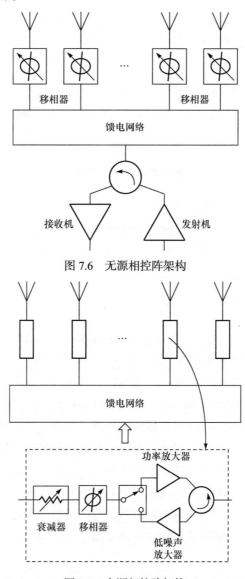

图 7.6　无源相控阵架构

图 7.7　有源相控阵架构

结合无源相控阵架构和有源相控阵架构两种基本架构，可以产生混合型相控阵架构，如图 7.8 所示。与无源相控阵架构类似，发射通道通过单一中央发射机进行信号调制和放大，并通过馈电网络分配给各个阵列单元进行移相和发射。接收通道同样由单一中央接收机进行信号处理，但接收通道中移相器的前端增加了低噪声放大器来改善系统的噪声系数，并且接收和发射通道采用不同的馈电网络，可进行不同需求的性能优化。

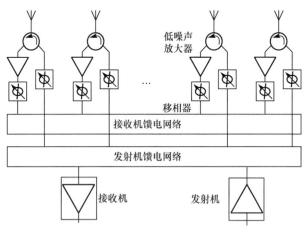

图 7.8　混合型相控阵架构

与另外两种架构相比，有源相控阵架构虽然实现难度更大、成本更高，但其性能更加突出，尤其是在毫米波频段，无源器件的电长度缩小，大规模的多通道相控阵系统芯片尺寸和成本进一步降低，有源相控阵架构获得了更加广泛的研究和应用。下面将对有源相控阵架构进行更加详细的介绍。

2. 有源相控阵架构

在有源相控阵架构中，移相功能又可以在不同的路径和位置来实现，因此，有源相控阵可以分为中频移相结构、本振移相结构、射频移相结构和数字移相结构。下面以相控阵接收机为例介绍这 4 种不同的结构，发射机结构与此类似。

中频移相的相控阵接收机结构如图 7.9 所示，移相器位于中频信号路径。天线接收的射频信号经过低噪声放大器放大后，通过混频器将载波信号的频率下变频至中频频率，再由中频移相器对其进行相位调制后再进行信号的合成和后期数据处理。中频移相器的工作频率较低，移相精度、插损等指标容易实现，但随着工作频率的降低，移相器芯片面积和无源多路合成网络的面积会逐渐增大，此外，每个通道均需要单独的混频器和中频移相器，也会导致系统的功耗和成本增加。

　　本振移相的相控阵接收机结构如图 7.10 所示，移相器位于本振信号路径，即将本征信号通过功分器分为多路信号，然后独立对每一路本征信号进行移相处理，再提供给各个 T/R 组件支路。因为混频器输出信号 $V_{\text{out}}(t)$ 的相位是其输入信号相位(射频信号 $\cos(\omega_{\text{RF}}t + \phi_{\text{RF}})$ 和本振信号 $\cos(\omega_{\text{LO}}t + \phi_{\text{LO}})$)的线性组合，即

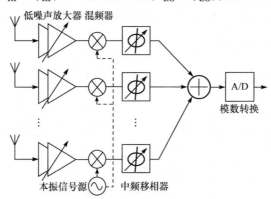

图 7.9　中频移相的相控阵接收机结构

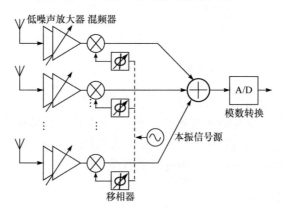

图 7.10　本振移相的相控阵接收机结构

$$V_{\text{out}}(t) = \cos(\omega_{\text{RF}}t + \phi_{\text{RF}})\cos(\omega_{\text{LO}}t + \phi_{\text{LO}})$$
$$= \frac{1}{2}\cos\left[(\omega_{\text{RF}} \pm \omega_{\text{LO}})t + (\phi_{\text{RF}} \pm \phi_{\text{LO}})\right] \tag{7.13}$$

　　由式(7.13)可知，通过改变本振信号的相位即可控制混频器输出的中频信号的相位，即控制接收信号的相位。移相器放置于本振路径具有两方面的好处，一方面它对移相器的插损和非线性等性能指标具有更大的容忍度，因此移相器的设计可以主要针对其移相精度和移相误差进行优化；另一方面，本振路径上引入的失配和噪声不会直接影响接收系统的信噪比。但该结构对干扰信号的抑

制只能在信号合成后的中频部分完成，因而对低噪声放大器和混频器的动态范围、噪声性能有更高的要求。

　　射频移相的相控阵接收机结构如图 7.11 所示，移相器位于射频信号路径，幅度控制通过增益可变低噪声放大器来实现。与中频移相结构和本振移相结构不同的是，射频移相结构的信号合成在射频端完成，并且所有阵列单元共享同一个混频器和本振信号源，大幅度减少了有源器件和电路模块的使用，从而减小了系统的面积和功耗。同时，干扰信号在射频信号合成后即被消除，还降低了系统对混频器和本振信号源等后续模块电路的动态范围(即线性度和噪声系数)要求。此外，射频移相器的面积较小，有利于多通道的大规模相控阵集成。当然，射频移相器需要较低的插入损耗，以至于不会降低系统的信噪比，但高工作频率的低损耗、宽带移相器是一个有巨大挑战性的模块电路。

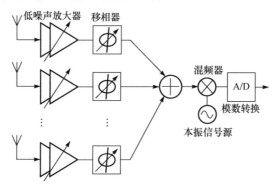

图 7.11　射频移相的相控阵接收机结构

　　数字移相的相控阵接收机结构如图 7.12 所示，信号的合成、幅度/相位控制均由数字处理器完成。该架构非常灵活，可以适用于其他用于空间分集的多天线系统，

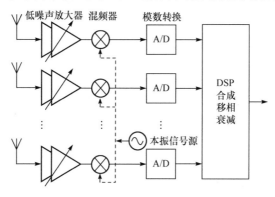

图 7.12　数字移相的相控阵接收机结构

如 MIMO 方案[8,9]。尽管该架构具有潜在的多功能性,但与前几种移相结构相比,数字基带相控阵结构使用的元件数量更多,导致面积更大,功耗更高。同时,由于没有在基带处理之前消除干扰信号,包括模数转换器在内的所有电路模块都需要具有大的动态范围以适应所有输入信号而没有失真。最重要的是,即使对于当今先进的数字技术,通过多个并行接收机处理和处理大量数据也是具有挑战性的。总之,除非更快、更高效的数字数据处理以更低的价格出现,否则数字移相结构仍然是实现多天线系统更为昂贵的解决方案。

　　表 7.2 是对 4 种有源相控阵架构优缺点的总结和对比。在毫米波频段的相控阵中,本振移相架构和射频移相架构具有更大的优势,在大规模多通道相控阵中,射频移相架构的高集成度优势更加明显,使用更为普遍。随着数字技术的发展,数字移相架构也逐渐突出。7.3 节会对各种不同架构的硅基毫米波有源相控阵进行详细分析和介绍。

表 7.2　有源相控阵架构优缺点对比

架构	优点	缺点
中频移相	移相器的移相精度、插损等指标容易实现	有源器件多、功耗大、面积大
本振移相	移相器和本振路径的性能容忍度高	低噪声放大器和混频器的动态范围要求高
射频移相	面积小、功耗低、集成度高,对混频器和本振信号源等后续模块电路的动态范围要求低	高频率的高精度、低损耗、宽带移相器实现难度巨大
数字移相	架构非常灵活,功能性强	功耗高,对数字处理器要求高

7.3　毫米波相控阵芯片实例分析

　　本节总结大量国内外迄今已实现的硅基毫米波相控阵收发芯片,如表 7.3 所示。采用的相控阵架构多为本振有源移相架构和射频有源移相架构,主要应用于车载雷达、卫星通信系统和 5G 通信系统[10-24]。

表 7.3　硅基毫米波相控阵收发芯片性能汇总

架构	性能									
	工作频率	工艺	移相精度	RMS相位误差	噪声系数/dB	接收增益/dB	发射增益/dB	输出功率/dBm	EIRP/dBm	应用领域	参考文献
中频移相	60GHz	90nm CMOS	—	—	—	—	15	0	—	短距离通信	[14]

续表

架构	性能										
	工作频率	工艺	移相精度	RMS相位误差	噪声系数/dB	接收增益/dB	发射增益/dB	输出功率/dBm	EIRP/dBm	应用领域	参考文献
本振移相	24GHz	0.18μm SiGe	22.5°	—	7.4	—	43	—	—	智能驾驶	[15]
	77GHz	0.13μm SiGe	—	—	8	37	40.6	12.5	24.5	智能驾驶	[16]、[17]
	77GHz	65nm CMOS	—	—	5.0	100.7	—	13.2	—		[10]
	94GHz	130nm SiGe	9°	—	12.5	—	—	6.4	18	FMCW雷达	[18]
射频移相	30~40GHz	130nm SiGe	11.25°	4°	8.4	17	14	20.5	—	武器装备	[11]
	Ku波段	130nm SiGe	5.625°	4.5°	6.5	17	−3	21.7	—	武器装备	[13]
	35~36GHz	130nm SiGe	11.25°	5.6°	9	0	2	4.7	—	卫星通信	[19]
	40~45GHz	0.18μm SiGe	22.5°	8.8°	—	—	12.5	−3.5	—	卫星通信	[20]
	60GHz	0.18μm SiGe	11.25°	8°	—	—	26	3	45		[21]
	28GHz	0.13μm SiGe	4.9°	1°	6.9	34	35	16	54	5G	[22]、[23]
	28GHz	0.18μm SiGe	5.6°	3.4°	5.3	14	14	12.5	43		[24]

7.3.1　国内硅基毫米波相控阵芯片实例

1. 77GHz 调频连续波雷达收发机

来自文献[10]的 77GHz 调频连续波雷达收发机由清华大学池保勇教授团队设计完成，主要针对汽车雷达应用，其系统框架如图 7.13 所示。

该雷达收发机采用本振移相结构，并且使用倍频方案来拓展啁啾信号的带宽，同时降低频率合成器的复杂度和本振信号分配网络的插入损耗。在倍频器中，作者提出了基于顶部注入耦合谐振器的宽锁定范围技术，保证在考虑足够工艺、电压、温度(process voltage temperature, PVT)变化余量的基础上，实现覆盖啁啾带宽所需注入功率的最小化，并因此降低本振信号分配网络的功耗。收发机的工作原理为：首先，由基于小数 N 分频的锁相环(phase-locked loop, PLL)频率合成器产生

38.5GHz 的 FMCW 信号，该 FMCW 信号分为两路，一路进入发射链路，经过 2
倍频器倍频为 77GHz 后，由功率放大器放大并输出至天线端；另外一路进入接收
链路，先经过信号分配网络分两路并经过移相器，再倍频为 77GHz 输入混频器的
本振端口，与接收信号进行混频后得到中频信号，两个接收路径的中频信号通过
跨阻抗放大器信号合成，再由模拟基带进行滤波和放大处理，最后输入 ADC 采
样端口。该 FMCW 收发机采用 65nm CMOS 工艺制造，整机测试结果的最大啁啾
带宽为 1.93GHz，最大发射功率为 12.9～13.2dBm，可编程接收转换增益为 47.8～
100.7dB，且整机功耗为 343mW，芯片面积为 4.64mm^2。

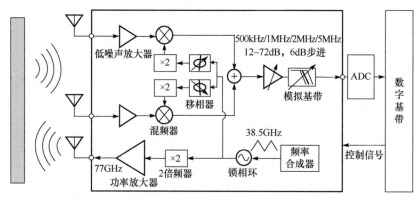

图 7.13　77GHz 调频连续波雷达收发机系统框架[10]

2. 30～40GHz 相控阵收发前端

来自文献[11]的 30～40GHz 相控阵收发前端由电子科技大学李强教授团队
设计完成，主要应用于高空防御系统的相控阵雷达中，其系统框架简图如图 7.14
所示。

该 30～40GHz 相控阵收发前端采用共腿式(common leg)结构，即接收通道和
发射通道共用移相器等多个电路模块，并且接收/发射两个通道通过 3 个单刀双掷
(single-pole double-throw, SPDT)开关切换使用。为了保证移相器的动态范围，作
者采用高低通滤波器式移相器结构，同时为了解决该结构插损较大的难题，又采
用补偿放大器(loss compensation amplifier, LCA)和移相单元间隔分布的结构来补
偿插损。对于低噪声放大器，作者采用基于三级共源共栅结构的分布式拓扑结构，
以获得较宽频率范围内的平坦增益响应和较好的输入/输出端口阻抗匹配。对于功
率放大器，作者通过提高电压摆幅的方式来实现较高的输出功率，在功率放大器
的输出级采用 4 重堆叠结构。

该相控阵收发前端采用 0.13μm SiGe 工艺实现，最终测试结果显示，在 30～

40GHz 频率范围内，该相控阵收发前端：接收通道的移相 RMS 误差小于 4°，最大增益 17dB，噪声系数低于 8.4dB；发射通道的移相 RMS 误差小于 3.7°，最大增益 14dB，1dB 压缩点输出功率约为 20.5dBm。基于类似结构，该作者还设计了 X 波段相控阵收发前端，见文献[12]。

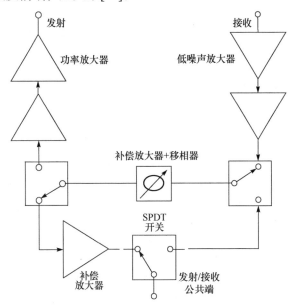

图 7.14　30～40GHz 相控阵收发前端基本架构[11]

3. Ku 波段相控阵收发前端

来自文献[13]的 Ku 波段相控阵收发前端(也称幅相多功能芯片)由中国电子科技集团公司第五十五研究所(即南京电子器件研究所)的李健康等设计完成，主要应用于某武器装备的相控阵雷达中，其系统框架简图如图 7.15 所示。

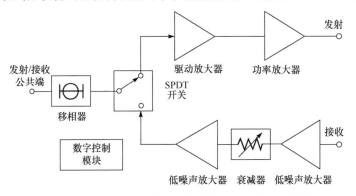

图 7.15　Ku 波段相控阵的收发前端基本架构[13]

　　该 Ku 波段相控阵收发前端采用共移相器结构，与共腿式结构不同的是，该结构的移相器位于收发路径切换后的公共路径，且仅需要 1 个 SPDT 开关即可实现发射和接收通道的切换，但对 SPDT 开关的隔离度要求较高。在接收通道，增加了衰减器来实现接收信号的幅度调控，并采用 RC 反馈结构实现了宽带的低噪声放大器；在发射通道，利用变压器功率合成技术实现了功率放大器的多路功率合成。为了进一步提高芯片集成度，还采用了片上集成的电源管理单元和数字逻辑控制单元。

　　该相控阵收发前端采用 0.13μm SiGe 工艺实现，测试结果显示在 Ku 波段(具体频率范围涉密)1GHz 带宽内，发射通道实现了 17dB 的发射增益和 21.7dBm 的饱和输出功率，接收通道实现了−3dB 的接收增益和小于 6.5dB 的噪声系数，且输入 1dB 压缩点为−8.5dBm。移相均方根误差小于 4.5°，移相寄生调幅小于 1.5dB，还实现了 0.5~32dB 的可控衰减量，芯片尺寸为 2.5mm×4.5mm。

　　此外，国内还有其他单位和专家学者也对硅基毫米波相控阵电路和系统芯片展开了大量的研究工作。例如，天津大学马凯学教授团队、东南大学洪伟教授团队、电子科技大学康凯教授团队等。

7.3.2　国外硅基毫米波相控阵芯片实例

　　相比于国内而言，国外的硅基毫米波相控阵技术起步更早，发展更快，技术也相对更加成熟，其中以美国的加利福尼亚大学伯克利分校、加利福尼亚大学圣迭戈分校等诸多高校，以及高通、IBM 等企业为代表，研制了一系列应用于军事装备、汽车雷达、无线通信等的相控阵芯片。下面以几个相控阵芯片为典型实例进行详细的介绍和分析。

　　1. 中频移相 60GHz 发射机

　　来自文献[14]的 60GHz 发射机由日本电气公司(Nippon Electric Company, NEC)的 Kishimoto 等合作完成，其系统框架如图 7.16 所示。

　　该发射机采用中频移相结构，且具有 6 个通道，每个通道包括射频前端、移相器和基带放大器，所有通道共用本振信号源。每个 60GHz 射频发射前端包括一个正交调制器、一个高增益放大器和一个功率放大器。正交调制器的本振信号由锁相振荡器提供，而锁相振荡器又由 30GHz 振荡器、分频器、相频检测器和片外低通滤波器组成。将分频器的分频比设置为 1/560 后，倍频器根据锁相振荡器的输出信号生成频率为 60.48GHz 的本振信号，本振信号通过本振驱动放大器放大后，再通过功率分配网络分配至 6 个射频前端中混频器的本振端口。为了可以独立控制每个通道中信号的相位,基带信号也通过功率分配网络分配至 6 个移相器,并且移相器通过切换基带信号路径，每π/2 即可改变射频信号的相位。该发射机芯片的尺寸为 5mm×2.5mm，在 1.0V 电源电压下消耗 960mW 功率，每个射频前端具有 15dB 的转换增益和 600MHz 的 3dB 带宽，在 1dB 压缩点具有 0dBm 的输出功率，通过控制移相器，可以实现从 0°到 60°的波束扫描。

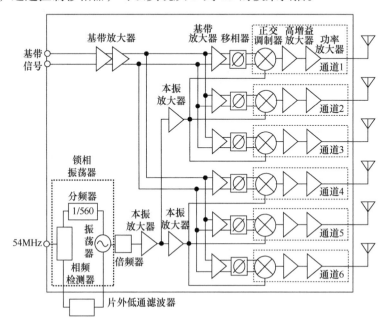

图 7.16 采用中频移相的 60GHz 发射机相控阵系统框架[14]

2. 24GHz 全集成相控阵接收机

来自文献[15]的 24GHz 全集成的 8 通道相控阵接收机由美国加州理工学院 Ali Hajimiri 教授团队设计完成，这是应用于超高速无线通信系统和雷达的第一款微波频段全集成硅基相控阵接收机，其系统框架如图 7.17 所示。

该接收机采用基于本振移相结构的外差式接收拓扑，具有 8 个射频接收通道，每个射频通道前端由一个基于退化电感结构的 2 级共发射极低噪声放大器和一个双平衡的吉尔伯特型混频器组成，多通道的信号合成在 4.8GHz 的中频信号处完成，并在第一次下变频的本振端口处实现分辨率为 22.5°的移相功能。第一次下变频的本振信号频率为 19.2GHz 且具有 16 个不同相位，该本振信号由环形差分 LC 压控振荡器产生，并依靠三阶锁相环和外部的 75MHz 频率参考源来进行锁定，最后通过一组八路相位选择器独立地将本振信号提供给各个通道中射频混频器的本振端口；第二次下变频的本振信号由同一个频率综合器产生的 19.2GHz 信号进行 4 分频得到。该接收机基于 SiGe BiCMOS 实现，每个接收通道的增益为 43dB，噪声系数为 7.4dB，IIP3 为 11dBm。8 路多通道阵列实现了 61dB 的阵列增益和 20dB

的空比峰值，并将输出端的信噪比提高了 9dB。

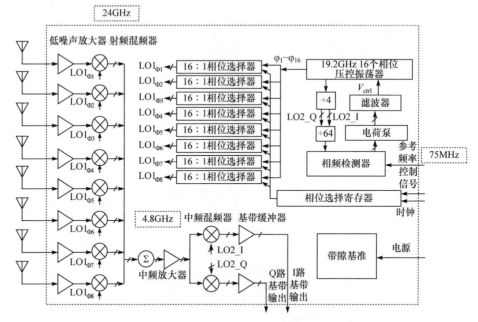

图 7.17　24GHz 全集成相控阵接收机系统框架[15]

3. 77GHz 全集成相控阵收发机

来自文献[16]和文献[17]的带硅基片上天线的 77GHz 相控阵收发机同样由美国加利福尼亚理工学院 Ali Hajimiri 教授团队设计完成。这是第一款全集成的相控阵收发机芯片，其发射机和本振移相的实现发表于文献[16]，发射机系统框架如图 7.18 所示，接收机和硅基片上天线的实现发表于文献[17]，接收机系统框架如图 7.19 所示。

77GHz 全集成相控阵收发机具有 4 个收发通道，接收通道(RX)和发射通道(TX)共享一个本振信号发生电路，并且每个接收和发射通道都包含一个独立的移相器，该移相器为接收和发射通道中的上变频或下变频混频器提供具有特定相位的本振信号，从而实现波束控制。此外，整个收发机还具有集成的硅基片上天线。

全集成 77GHz 相控阵发射机压控振荡器系统框架如图 7.18 所示，发射机采用两次上变频方案，中频频率为 26GHz。片上压控振荡器产生发射通道中第二次上变频(以及接收通道中的第一次下变频)所需的 52GHz 本振信号，同时通过二分频正交注入锁定技术提供发射通道中第一次上变频(以及接收通道中的第二次下变频)所需的正交 26GHz 信号。在工作频率为 77GHz 时，每个功率放大器的最大饱和功率为+17.5dBm，外差式发射机的每个通道具有+12.5dBm 的输出功率，带宽为 2.5GHz，4 个通道总的有效全向辐射功率(equivalent isotropic radiated power,

EIRP)为 24.5dBm。

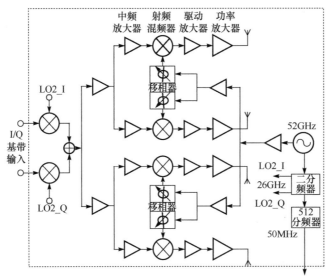

图 7.18　77GHz 相控阵发射机系统框架[16]

77GHz 相控阵接收机系统框架如图 7.19 所示,接收机具有完整的下变频通道,

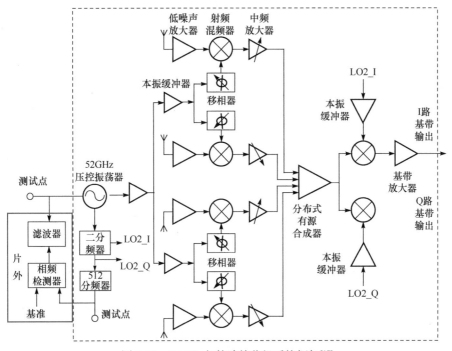

图 7.19　77GHz 相控阵接收机系统框架[17]

包括低噪声放大器、射频混频器、频率合成器、中频放大器、移相器、分布式有源合成器、基带放大器和片上偶极天线等。4 个通道信号的合成在 26GHz 中频处使用新型分布式有源组合放大器来完成，背面的硅透镜用于减少硅衬底表面波功率造成的损耗。测量结果显示，在工作频率为 77GHz 时，低噪声放大器单元的增益为 23dB，噪声系数为 6.0dB，而每个接收通道获得了 37dB 的增益和 8.0dB 的噪声系数，并且每个片上偶极天线具有+2dBi 的增益。

整个相控阵收发系统基于 SiGe BiCMOS 加工实现，总芯片尺寸为 6.8mm×3.8mm，发射机和接收机的面积分别约为 17mm² 和 9mm²。

4. 94GHz FMCW 雷达收发机

来自文献[18]的 94GHz FMCW 雷达收发机由美国加利福尼亚大学伯克利分校 Ali M. Niknejad 教授团队设计完成。该雷达收发机主要针对低功耗移动设备的手势识别应用，所以在保持 FMCW 正常链路预算的同时，采用相控阵技术来降低总的直流功耗，其系统框架如图 7.20 所示。

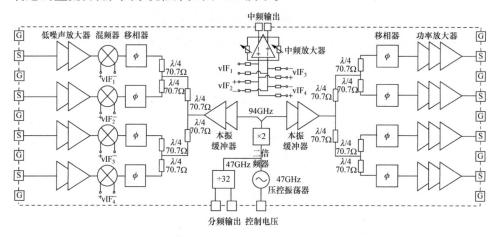

图 7.20　94GHz FMCW 雷达收发相控阵系统框架[18]

该 FMCW 雷达收发机基于本振移相结构，在片上集成了四路发射、四路接收和本振信号发生器，并实现了天线的一体化封装。为了简化封装内天线模块馈电网络布线的复杂度，发射和接收阵列都选择了规模较小的四通道阵列，并且在发射和接收通道之间共享由压控振荡器、倍频器和分频器组成的本振信号发生电路。片外锁相环用于实现本振信号频率的调谐和锁定，并实现 FMCW 信号的斜坡特性。

雷达收发机基于 130nm SiGe BiCMOS 加工实现，芯片面积为 3.7mm×2.2mm，

发射和接收阵列分别位于芯片的左右两侧。测试结果显示，在 W 波段，雷达收发机每个发射通道的功耗为 106mW，每个接收通道的功耗为 91mW。在工作频率为 94GHz 时，每个发射通道的输出功率为 6.4dBm，每个接收通道的单边带噪声系数为 12.5dB。最终，该雷达收发机阵列实现±20°的波束控制范围，同时保持至少 3dB 的主瓣至旁瓣电平。雷达实验表明，在 3.68GHz 的射频扫描带宽下，该雷达收发机可实现 5cm 以下的分辨率。

5. Ka 波段低功耗相控阵收发机

来自文献[19]的 Ka 波段 4 通道低功耗相控阵收发机由加利福尼亚大学圣迭戈分校的 Gabriel M. Rebeiz 教授团队设计完成，其系统框架如图 7.21 所示。

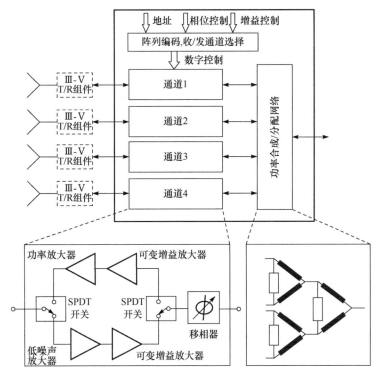

图 7.21 Ka 波段相控阵收发机系统框架[19]

该相控阵收发机采用 4 通道射频移相结构，具有四个天线端口和一个射频公共端口，每个通道中的接收和发射模式通过 SPDT 开关切换工作，并使用同一个无源移相器实现相位的控制，幅度的控制通过可变增益放大器实现，最后四个通道的信号合成和分配由 4∶1 威尔金森无源功率合成/分配网络完成，系统还集成了相位和幅度的数字控制模块。在电路实现结构中，尽管差分结构可以实现较低的通道间耦合，但作者认为单端设计具有较低的功耗和较小的面积，在设计良好的情况下仍然可以获得优异的性能，因此整个芯片的电路均采用单端实现。

最终测试结果显示，5 位移相器的相位误差均方根值小于 5.6°，在接收模式下，每个通道的噪声系数为 9dB，平均增益为 0dB，输入 1dB 压缩点功率为−16dBm；在发射模式下，最大输出功率为+5dBm。在 1.8V 电源电压供电下，4 通道在接收模式和发射模式下的功耗分别为 142mW 和 171mW，芯片面积仅为 2.0mm×2.02mm。

6. 40～45GHz 16 通道相控阵发射机

来自文献[20]的 40～45GHz 16 通道相控阵发射机由加利福尼亚大学圣迭戈分校的 Gabriel M. Rebeiz 教授团队设计完成，主要针对 Q 波段的卫星应用，其系统框架如图 7.22 所示。

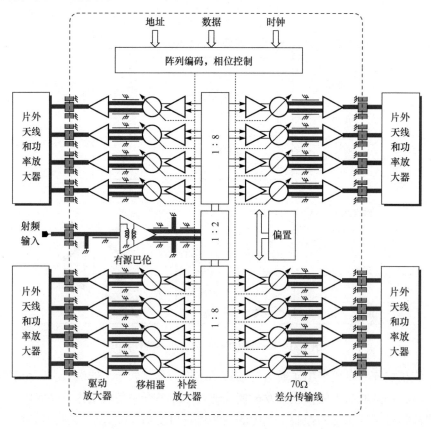

图 7.22　40～45GHz 16 通道相控阵发射机[20]

该 16 通道相控阵发射机采用基于有源射频移相器和共用馈电网络的射频移

相结构。单端的射频输入信号通过有源平衡-不平衡转换器后转换为差分信号，然后进入共用馈电网络实现 1:16 的功率分配。作为共用馈电网络的核心部分，1:16 的功率分配器结合了 1:2 有源功率分配器、两个 1:8 无源树形功率分配器和宽边耦合带状线结构，以此来实现损耗、线性度和功耗之间的折中，同时为了减小共用馈电网络的面积，1:8 无源树形功率分配器还采用了类似同轴线的屏蔽差分传输线结构。在功率分配器之后，信号进入阵列通道，每个阵列通道由损耗补偿放大器、4 位数字移相器和 50Ω 驱动放大器组成。损耗补偿放大器补偿了 1:8 无源树形功率分配器引入的 9dB 功率分配损耗，其输出信号再驱动移相器内部的 I/Q 正交网络，有源移相器采用相位插值技术，通过对差分 I/Q 正交信号添加适当的权重来生成所需的不同相位，并且使用 DAC 来控制信号的幅度权重，从而实现对相位的数字控制。最后，驱动放大器将差分信号转换为单端信号，并通过传输线将信号输送至芯片的输出端口。

相控阵发射机芯片与片外的高效率磷化铟(InP)功率放大器和使用互连苯并环丁烯(BCB)层构建的微带天线相连接，组成完整的相控阵发射机。相控阵发射机芯片采用 0.18μm SiGe BiCMOS 工艺加工实现，芯片面积为 2.6mm×3.2mm，在 5V 电源电压供电下的功耗为 720mA。测试结果显示，相控阵发射机在 42.5GHz 时每通道的平均功率增益为 12.5dB，最大饱和输出功率为(−2.5±1.5)dBm，3dB 增益带宽为 39.9～45.6GHz。在所有相位状态下，工作频率为 40～45GHz，相控阵发射机 16 个通道的增益变化均方根值小于 1.8dB，相位变化均方根值小于 7°。

7. 60GHz 64/256 通道相控阵发射机

来自文献[21]的 60GHz 64/256 通道相控阵发射机由加利福尼亚大学圣迭戈分校的 Gabriel M. Rebeiz 教授团队设计完成，这是在单个晶圆上首次演示大尺寸(64 和 256 通道)相控阵发射机，其 64 通道发射机的系统框架如图 7.23 所示。

64 通道的相控阵发射机由四个相控阵子阵列组成，每个子阵列具有 16 个发射通道，每个通道包括 5 位相位控制和 3 位(9dB)幅度控制，每个子阵列带有功率放大器、移相器、功率分配网络、线性放大器、本地 SPI 控制器和一个与热力学温度成正比(proportional-to-ambient-temperature, PTAT)的电流源。本地 SPI 数字模块控制子阵列中每个通道的增益和相位、线性放大器的增益以及子阵列的偏置电流。每个子阵列还存在外部偏置引脚，用于额外的电流控制。输入信号通过带有线性放大器的功率分配网络为四个相控阵子阵列馈电，并且该相控阵发射机在左右两侧具有两个射频信号馈送端口(图 7.23 中的射频输入 RF_{IN} 和备用射频输入 Red.RF_{IN})，备用射频输入 Red.RF_{IN} 用于冗余，保证分配网络中线性放大器故障时还能继续馈电。每个 16 通道的子阵列也有两个射频信号馈送端口：一个馈送端口连接到主片上的功率分配网络；另一个馈送端口在子阵列芯片的边缘以获得额外的冗余。这些冗余处理，可以保证阵列具有更高的产量。

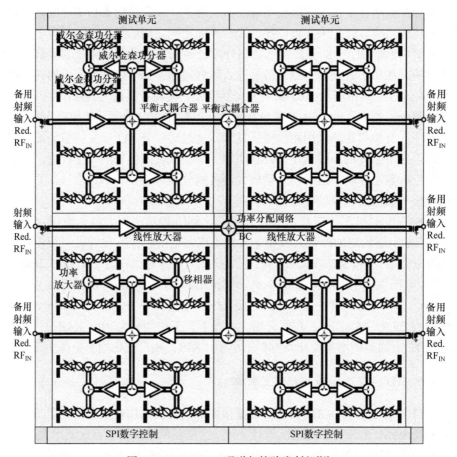

图 7.23　60GHz 64 通道相控阵发射机[21]

64 通道发射机构建了完整的掩模板，256 通道发射机采用与 64 通道发射机相同的相控阵子阵列块，但通过子掩模板拼接技术(sub-reticle stitching techniques)实现组合，以便产生比标准掩模板尺寸(22mm×22mm)更大的芯片。

64 和 256 通道阵列芯片在 E 面和 H 面上的半功率波束宽度分别为 12°和 6°，方向性分别为 23dB 和 29dB，在 E 面和 H 面上进行±55°扫描，其方向图接近理想值，并且交叉极化电平小于−30dB。在 62GHz 处，64 通道阵列芯片的等效全向辐射功率为 38dBm，3dB 带宽为 61～63GHz，而 256 通道阵列芯片的等效全向辐射功率在 61GHz 处为 45dBm，3dB 带宽为 58～64GHz。在一个传输速率为 1～4Gbit/s 的通信系统采用该 64 通道阵列，并在 4m、30m 和 100m 的范围内测试，扫描角度最大可以实现±45°。

8. 32 通道 28GHz 双极化相控阵收发机

来自文献[22]和文献[23]的 32 通道 28GHz 双极化相控阵收发机是由 IBM 和爱立信携手推出的世界首款应用于 5G 通信系统的硅基毫米波相控阵芯片，其系统框架如图 7.24 所示。

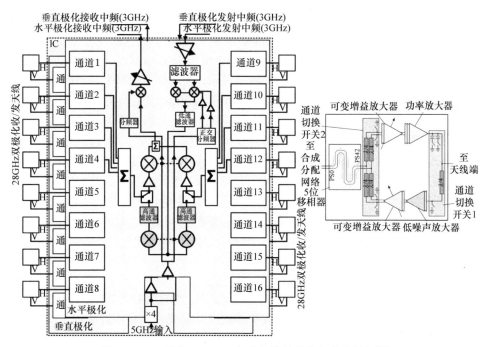

图 7.24　32 通道 28GHz 双极化相控阵收发机芯片框架[22]

该相控阵收发机具有 32 个通道，包括两个独立的 16 通道相控阵收发机(TRX)，可在接收或发射模式下同时实现两个独立的 16 单元波束。为了控制芯片面积，最大限度地减少电路元件的总数，该相控阵收发机采用射频移相结构。同时，为了方便相控阵芯片与 16 个双极化封装天线之间的连接，从而支持 H 和 V 双极化的同步波束，32 个通道都具有独立的单端接收/发射射频端口。

每个 28GHz 射频前端在时分双工操作中共享接收和发射之间的天线、无源双向射频移相器和无源双向功率合成器/分配器等组件，并且这些组件的共享是通过在每个组件上使用收发通道切换开关实现的。在接收路径，天线的接收信号通过通道切换开关 1 之后依次通过单端低噪声放大器、有源平衡-不平衡转换器、相位不变的可变增益放大器，然后通过通道切换开关 2 进入移相器和功率合成器。在发射路径，信号先通过移相器和功率分配器，然后通过通道切换开关 2 后依次进入可变增益放大器、单端功率放大器，最后通过通道切换开关 1 进入天线发射。

该相控阵收发机采用具有 7.34GHz 内部中频和 3GHz 外部中频的两级滑动中

频转换接收架构来配合射频前端进行信号的调制和解调。相控阵多通道的功率合成/分配共分两步完成：首先，两组八个信号在射频处使用无源功率合成器/分配器进行合成/分配；其次，这两组信号在7.34GHz内部中频处进一步完成最终的合成/分配。在接收模式下，射频混频器输出端的信号通过线性中频混频器进行下变频，然后通过线性可变增益放大器实现3GHz中频信号的放大。在发射模式下，中频混频器采用哈特里镜像抑制架构，后接低通滤波器，而为了降低镜像和本振杂散信号的影响，射频混频器后接高通滤波器。

32通道的28GHz相控阵收发机采用130nm SiGe BiCMOS工艺加工实现，芯片面积为10.5mm×15.8mm。芯片在片测试显示，该射频前端每个通道的输出1dB压缩点功率与饱和输出功率分别为13.5dBm和16dBm，并且具有±15dB的增益控制和±4dB的恒定相位增益控制，功率放大器(包括开关和处于关闭模式的低噪声放大器)的峰值功率附加效率大于20%，同时保持低噪声放大器(包括开关和处于关闭模式的功率放大器)具有6dB的噪声系数。具有4个相控阵芯片和64个双极化天线的封装芯片可以提供8个16单元或2个64单元的波束，在±50°的扫描范围内实现精度为1.4°的波束控制，且相位误差均方根值小于0.6°。对于每个极化，在宽边方向上测量的最大饱和有效全向辐射功率达54dBm，无须校准地逐渐减小控制即可实现高达20dB的旁瓣抑制，而不会影响主瓣的方向。

9. 可扩展32通道28GHz相控阵收发机

来自文献[24]的低成本可扩展32通道28GHz相控阵收发机由加利福尼亚大学圣迭戈分校的Gabriel M. Rebeiz教授团队设计完成，这是一种适用于5G通信系统的可扩展相控阵架构，其2×2波束成形单元框架如图7.25所示，基于2×2波束成形单元的N×N可扩展5G相控阵芯片框架如图7.26所示。

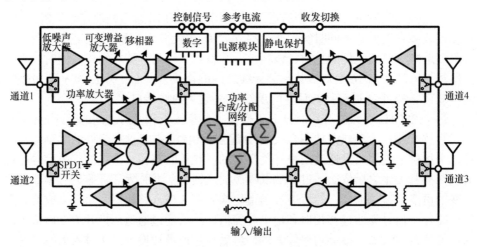

图7.25　2×2波束成形单元框架[24]

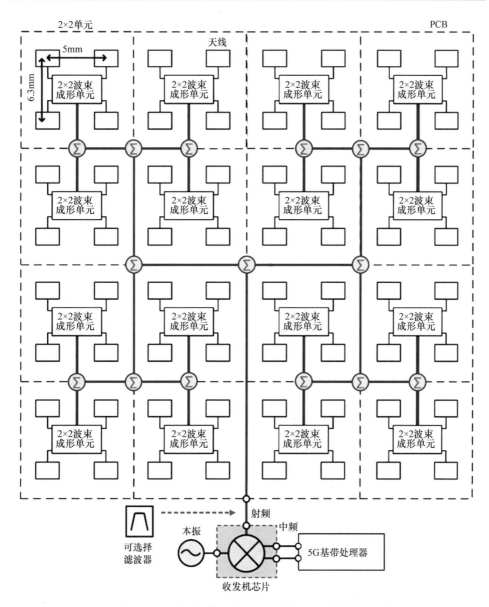

图 7.26　基于 2×2 波束成形单元的 N×N 可扩展 5G 相控阵芯片框架[24]

　　2×2 波束成形发射/接收单元芯片包含四个发射/接收通道,相位和增益控制采用全射频波束成形架构,并且采用倒装技术进行封装,最后将这些单元芯片放置在 PCB 的一侧,天线位于 PCB 的另一侧。由于核心芯片仅包含四个通道,所以需要设计独立的收发器芯片用于和中频(或基带)信号的上/下频率变换,并且可根据系统要求每 16、32 或 64 个单元放置一个收发器芯片,即实现了通道数量的可扩展。

与之前在单个芯片上依赖大量元件的工作相比，该架构具有显著的优势。

(1) 从芯片到天线馈电的路径距离实现了最小化，这大大减少了损耗并改善了系统噪声系数和发射功率，因此在相同的孔径尺寸和功耗下可以实现更长的链路距离。

(2) 阵列可以在保持对称的同时缩放到任意大小的阵列规模。以图 7.26 所示的 64 通道(8×8)阵列为例，阵列的信号合成/分配在 PCB 上用威尔金森网络实现，而收发器芯片仅放置在收发公共端口处。为了增大信号的覆盖范围，基站可能需要 64～256 个通道才能满足有效全向辐射功率的需求，而终端用户设备可能只需要 16～32 个通道。这种架构允许使用相同的硅波束成形器芯片来实现。

(3) 可扩展的阵列结构促成更稳健的设计和孔径上的均匀热分布。如果其中一个核心芯片不工作或性能不佳,则会导致 32～256 个元件中仅有四个元件丢失,并且与具有 16 个通道的芯片丢失相比,对系统性能的影响最小。这种架构还将主要由功率放大器产生的热量散布在孔径上,而不是将其限制在阵列中心的单个大芯片上。这使冷却阵列变得更加容易,从而产生更稳健的性能。

(4) 与具有大规模阵列的相控阵芯片相比,本节的芯片架构由于 I/O 端口的数量减少,所以可以在 PCB 上直接倒装 2×2 个波束成形器芯片而不需要多层层叠中介层。由于路径复杂性最小,并且相控阵中的多个芯片没有本振或中频分配网络,这也促进了 PCB 的数量减少和成本降低。

(5) 通过分离相控阵前端芯片和收发器芯片,该架构提供了极大的灵活性。这种双芯片解决方案允许将不同的 IC 工艺用于波束成形器芯片和收发器芯片。例如,射频波束成形器可以采用功率密度高、噪声低的 SiGe 工艺,而收发器芯片可以采用高集成度的 CMOS 工艺,并且可以集成基带。另外,还可以在收发器芯片之前放置一个具有尖锐抑制响应的多级极点滤波器,从而大大减少带外干扰并消除本振端口的辐射(在基于中频的架构中)。

该架构的一个缺点是,收发器需要补偿威尔金森网络的额外欧姆损耗,并需要提供较高的输出功率来驱动阵列。通过在 PCB 上每 64 个或 128 个通道采用双向线路放大器来补偿这种欧姆损耗,或者通过每 64 个通道放置一个收发器并降低输出功率水平,可以在 256 个通道的阵列中减轻这种影响。对 16、32 和 64 通道阵列的仿真表明,不需要额外的线路放大器。

相控阵收发机芯片采用 SiGe BiCMOS 工艺加工实现,2×2 波束成形单元芯片的面积为 2.5mm×4.7mm。在接收模式下,单元芯片的每个通道的功耗为 130mW,且具有 4.6dB 噪声系数和−22dBm 的输入 1dB 压缩点功率;在发射模式下,单元芯片的每个通道的功耗为 200mW,且具有 10.5dBm 的输出 1dB 压缩点功率、6 位的相位控制和 14dB 的增益控制,在增益控制范围内的相位变化仅为±3°,还允许可变增益放大器和移相器之间的正交性。为了在 100m 距离实现较高的有效全向辐射功率和 Gbit/s 量级的传输速率，相控阵收发机采用了 32 通道阵列，即由 8 个 2×2 波束成形单元组成。没有任何相位或幅度校准的情况下，32 通道的阵列在 1dB 压缩点处具有 43dBm 的有效全向辐射功率和 45dBm 的饱和有效全向辐射功率，以及 5.2dB 的系统噪声系数，其扫描方位角和仰角分别为±50°和±25°，且旁瓣小于−12dB。

7.4 小 结

本章主要就毫米波相控阵技术进行了初步的探讨，介绍了其在军事对抗、智能驾驶和 5G 移动通信中的发展与应用情况，并从相位扫描原理和系统架构两方面简要分析了相控阵的基础理论，最后以国内外的相控阵芯片为实例，对其架构、原理和性能进行了详细的分析。本章内容的介绍与分析，希望可以帮助读者对毫米波相控阵技术有一个从理论原理到芯片实现的完整认识。

参 考 文 献

[1] 张光义. 相控阵雷达技术. 北京: 电子工业出版社, 2006.

[2] Jonsson P, Carson S, Svenningsson R, et al. 爱立信移动市场报告. 北京: 爱立信(中国)通信有限公司, 2018.

[3] 曹淑敏. 5G 愿景与需求. 北京: IMT-2020 (5G)推进组, 2014.

[4] Ngo H Q, Larsson E G, Marzetta T L. Energy and spectral efficiency of very large multiuser MIMO systems. IEEE Transactions on Communications, 2013, 61(4): 1436-1449.

[5] Marzetta T L. Non-cooperative cellular wireless with unlimited numbers of base station antennas. IEEE Transactions on Wireless Communications, 2010, 9(11): 3590-3600.

[6] Stutzman W L. 天线理论与设计. 2 版. 北京: 人民邮电出版社, 2006.

[7] Parker D, Zimmermann D C. Phased arrays-part 1: Theory and architectures. IEEE Transactions on Microwave Theory and Techniques, 2002, 50(3): 678-687.

[8] Rappaport T S. Wireless Communications: Principles and Practice. Upper Saddle River: Prentice Hall PTR, 1996.

[9] Alamouti S M. A simple transmit diversity technique for wireless communications. IEEE Journal on Selected Areas in Communications, 1998, 16(8): 1451-1458.

[10] Jia H, Kuang L, Zhu W, et al. A 77GHz frequency doubling two-path phased-array FMCW transceiver for automotive radar. IEEE Journal of Solid-State Circuits, 2016, 51(10): 2299-2311.

[11] Liu C, Li Q, Li Y, et al. A Ka-band single-chip SiGe BiCMOS phased-array transmit/receive front-end. IEEE Transactions on Microwave Theory and Techniques, 2016, 64(11): 3667-3677.

[12] Liu C, Li Q, Li Y, et al. A fully integrated X-band phased-array transceiver in 0.13μm SiGe BiCMOS technology. IEEE Transactions on Microwave Theory and Techniques, 2016, 64(2):

575-584.

[13] 李健康, 沈宏昌, 陈亮, 等. Ku 波段 SiGe 幅相多功能芯片设计. 固体电子学研究与进展, 2017, 37(1): 15-20.

[14] Kishimoto S, Orihashi N, Hamada Y, et al. A 60-GHz band CMOS phased array transmitter utilizing compact baseband phase shifters// Radio Frequency Integrated Circuits Symposium, Boston, 2009: 215-218.

[15] Hashemi H, Guan X, Komijani A, et al. A 24-GHz SiGe phased-array receiver-LO phase-shifting approach. IEEE Transactions on Microwave Theory and Techniques, 2005, 53(2): 614-626.

[16] Natarajan A, Komijani A, Guan X, et al. A 77-GHz phased-array transceiver with on-chip antennas in silicon: Transmitter and local LO-path phase shifting. IEEE Journal of Solid-State Circuits, 2006, 41(12): 2807-2819.

[17] Babakhani A, Guan X, Komijani A, et al. A 77-GHz phased-array transceiver with on-chip antennas in silicon: Receiver and antennas. IEEE Journal of Solid-State Circuits, 2006, 41(12): 2795-2806.

[18] Townley A, Swirhun P, Titz D, et al. A 94-GHz 4TX–4RX phased-array FMCW radar transceiver with antenna-in-package. IEEE Journal of Solid-State Circuits, 2017, 52(5): 1245-1259.

[19] Kang D W, Kim J G, Min B W, et al. Single and four-element Ka-band transmit/receive phased-array silicon RFICs with 5-bit amplitude and phase control. IEEE Transactions on Microwave Theory and Techniques, 2009, 57(12): 3534-3543.

[20] Koh K J, May J W, Rebeiz G M. A millimeter-wave (40-45GHz) 16-element phased-array transmitter in 0.18-μm SiGe BiCMOS technology. IEEE Journal of Solid-State Circuits, 2009, 44(5): 1498-1509.

[21] Zihir S, Gurbuz O D, Kar-Roy A, et al. 60-GHz 64-and 256-elements wafer-scale phased-array transmitters using full-reticle and subreticle stitching techniques. IEEE Transactions on Microwave Theory and Techniques, 2016, 64(12): 4701-4719.

[22] Sadhu B, Tousi Y, Hallin J, et al. A 28GHz 32-element phased-array transceiver IC with concurrent dual polarized beams and 1.4 degree beam-steering resolution for 5G communication// IEEE International Solid-State Circuits Conference (ISSCC), San Francisco, 2017: 128-129.

[23] Sadhu B, Tousi Y, Hallin J, et al. A 28-GHz 32-element TRX phased-array IC with concurrent dual-polarized operation and orthogonal phase and gain control for 5G communications. IEEE Journal of Solid-State Circuits, 2017, 52(12): 3373-3391.

[24] Kibaroglu K, Sayginer M, Rebeiz G M. A low-cost scalable 32-element 28-GHz phased array transceiver for 5G communication links based on a 2 × 2 beamformer flip-chip unit cell. IEEE Journal of Solid-State Circuits, 2018, 53(5): 1260-1274.

第8章 全集成毫米波通信收发机

如同第 1 章所述，高数据率通信是毫米波的主要应用领域之一。本章将在前面各章内容的基础上，结合我们的科研工作，详细讨论两项 60GHz 毫米波通信收发机芯片的设计技术[1,2]。其中 8.1 节将从频率规划、链路预算和带宽分配三个方面介绍毫米波通信收发机的系统设计；8.2 节讨论一项全集成 60GHz QPSK 无线收发芯片的设计技术；8.3 节讨论一项兼容 IEEE 802.11ad 标准的 60GHz 无线收发芯片的设计技术。

8.1 毫米波通信收发机系统设计

8.1.1 频率规划

在通信收发机芯片设计中，系统的频率规划与系统结构和频率综合器的设计直接相关，需要优先考虑。在毫米波频段，频率综合器主要面临以下三个设计挑战[3]：①毫米波振荡信号的产生；②毫米波分频器的实现；③毫米波本振信号分配网络的设计。频率综合器的性能直接影响系统的无线收发性能，因此，高性能频率综合器的设计难度是频率规划的主要考虑因素。此外，在无线收发系统结构选择时，还需要综合考虑直流失调、镜像抑制等问题[4]。

零中频和超外差是无线收发机芯片通常采用的两种主流的系统结构，在 60GHz 的 CMOS 无线收发机芯片中也被广泛应用。为了提高频谱利用率，实现高数据率传输，无线收发机中通常需要产生正交(in-phase/quadrature-phase, I/Q)信号。以下均以输出正交信号的接收机为例，对零中频和超外差的系统结构进行比较。

输出正交信号的零中频接收机有两种实现方式，如图 8.1(a)和图 8.1(b)所示。这两种方式都将天线接收的有用信号下变频至零频处，理想情况下没有镜像抑制问题。由于只需要进行一次变频操作，所以系统结构比较简单。

然而，图 8.1 中的两种实现方式都需要片上提供 60GHz 的本振信号。毫米波频段的压控振荡器谐振腔的 Q 值主要受限于容抗管器件的 Q 值[5]，并随着谐振腔频率升高而显著降低，严重影响压控振荡器的相位噪声性能，给低相位噪声的 60GHz 压控振荡器设计带来巨大挑战。此外，图 8.1(a)的实现方式需要产生正交的 60GHz 本振信号，将进一步恶化相位噪声。同时，工作在如此高频的本振分配网络，稍不对称的版图布局或走线寄生都会导致较大的 I/Q 失配，恶化接收机的解调性能。图 8.1(b)的方式虽然无须 I/Q 本振信号，但对 60GHz 频段的有用信号进行 90°移相仍然是一个极具挑战性的任务。此外，直流失调问题在零中频接收机中较为严重，本振泄漏、射频泄漏和二阶非线性等非理想效应都会恶化接收机性能。尤其在毫米波频段，电路中寄生电容呈现较低的阻抗，下混频器中本振信号和射频信号的相互泄漏更为严重。

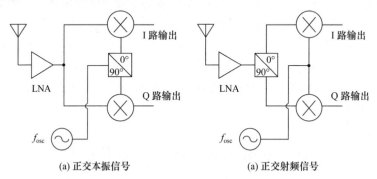

(a) 正交本振信号　　　　　　　　　　(a) 正交射频信号

图 8.1　输出正交信号的零中频接收机示意图

相对于零中频结构，超外差结构在直流失调和高性能频率综合器的实现方面具有优势，但同时会引入镜像抑制的问题。采用二次变频技术的超外差结构在高性能频率综合器的实现方面的优势表现为以下两点：①采用超外差结构，系统所需本振信号的最高频率低于毫米波有用信号中心频率($f_{LO1} < f_{RF}$)，相对于零中频结构，本振频率降低，压控振荡器谐振腔的 Q 值随之提高，从而获得更好的相位噪声性能；②系统所需的正交本振信号的频率(f_{LO2})也大为降低，缓解了正交本振分配网络的设计压力，更好的 I/Q 本振匹配可以提升接收机的解调性能。

在超外差结构的接收机设计中，镜像抑制是需要仔细考虑的问题。在 10GHz 以下的频段，无线应用丰富，频谱非常拥挤，如果镜像频率处的干扰信号比射频有用信号的功率高很多，镜像信号经过射频下变频后会将有用信号淹没。因此，在接收机下变频之前需要采用镜像抑制滤波器来抑制镜像信号。而对 60GHz 无线收发系统而言，一方面，镜像信号频率处频谱较为干净，干扰较小；另一方面，射频有用信号频率 f_{RF} 与镜像信号频率 f_{img} 相距较远，因此射频下混频器射频输入端口具有的带通特性可以作为天然的镜像抑制滤波器，从而有效缓解镜像信号的影响。

图 8.2 为输出正交信号的二次变频超外差结构接收机示意图。第一次下变频(射频下变频)和第二次下变频(I/Q 下变频)的本振信号频率分别由压控振荡器的输出频率经过 M 倍频和 N 分频后得到。f_{RF}、f_{img} 和 f_{osc} 之间关系如下：

$$f_{\text{RF}} - M \cdot f_{\text{osc}} = f_{\text{osc}} / N \tag{8.1}$$

$$M \cdot f_{\text{osc}} - f_{\text{img}} = f_{\text{osc}} / N \tag{8.2}$$

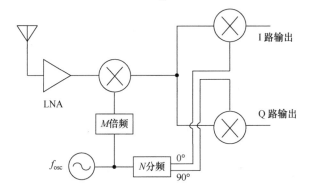

图 8.2　输出正交信号的二次变频超外差结构接收机示意图

由式(8.1)和式(8.2)可以得出超外差系统中频率综合器振荡频率、一级本振频率 f_{LO1}、二级本振频率 f_{LO2} 和镜像信号频率的表达式，分别如下：

$$f_{\text{osc}} = \frac{N}{1 + MN} f_{\text{RF}} \tag{8.3}$$

$$f_{\text{LO1}} = M \cdot f_{\text{osc}} = \frac{MN}{1 + MN} f_{\text{RF}} \tag{8.4}$$

$$f_{\text{LO2}} = f_{\text{osc}} / N = \frac{1}{1 + MN} f_{\text{RF}} \tag{8.5}$$

$$f_{\text{img}} = \frac{MN - 1}{1 + MN} f_{\text{RF}} \tag{8.6}$$

不同的 M/N 取值对应不同的频率规划方案。表 8.1 列举了当 f_{RF} 为 60GHz 时的三种频率规划方案。其中方案一的 f_{osc} 最低，因此低相位噪声的压控振荡器相对最容易实现，但部分设计难度转移到二倍频器的设计上。毫米波倍频器通常损耗较大，在输出端需要采用额外的放大器将输出信号驱动到足够的幅度。方案一的 f_{LO2} 也是最低的，简化了 I/Q 本振信号的产生和分配网络设计，但在数据率很高的应用中，由于带宽较大，I/Q 下混频器会承受很大的带宽压力。方案二无须倍频器，同时 f_{osc} 的值适中，但由于 f_{LO1}、f_{LO2} 与中频信号的中心频率一致，射频下混频器和 I/Q 下混频器中会存在较大的信号泄漏，导致直流失调，而且 f_{osc} 的三阶谐波也会对接收机造成干扰。方案三的 f_{osc} 最高而 f_{LO2} 适中，一级本振信号产生和 I/Q 本振信号分配均有一定的设计挑战，同时直流失调和镜像信号问题较小，是一种较为适合的频率规划方案。

表 8.1　60GHz 超外差无线收发芯片的三种频率规划方案

方案	M	N	f_{osc}/GHz	f_{LO1}/GHz	f_{LO2}/GHz	f_{img}/GHz
方案一	2	2	24	48	12	36
方案二	1	1	30	30	30	0
方案三	1	2	40	40	20	20

8.1.2　链路预算

在通信收发机芯片的设计中，需要根据目标传输距离、数据率、调制方式以及可用的天线增益来确定发射机的输出功率和接收机的噪声系数指标。

接收机通过天线接收发射机天线发射的信号，其输入信号功率为

$$P_{RX}(dBm) = P_T(dBm) - PL_d(dB) + G_T(dB) + G_R(dB) \tag{8.7}$$

其中，P_T 为发射机输出功率；PL_d 为路径损耗；G_T 为发射机天线增益；G_R 为接收机天线增益。

PL_d 与发射机和接收机之间的传输距离、无线通信信道的特性相关。当无线通信的距离较短或者为室内无线通信时，可以忽略大气中氧气、雨雾等因素的影响(对于传输距离在百米甚至千米量级的室外 60GHz 无线通信应用，大气吸收而导致的信号的衰减不可忽略，为 10～20dB/km[6]，需要采用多个天线组成相控阵来提高天线增益)，可采用自由空间的损耗公式进行计算：

$$PL_d(dB) = 20lg(4\pi f d / c) \tag{8.8}$$

其中，f 为信号频率；d 为传输距离；c 为光速。60GHz 信号在自由空间传输 10cm 的损耗为 48dB，传输距离每增大 10 倍，路径损耗增加 20dB。

接收机输入热噪声为

$$P_{noise}(dBm) = 10lg(kT_{ANT}(J)) + 10lg(B(Hz)) \tag{8.9}$$

其中，k 为玻尔兹曼常量；T_{ANT} 为接收机天线温度($10lg(kT_{ANT})$在 17℃时的值为 -174dBm/Hz)；B 为接收机信号带宽。

接收机输出端的信噪比为

$$SNR_{RX}(dB) = P_{RX}(dBm) - P_{noise}(dBm) - NF_{RX}(dB) \tag{8.10}$$

其中，NF_{RX} 为接收机的噪声系数。

根据系统所选的调制方式和误码率要求，可以确定接收机所需的最小信噪比。所需的信噪比与由以上公式计算得出的信噪比的差值为无线通信系统的链路裕度。根据系统的目标传输距离、数据率和调制方式以及可用的天线增益，在保证一定链路裕度的基础上，可以灵活地规划发射机的输出功率和接收机的噪声系数指标。

8.1.3　带宽分配

对采用单载波调制的无线通信系统而言，信号带内的增益平坦度将直接影响系统的误码率、误差向量幅度(error vector magnitude，EVM)等收发性能。在规划不同电路模块的目标带宽时，要结合系统的目标数据率、调制方式和系统结构进行综合考虑。

在低频段(6GHz 以下)无线收发机设计中，由于信道带宽相对载波频率较窄，所以收发的级联带宽主要由基带模块的带宽决定，通常采用有源滤波器进行带宽配置。Marvell 公司在 2014 年的 ISSCC 上发表了一个面向 WLAN 应用的片上系统[7]，可兼容 IEEE 802.11a/b/g/n/ac 多种标准，支持 2.4GHz/5GHz 双频段传输。接收机和发射机的带宽由 5 阶可配置的切比雪夫低通滤波器控制，最大可支持80MHz 的基带带宽(160MHz 的射频带宽，符合 IEEE 802.11ac 标准)。

相对于 2.4GHz/5GHz 频段，60GHz 频段由于载波频率的上升会带来固有的带宽优势，但电路由于寄生效应的影响，带宽下降也更为显著。根据 IEEE 802.11ad标准，单信道带宽与载波频率之比约为 1.76/60(载波中心频率随信道不同而变化，此处采用 60GHz 近似)，与 IEEE 802.11ac 标准中最大的带宽与载波频率之比 0.16/5相近。由此可以看出，对于 60GHz 单信道无线通信而言，收发带宽主要取决于基带模块。在进行系统带宽分配时，需要根据数据率和调制方式确定所需带宽，作为基带处理电路的目标带宽。

然而，如果 60GHz 无线通信系统需要实现 9GHz 射频带宽的四信道完全覆盖，则射频模块(LNA、功率放大器)也会承受较大的带宽压力(尤其在第一信道的低频边缘和第四信道的高频边缘，增益随频率的变化比较剧烈)。此外，如果系统要使用更大的基带/射频带宽以进一步提高数据率，那么级联带宽也不再只受限于基带模块，而将由射频模块、中频模块和基带模块共同决定。

此处以由三个理想单极点放大模块 A_1、A_2、A_3 构成的级联通路为例说明级联系统的带宽分配。在图 8.3 中，A_1、A_2、A_3 三个放大模块的低频增益分别为 A_{V01}、A_{V02}、A_{V03}，3dB 带宽如下：

$$BW_1 = BW_2 = BW_3 = BW_0 = 5GHz \tag{8.11}$$

则此级联通路的低频增益和频域增益表达式分别为

$$A_{V0tot} = A_{V01} \cdot A_{V02} \cdot A_{V03} \tag{8.12}$$

$$A_{Vtot} = \frac{A_{V01}}{1+j\dfrac{f}{BW_1}} \cdot \frac{A_{V02}}{1+j\dfrac{f}{BW_2}} \cdot \frac{A_{V03}}{1+j\dfrac{f}{BW_3}} = \frac{A_{V0tot}}{\left(1+j\dfrac{f}{BW_0}\right)^3} \tag{8.13}$$

由式(8.12)和式(8.13)可以计算此级联通路的 3dB 带宽 BW_{tot}：

$$\frac{A_{V0\text{tot}}}{\left(1+\text{j}\dfrac{\text{BW}_{\text{tot}}}{\text{BW}_0}\right)^3} = A_{V0\text{tot}} \cdot \sqrt{\frac{1}{2}} \tag{8.14}$$

$$\text{BW}_{\text{tot}} \approx 0.5 \cdot \text{BW}_0 = 2.5\text{GHz} \tag{8.15}$$

对此级联通路进行小信号频域仿真并打印每个放大模块输出端的幅频响应曲线，如图 8.3 所示。可以看到，三个 3dB 带宽为 5GHz 的放大模块的级联 3dB 带宽为 2.5GHz，在级联 3dB 带宽处，每个放大器各贡献了 1dB 的增益损失。

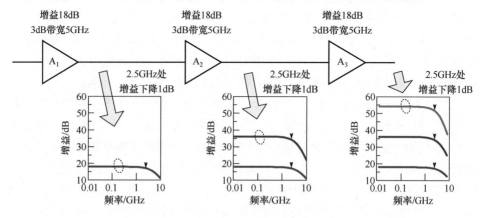

图 8.3　三个模块级联的带宽变化示意图

在无线通信系统中，收发通路中的电路模块的频率响应特性不能简单地采用低通单极点放大器模型来近似，但级联带宽与单个模块带宽的关系与图 8.3 类似。在 60GHz 超外差收发机芯片设计中，可以将收发通路划分为前端放大、上下变频和基带放大/滤波三个部分，分别进行电路仿真。如果所需 3dB 信号带宽为 BW$_{\text{tot}}$，则将每个部分的目标 1dB 增益带宽定为 BW$_{\text{tot}}$，是一种可行的带宽分配方案。

8.2　全集成 60GHz QPSK 无线收发芯片

8.2.1　系统结构及设计考虑

1. 系统结构

全集成 60GHz QPSK 无线收发芯片的系统框图如图 8.4 所示。芯片采用了二次变频架构，片上集成了收发开关、发射机、接收机和频率综合器等主要部分。为简化芯片测试，片上集成了两个 2^7-1 的伪随机二进制序列(pseudo random binary sequence, PRBS)发生器，作为发射机 I/Q 数据产生电路。经过占空比校准、单端转差分等操作后，PRBS 的输出被驱动至逻辑高电平或低电平，连接至 QPSK 调制器的 I/Q 输入端，然后经过上混频器、功率放大器和收发开关发射出去。发射机的输入数据也可以由片外提供。

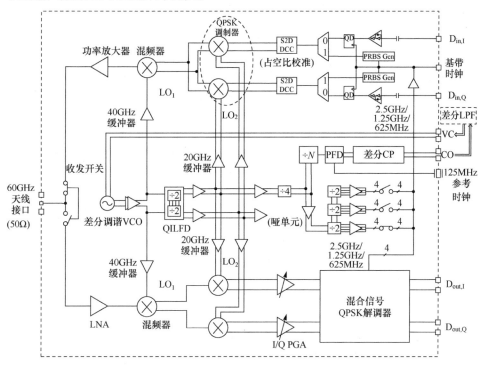

图 8.4　全集成 60GHz QPSK 无线收发芯片的系统框图

在接收机中，微弱的输入信号将首先经过收发开关连接至低噪声放大器的输入端，放大后由射频下混频器和 I/Q 下混频器进行两次下变频操作，然后由两个可变增益放大器驱动至足够的幅度，最后送入片上的混合信号 QPSK 解调器，恢复出 I/Q 基带数字信号后输出。

该芯片采用了一个整数型锁相环频率综合器来为发射机和接收机提供各种时钟信号，包括上下混频操作所需的本振信号、发射机 I/Q 数据产生电路和接收机 QPSK 解调器所需的基带时钟等。为了测试该收发机芯片在不同数据率下的性能，基带时钟可配置为 2.5GHz、1.25GHz 或 625MHz，由三个级联的二分频器产生，并通过选择开关进行控制。锁相环的参考时钟为 125MHz，由片外的晶振提供。

2. 设计考虑

本芯片中毫米波信号的中心频率 f_{RF} 为 60GHz，结合 8.1 节中有关频率规划的内容，对一级本振频率 f_{LO1} 和二级本振频率 f_{LO2} 选择如下方案：

$$f_{LO2} = \frac{f_{LO1}}{2} = \frac{f_{RF}}{3} \tag{8.16}$$

本芯片所采用的一级本振频率为 40GHz，二级本振频率为 20GHz。

折中考虑频谱效率和系统复杂度，本收发机芯片采用了 QPSK 的调制方案。相对于 OOK 和 BPSK 调制方式，采用 QPSK 调制方式的频谱效率更高，可实现 5Gbit/s 的 QPSK 数据传输对应 5GHz 的射频带宽和 2.5GHz 的基带带宽，通过采用一系列带宽扩展技术，收发通路的级联带宽可以满足要求；相比 16QAM 或 64QAM 调制方式，QPSK 的调制解调电路更易于实现，而且 QPSK 调制信号的峰均比(peak to average power ratio, PAPR)较小，因此对功率放大器线性度要求更低，功率放大器能够以更高的效率工作，降低了系统功耗。

根据 8.1.2 节中的链路预算公式，假设发射天线和接收天线的增益均为 0dBi(天线的设计不在本书的讨论范围内，但增益高于 0dBi 的 60GHz 封装内天线在文献[8]中有报道)，按照表 8.2 中定义的芯片性能参数进行计算，则该芯片以 5Gbit/s QPSK 的方式传输数据，传输距离为 20cm(适用于点对点通信的消费电子领域)时，送入接收机混合信号 QPSK 解调器的信噪比为 16dB。而 QPSK 调制方式下误比特率为 10^{-4} 所需的信噪比为 8.4dB[9]，因此收发机芯片保留了 7.6dB 的链路裕度。采用增益更高的发射/接收天线，该收发芯片能够支持更远的传输距离。

表 8.2　全集成 60GHz QPSK 无线收发芯片的主要设计指标

名称	参数
调制方式	QPSK
发射机输出功率	2dBm
发射机天线增益	0dBi
传输距离	20cm
路径损耗	54dB
接收机天线增益	0dBi
接收机输入信号功率	−52dBm
接收机信号带宽	5GHz
接收机输入热噪声	−77dBm
接收机前端噪声系数	9dB
送入接收机解调器的信噪比	16dB
所需信噪比(误比特率为 10^{-4})	8.4dB
链路裕度	7.6dB

考虑到 QPSK 调制为非恒包络调制，功率放大器应工作在功率回退点以获得更好的性能。假设片上收发开关引入的损耗为 3dB，功率放大器工作在 3dB 功率回退点，而接收机前端 LNA 之后的模块引起接收机噪声系数恶化 1dB，则可推算出该芯片中收发开关、功率放大器和 LNA 的关键性能参数，如表 8.3 所示。

表 8.3　收发开关、功率放大器和 LNA 的关键性能参数

名称	设计目标
收发开关的插入损耗	3dB
功率放大器的饱和输出功率	8dBm
LNA 的噪声系数	5dB

芯片的发射通路包含收发开关、功率放大器、上混频器和调制器等四个模块，而接收通路包含收发开关、LNA、射频下混频器、I/Q 下混频器和可变增益放大器等五个模块。为实现高性能的 5Gbit/s QPSK 数据传输，需要充分保证收发通路 3dB 级联带宽能够覆盖 57.5～62.5GHz 的频率范围。结合 8.1.3 节对级联带宽的讨论，对该收发机芯片中各模块(级联模块)制定了如表 8.4 所示的带宽指标。

表 8.4　全集成 60GHz QPSK 无线收发芯片中各模块(级联模块)的带宽分配

子模块(级联模块)名称	目标带宽
收发开关与功率放大器级联	5GHz (1dB 射频带宽)
上混频器与 QPSK 调制器级联	5GHz (1dB 射频带宽)
收发开关与 LNA 级联	5GHz (1dB 射频带宽)
射频下混频器与 I/Q 下混频器级联	5GHz (1dB 射频带宽)
可变增益放大器	3GHz (1dB 基带带宽)

8.2.2　收发开关设计

图 8.5(a)为本芯片中收发开关及其与 LNA、功率放大器的接口电路图。收发开关采用传统的 1/4 波长传输线的结构，采用并联的晶体管作为开关器件。通过将开关控制信号驱动到高电平或低电平，可以设置该前端芯片为发射模式或接收模式。

收发开关工作在发射模式时，需要具有较高的线性度，以免恶化发射机性能。为此，收发开关电路插入了 $10\text{k}\Omega$ 电阻 $R_1 \sim R_4$。首先，开关管 M_1/M_2 的栅端控制信号通过高阻的 R_1/R_2 接入，从而 M_1/M_2 的栅端节点为交流悬浮状态，栅漏寄生电容和栅源寄生电容构成分压网络，能够提高电路的线性度[10]。其次，M_1/M_2 的

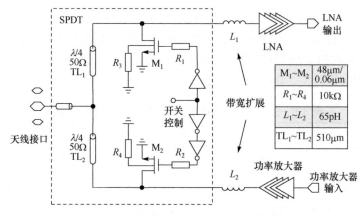

(a) 收发开关及其与LNA、功率放大器的接口电路

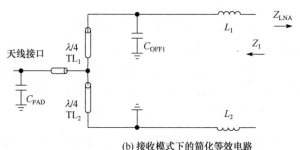

(b) 接收模式下的简化等效电路

图 8.5   收发开关在接收模式下的等效电路

体端通过高阻的 R_3/R_4 连接至衬底，开关器件的高衬底阻抗同样有益于提高开关电路的大信号处理能力[11]。

在较低频段，电路中寄生电容影响较小，收发开关电路简化为两段 1/4 波长传输线。在图 8.5(a)中，如果开关控制信号为高电平，则 M_1 关断而 M_2 开启，接收支路被 M_1 短路，经过传输线 TL_1 的阻抗变换后在天线端口呈现开路状态；发射支路则不受开启状态的开关管影响，呈现导通状态。

然而，在 60GHz 频段，由收发开关的天线输入端 G-S-G 焊盘引入的寄生电容和并联开关管 M_1/M_2 在关断状态下的漏端寄生电容均会恶化电路的阻抗匹配性能，增加收发开关的损耗并影响收发通路带宽。为了解决这个问题，在收发开关与 LNA(功率放大器)的接口处，插入了电感 $L_1(L_2)$，使 LNA(功率放大器)的输入(输出)阻抗经过收发开关后，能与天线实现更好的阻抗匹配。与将收发开关和 LNA(功率放大器)进行 50Ω 独立设计的情况相比，采用电感 $L_1(L_2)$ 的设计方案能够减小损耗并扩展带宽。

接收模式下，图 8.5(a)的等效电路如图 8.5(b)所示。其中 C_{PAD} 表示收发开关的天线输入端由 G-S-G 焊盘引入的寄生电容；C_{OFF1} 表示并联开关管 M_1 在关断状态下的漏端寄生电容。图 8.5(b)中 Z_1 在 60GHz 频率附近的阻抗近似为

$$Z_1 \approx \frac{Z_C^2}{Z_{ANT} // \dfrac{1}{sC_{PAD}}} // \frac{1}{sC_{OFF1}} + sL_1 \tag{8.17}$$

假设 Z_{ANT} 代表天线阻抗，Z_C 代表传输线的特征阻抗，如果有

$$Z_{ANT} = Z_C = R \tag{8.18}$$

则可以得出 Z_1 的表达式：

$$Z_1 = \frac{s^3 x R^2 C^2 L_1 + s^2 x R C L_1 + s(L_1 + R^2 C) + R}{s^2 x R^2 C^2 + s x R C + 1} \tag{8.19}$$

其中，$x = C_{OFF_i}/C_{PAD}$；$C = C_{PAD}$。

通过调整设计参数，使 Z_1 与 LNA 的输入阻抗 Z_{LNA} 在目标频率范围内共轭匹配：

$$Z_1 = Z_{LNA}^* \tag{8.20}$$

将收发开关电路的设计与 LNA 的输入阻抗优化结合进行，在 Z_1 与 Z_{LNA} 共轭匹配的情况下，收发开关在 LNA 和天线之间起着阻抗变换器的作用。

8.2.3　宽带接收通路设计

为了实现 5Gbit/s 的 QPSK 数据传输，接收通路的级联 3dB 射频带宽需要大于 5GHz。为此，接收机中的 LNA、射频下混频器、I/Q 下混频器和可变增益放大器均采用了带宽扩展技术，分别说明如下。

1. 基于宽带级间耦合的 LNA

为了降低后级电路引入的噪声对接收机噪声系数的影响，LNA 需提供较高的增益。为了保证接收通路的级联 3dB 射频带宽大于 5GHz，在 LNA 的设计过程中，将目标定为 1dB 带宽大于 5GHz。本芯片所采用的宽带 LNA 的电路图如图 8.6 所示。LNA 为四级共源放大结构。LNA 级与级间没有进行 50Ω 阻抗匹配，而是采用了三个 L-C-L 式的 π 形网络进行级间耦合，如图 8.7 所示，起到扩展带宽的作用[12]。

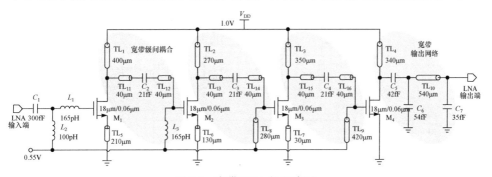

图 8.6　宽带 LNA 的电路图

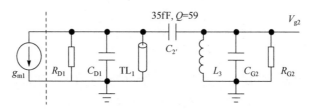

图 8.7　LNA 前两级间的 π 形匹配网络的等效电路

2. 下混频器

1) 射频下混频器

接收机的下混频操作由一个射频下混频器和两个 I/Q 下混频器级联完成。其中射频下混频器采用了双平衡的吉尔伯特结构，如图 8.8 所示。射频端口和本振端口都采用了变压器进行单端输入至差分输出的转换。变压器均为堆叠结构，由顶层金属 M9 和次层金属 M8 实现，在 35～65GHz 的频率范围内，变压器的初级线圈(M9)和次级线圈(M8)的 Q 值分别在 15 和 10 以上。射频端口的变压器插入损耗的仿真结果为 0.8dB(60GHz)。传输线 TL_3～TL_6 长为 200μm，特征阻抗为 50Ω，它们与电感 L_1/L_2 共同完成从晶体管 M_1～M_2 漏端至晶体管 M_3～M_6 源端的阻抗变换。这个工作在 60GHz 频段的阻抗变换网络可以最大化信号传输效率，减小走线引入的损耗。射频下混频器的开关管采用了差分电感 L_3 作为负载，同时 L_3 的差分端口串联了 13Ω 的电阻 R_1/R_2，降低负载网络的等效 Q 值，扩展带宽。中频输出端的电容 C_1/C_2 为 65fF，L_3、C_1/C_2 与 I/Q 下混频器输入端的偏置电感(图 8.9 中的 L_1)共同组成 L-C-L 式的 π 形网络进行级间耦合，从而补偿上边带转换增益的下降，进一步扩展带宽。

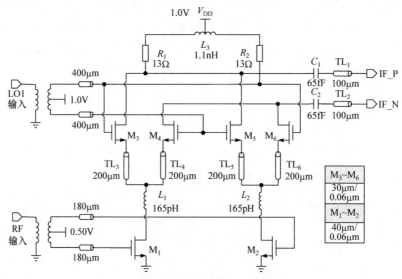

图 8.8　射频下混频器的电路图

2) I/Q 下混频器

出于芯片面积和功耗方面的考虑，I/Q 下混频器采用了单平衡结构，如图 8.9 所示。为了减小本振信号向射频输入端口的泄漏，电路中采用了共源共栅结构(晶体管 M_1 和 M_2)来放大射频输入信号，并增强电路的稳定性。晶体管 $M_5 \sim M_8$ 用于实现伪双平衡结构，它们对 I/Q 下混频器的转换增益没有贡献，但以较小的芯片面积和功耗代价降低了本振信号向中频输出端口的泄漏。

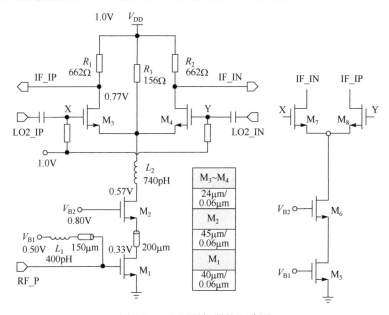

图 8.9　I/Q 下混频器的电路图

电阻 R_3 为 156Ω，而开关对 M_3/M_4 的负载电阻 R_1/R_2 为 662Ω。对 I/Q 下混频器进行静态工作点分析表明，81%的直流电流通过 R_3 流向 M_1 和 M_2，晶体管 M_1、M_2 和 M_3/M_4 的漏源电压分别为 0.33V、0.24V 和 0.20V，电阻 R_1/R_2 上的压降为 0.23V，从而确保了该电路在 1.0V 供电下的电压空间。然而，R_3 也会造成有用信号损失。仿真结果表明，R_3 引入的信号功率损失为 47.6%，导致了大约 3dB 的增益下降。

仿真结果显示，射频下混频器与 I/Q 下混频器级联后在 60GHz 频率处噪声系数为 11.6dB，在 57.5～62.5GHz 范围内增益波动仅为 0.8dB。在一级本振信号功率为 -5dBm、二级本振信号幅度为 150mV 的条件下，两级下混频器级联后的转换增益在 60GHz 频率处为 8.5dB，1dB 增益带宽达到 5GHz，满足带宽规划的要求。

3. 可变增益放大器

PGA 是收发机芯片中的重要模块。通过调节接收机中 PGA 的增益挡位，接收通路可以处理不同强度的输入信号，呈现一定的动态范围。为了保证接收通路的级联 3dB 射频带宽大于 5GHz，PGA 需要远大于 2.5GHz 的 3dB 带宽。电感峰化(inductive peaking)技术是一种扩展放大器带宽的常用技术[13]，但工作在低于 10GHz 频段的片上电感需要占用大量的芯片面积。Cherry-Hooper 结构[14]的放大器无需片上电感，就能实现较大的增益带宽积。因此，基于 Cherry-Hooper 结构改进的 PGA[15-17]通常用于 60GHz 收发机芯片中，然而，这些 PGA 电路调节不同的增益挡位，是通过控制开关晶体管阵列来改变负载电阻值[15]或反馈电阻值[16,17]来实现的。这类增益调节方式有两个缺陷：①负载电阻值或反馈电阻值的变化均会引起电路共模电平变化；②开关晶体管阵列会引入较大的寄生电容，导致 PGA 带宽下降。

在本芯片中，接收机的 I/Q 两个支路各采用了一个 PGA，用于将正交下混频后的输出信号放大到 QPSK 解调器需要的幅度，同时提供一定的接收机动态范围。为了降低对接收通路级联带宽的影响，PGA 需要进行宽带设计。图 8.10 为本芯片所采用的宽带 PGA 结构图。该 PGA 为差分结构，由两个增益单元和一个输出

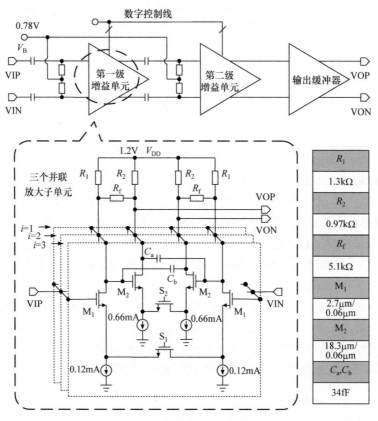

图 8.10　宽带 PGA 的电路图

缓冲器级联而成。两个增益单元最高可提供 30dB 的增益，输出缓冲器用于驱动 QPSK 解调器引入的负载电容和用于芯片测试的输出缓冲器的输入电容，增益为 0dB。

图 8.10 同时给出了其中一个增益单元的电路图和元件参数。该增益单元由三个两级差分放大子单元并联组成。基于小信号分析，该增益单元的低频增益为

$$\text{Gain} = \frac{G_{m1}G_{m2}R_f(R_1//R_f)(R_2//R_f)}{R_f + G_{m2}(R_1//R_f)(R_2//R_f)} \tag{8.21}$$

其中，G_{m1} 和 G_{m2} 分别代表三个放大子单元中 M_1 差分对的跨导之和及 M_2 差分对的跨导之和。不同于改变负载电阻值或反馈电阻值的方式，该电路的增益调节通过控制差分对 M_1/M_2 源端的开关晶体管 S_1/S_2 进行。当 S_1/S_2 闭合时，M_1/M_2 差分对正常工作，G_{m1}/G_{m2} 较大，增益较高；当 S_1/S_2 断开时，M_1/M_2 差分对工作在源简并状态，G_{m1}/G_{m2} 减小，增益下降。三个并联的放大子单元中，S_1/S_2 的断开或闭合状态可以独立控制，从而组合出多种增益挡位。这种增益控制方式不改变电路的共模电平，增益控制更加稳定。

此外，由于 S_1/S_2 是插入在差分对 M_1/M_2 的源端节点而非漏端节点，所以 S_1/S_2 引入的寄生电容不会引起 PGA 带宽下降。实际上，在 PGA 的较低增益模式下，有一个或多个放大子单元的 S_1/S_2 处于断开状态。断开状态下的开关管寄生电容横跨在差分对的源端节点，可以进一步扩展带宽，但可能会引起过冲问题。在此 PGA 电路的设计中对 M_1 和 M_2 的尺寸进行了优化，以减小过冲的幅度[18]。

如图 8.10 所示，在增益单元的 M_2 差分对的栅端和漏端之间引入了交叉耦合接法的电容 C_a/C_b，用于中和 M_2 的栅漏寄生电容 C_{gd}，起到扩展带宽的作用。图 8.11 为一个增益单元的交流小信号仿真结果，从图中可见，低频增益约为 15dB，采用中和电容 C_a/C_b 后，3dB 基带增益带宽由 2.8GHz 扩展至 6.7GHz，满足目标带宽规划。

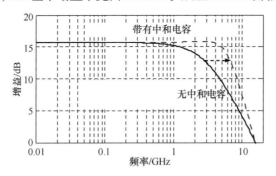

图 8.11　PGA 增益单元中的带宽扩展

4. QPSK 解调器

图 8.12 展示了本芯片中 QPSK 解调器的结构框图。该 QPSK 解调器采用混合

信号实现，由混合载波恢复(carrier recovery, CR)模块、判决反馈均衡(decision feedback equalization, DFE)模块、时钟数据恢复(clock data recovery, CDR)模块三个部分组成。

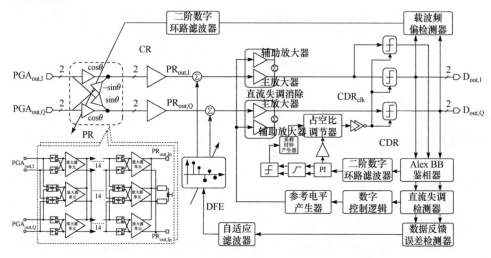

图 8.12　混合信号 QPSK 解调器和相位旋转器的结构框图

相位旋转器(phase rotator, PR)为 CR 的第一个模块，接收可变增益放大器输出的 I/Q 信号，通过相位旋转使发射机和接收机的载波同步。为了节省功耗并保持稳定的增益，PR 电路采用了跨导单元复用结构[19]。PR 的输出经过放大之后与 DFE 模块的输出求和，结果经过混合型直流失调消除(DC-offset cancellation, DCOC)电路和 CDR 时钟的采样后，通过反馈调节 DFE 电路的工作状态，用于减小由信道的非理想特性引入的码间干扰。CDR 模块同样通过反馈机制工作，恢复出与数据同步的采样时钟后，对 I/Q 两路信号进行采样，最终实现数字信号输出。

8.2.4　宽带发射通路设计

为了实现 5Gbit/s 的 QPSK 数据传输，发射通路的级联 3dB 射频带宽需要大于 5GHz。为此，发射机中的功率放大器、QPSK 调制器和上混频器均采用了带宽扩展技术，分别说明如下。

1. 基于分布式放大的功率放大器

由于功率放大器的目标饱和输出功率为 8dBm，所以在 1.0V 的电源电压和约 50Ω 的负载阻抗情况下，无需功率合成技术即可实现。为提供足够的增益，功率放大器采用四级放大结构，如图 8.13 所示。第一级为共源共栅结构，输入输出的隔离度高，并能够提供较高增益。第二级为源简并共源结构，通过源简并电感(由一端接地的 50μm 长的传输线 TL₇ 实现)增强稳定性。前两级电路通过一个与 LNA 电路中类似的 *L-C-L* 式的 π 形网络(由 TL₃～TL₅ 和 *C₂* 组成)进行级间耦合扩展带宽。功率放大器的输入端和功率放大器的第二级放大器的输出端都进行了 50Ω 匹配，前两级电路的仿真 S_{21} 在 60GHz 频率处为 12.2dB，1dB 增益带宽高达 10GHz。

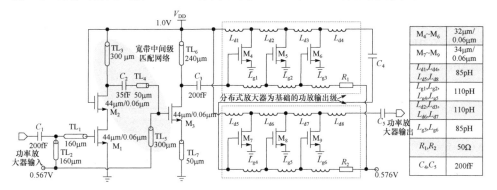

图 8.13　宽带功率放大器的电路图

2. QPSK 调制器

QPSK 调制器的电路图如图 8.14 所示。该电路采用了电阻做负载的双平衡吉尔伯特混频器结构，对发射机基带数据进行第一次上混频操作。如图 8.14 所示，区别于传统的吉尔伯特混频器的连接方式，此处正交差分的四路二级本振信号连接了放大管 M_1～M_4 的栅端，而 I/Q 两路的差分基带数据则用于驱动四对开关管 M_5～M_{12}。这种连接方式有两个优势：①20GHz 的二级本振信号用于驱动放大管，因此幅度要求显著降低，有利于节省本振缓冲器的功耗；②由于基带数据频率相对较低，能以反相器链的方式被驱动至满摆幅，因此 M_5～M_{12} 工作在大信号开关模式下，调制器输出功率较高。

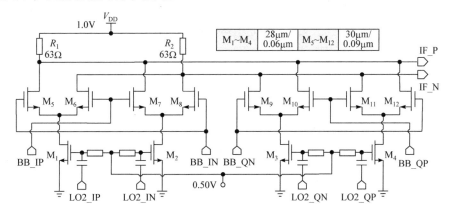

图 8.14　QPSK 调制器的电路图

3. 上混频器

上混频器采用了双平衡的吉尔伯特结构以减小本振泄漏的影响，如图8.15所示。本振端口采用了变压器进行单端输入至差分输出的转换，而差分输出的射频信号通过变压器转换为单端输出。由于数据率较高，信号的射频带宽高达5GHz，为了确保宽带的发射通路，QPSK调制器与上混频器之间的阻抗匹配尤其重要。为了在5GHz带宽内实现平坦的增益特性，在上混频器的中频输入端插入了由电感和电阻 L_1/R_1、L_2/R_2 构成的级间耦合电路。

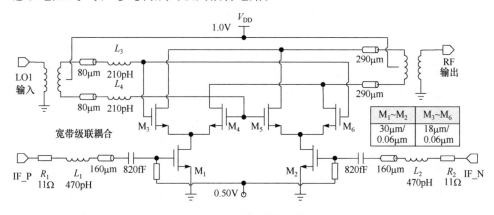

图 8.15　上混频器的电路图

8.2.5　时钟网络设计

1. 全差分40GHz锁相环频率综合器

图8.16为本收发机芯片采用的锁相环频率综合器的结构框图。由于所需的两级本振信号的频率分别为40GHz和20GHz，基带时钟频率为2.5GHz、1.25GHz和625MHz，因此锁相环采用了整数环结构，由差分基频压控振荡器、一级本振缓冲器(40GHz BUF1)、正交输入锁定分频器(quadrature injection-locked frequency divider, QILFD)、二级本振缓冲器(20GHz BUF2)、两个级联的CML二分频器、多模分频器(multi-modulus divider, MMD)、PFD、差分电荷泵(charge pump, CP)和一对三阶环路滤波器(loop filter)等模块构成。片外参考时钟由125MHz的晶振提供，LPF同样在片外实现，便于锁相环测试。除PFD和CP工作在2.5V电源电压下以外，其余模块的电源电压均为1.0V。

尽管芯片所需的锁相环输出频率为40GHz单频点，锁相环仍然采用了可变分频比的设计，使芯片性能测试更加方便。当MMD的分频比变化时，锁相环的输出频率 f_{LO1} 随之改变：

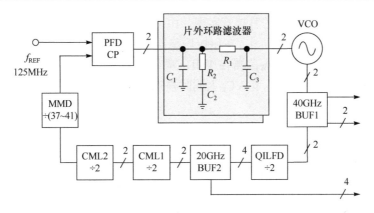

图 8.16　全差分 40GHz 锁相环频率综合器结构框图

$$f_{LO1} = f_{REF} N_{pre} N_{MMD} = 1GHz \cdot N_{MMD} \tag{8.22}$$

其中，f_{REF} 为片外晶振的频率；N_{pre} 为预分频器的分频比(QILFD 和两个 CML 分频器)；N_{MMD} 为 MMD 模块的分频比。可见锁相环的输出频率间隔为 1GHz。

2. 差分调谐压控振荡器

图 8.17 为差分调谐压控振荡器的电路图。*LC* 型压控振荡器结构简单、寄生电容小，对于毫米波频段的压控振荡器而言，是最适合的结构[3]。压控振荡器的

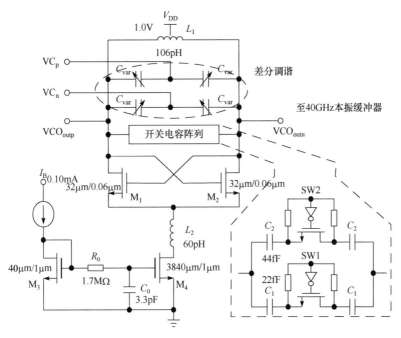

图 8.17　差分调谐压控振荡器的电路图

可变电容采用了两对反接的容抗管实现，由差分控制电压进行调谐，从而抑制共模干扰，降低相位噪声。仿真中，在压控振荡器的控制电压 VC_p 上叠加噪声信号，而 VC_n 接固定电平，压控振荡器在 1MHz 频偏处的相位噪声恶化了 1.7dB。如果使用差分调谐方式，在 VC_p 和 VC_n 上同时叠加噪声信号，则 1MHz 频偏处的相位噪声仅恶化 0.1dB。

压控振荡器的调频范围约为 10%，以覆盖工艺、电压和温度的变化。由于压控振荡器的相位噪声随着压控振荡器增益(K_{VCO})的升高而恶化，所以 K_{VCO} 应尽可能小。为了获得更好的相位噪声性能，压控振荡器采用了 2bit 的开关电容阵列，同时增大了差分容抗管的调谐电压范围(-2.5~2.5V)来减小 K_{VCO}。

由电阻 R_0 和电容 C_0 组成的低通滤波网络用于滤除来自偏置电路的噪声，其 3dB 带宽为

$$BW_{3dB} = \frac{1}{2\pi R_0 C_0} \tag{8.23}$$

仿真显示 30kHz 的 3dB 带宽下，来自偏置电路的噪声对压控振荡器相位噪声的影响可以忽略。为了减小芯片面积，低通滤波网络采用了大电阻和小电容的组合，R_0 为 1.7MΩ 而 C_0 为 3.3pF。由于 R_0 很大，由晶体管 M_4 栅端的漏电流引起的压降不可忽略。为了减小 M_4 栅端的漏电流，压控振荡器的偏置电路采用 2.5V 厚栅管实现。

压控振荡器的输出频率为

$$f_{VCO} = \frac{1}{\pi L_1 (2C_{var} + C_0 + C_1 + C_{gs} + C_{ds})} \tag{8.24}$$

其中，C_{gs} 和 C_{ds} 分别代表交叉耦合晶体管 M_1/M_2 的栅源寄生电容和漏源寄生电容。

8.2.6 芯片测试结果

该全集成 60GHz QPSK 无线收发芯片采用 65nm 1P9M CMOS 工艺流片。包含所有焊盘在内，芯片的总面积为 3mm×2mm。芯片的显微照片如图 8.18 所示。60GHz 的天线端口和 40GHz 的压控振荡器测试端分别布局在芯片的左右两侧，测试时通过 0~67GHz 的 G-S-G 探针和电缆与测试设备相连。其余的直流焊盘、基带输入/输出焊盘则主要布局在芯片的上下两侧，通过绑定线引出至 PCB。

1. 测试结果

1) 时钟部分测试结果

用频谱仪测量一级本振测试缓冲器的输出端，得到了本芯片中的 40GHz

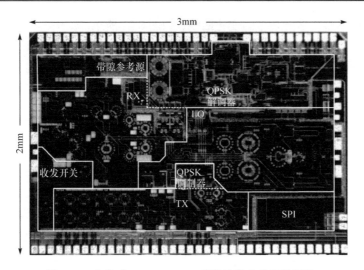

图 8.18　全集成 60GHz QPSK 无线收发芯片显微照片

锁相环频率综合器的性能。图 8.19 为开环状态下测得的差分调谐压控振荡器的输出。

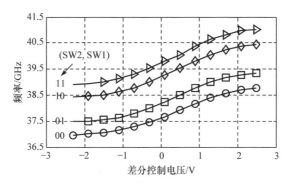

图 8.19　差分调谐压控振荡器的输出频率范围

从图 8.19 可见，2bit 的开关电容阵列共提供了 4 条调频曲线，可以覆盖 37～41GHz 的范围。在闭环状态下，当 MMD 的分频比设置为 37～41 可变时，该整数锁相环频率综合器可以锁定在 37GHz、38GHz、39GHz、40GHz 和 41GHz 五个频点处。图 8.20 是频率综合器锁定在 40GHz 时的输出频谱。此时的相位噪声曲线如图 8.21 所示，1MHz 频偏处的相位噪声为–97.2dBc/Hz。

2) 发射机测试结果

如图 8.22 所示，芯片在发射模式下，天线接口处的输出反射系数在 57～67GHz 的范围内均小于–10dB，显示了良好的宽带匹配特性。测试发射机的输出功率时，将 QPSK 调制器输入端的信号置为 0，同时改变片上本振的频率，可以得到发射机输出功率随频率的变化曲线，如图 8.23 所示。图中的 5 个数据点分别对应频率综合器的 5 个输出频率(37～41GHz)，可以看到，在 60GHz 时，发射机的输出功率达到最大值 6.4dBm，在 55.5～61.5GHz 的范围内，输出功率的波动仅为 1.2dBm。

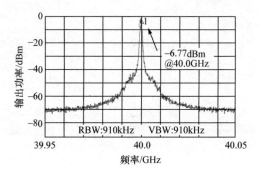

图 8.20　频率综合器锁定在 40GHz 时的输出频谱

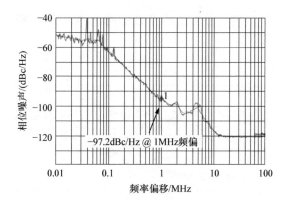

图 8.21　频率综合器锁定在 40GHz 时的相位噪声

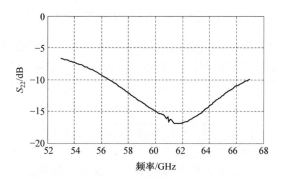

图 8.22　天线接口处的输出匹配(发射模式)

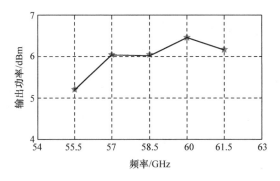

图 8.23　发射机的输出功率

　　通过控制基带时钟开关,可以使片上 PRBS 产生器生成 5Gbit/s、2.5Gbit/s 和 1.25Gbit/s 的 I/Q 基带数据作为 QPSK 调制器的输入,然后经过调制器和上混频器转换至 60GHz 频段。这三种不同数据率的信号经过 QPSK 调制和上变频后,发射机的输出频谱如图 8.24(a)所示。采用 160GS/s(Gsample/s)的示波器将发射机输出端的时域波形采样,然后借助 MATLAB 软件将波形下变频后进行分析,可以得到发射机在不同数据率下的眼图和星座图,分别如图 8.24(b)和图 8.24(c)所示。从图中可以看出,在 5Gbit/s、2.5Gbit/s 和 1.25Gbit/s 三种数据率下,发射机的输出信号都具有清晰的眼图,EVM 值分别为-21.9dB、-23.2dB 和-20.8dB。

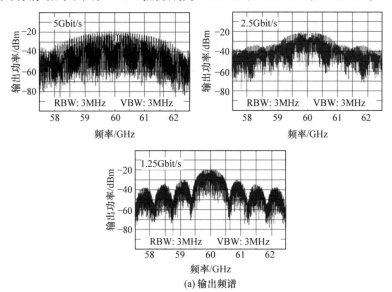

(a) 输出频谱

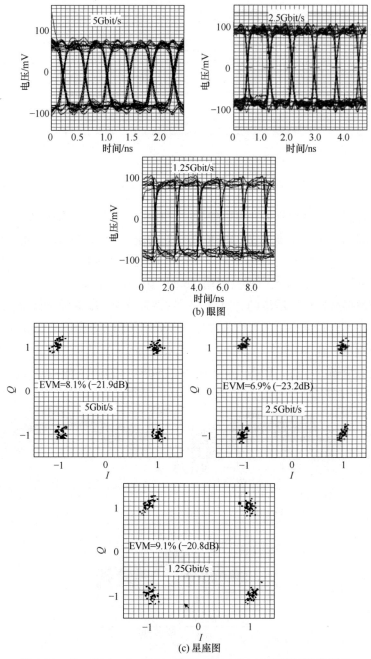

图 8.24　在 5Gbit/s、2.5Gbit/s 和 1.25Gbit/s QPSK 调制下的发射机

3) 接收机测试结果

如图 8.25 所示，芯片在接收模式下，天线接口处的输入反射系数在 57～

67GHz 的范围内均小于−10dB，同样显示了良好的宽带匹配特性。使用安捷伦的网络分析仪 N5247A 从天线接口的 G-S-G 焊盘输入 60GHz 频段的信号，从 PGA 的测试缓冲器输出焊盘通过绑定线取出基带信号，可以完成接收机的级联增益和噪声系数的测试。级联增益的测试结果如图 8.26(图中各条曲线代表不同增益配置下的接收机级联增益)所示，在 PGA 的最高增益挡位下，从收发开关输入端至 PGA 的输出端，接收机的级联增益为 54dB(60GHz)，通过控制 PGA 的增益开关，接收机的增益可在 36～54dB(60GHz)范围内变化，达到了 18dB 的动态范围。同时从图中可以看出，在最高增益挡位下，以 60GHz 为中心频率，接收通路具有 5GHz 的射频 3dB 带宽(57.5～62.5GHz)。图 8.27 为接收机在最高增益挡位下的级联噪声系数，在 59.5GHz 处的噪声系数为 6.1dB。图 8.28 是用示波器抓取的 PGA 的测试缓冲器输出端的 I/Q 输出波形(频率为 2GHz)。I 路和 Q 路的波形均为正弦形状，但呈现了 0.8dB 的幅度失配和 9°的相位失配，失配的部分原因可能是输出端绑定线和 PCB 上走线的不对称。

　　为了测试接收机 QPSK 解调器的性能，搭建了如图 8.29 所示的测试环境。由于缺少 60GHz 频段的调制信号源，所以输入信号采用 60GHz 频段的单频正弦信号，仍然由安捷伦的网络分析仪 N5247A 从天线接口的 G-S-G 焊盘输入。当向芯片输入功率为−52dBm、频率为 61.25GHz 的正弦信号时，经过射频下混频器和 I/Q

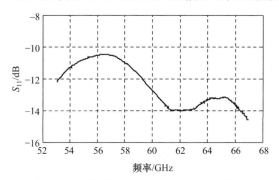

图 8.25　天线接口处的输入匹配(接收模式)

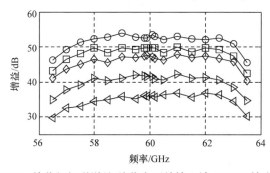

图 8.26　接收机级联增益(从收发开关输入端至 PGA 输出端)

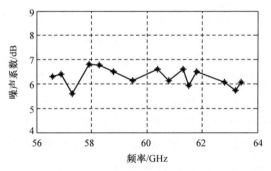

图 8.27 接收机在最高增益挡位下的级联噪声系数

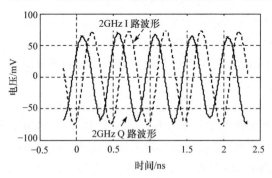

图 8.28 接收机 PGA 测试缓冲器输出端的 I/Q 输出波形

下混频器的两次变频操作,在 PGA 的测试缓冲器的 I/Q 输出端 $PGA_{out,I}$/$PGA_{out,Q}$ 可以观察到 1.25GHz 的正弦/余弦信号。经过 QPSK 解调器的时钟数据恢复模块提供的时钟 CDR_{clk} 采样之后,1.25GHz 的正弦/余弦信号 $PGA_{out,I}$/$PGA_{out,Q}$ 将转换为近似方波输出 $D_{out,I}$/$D_{out,Q}$。图 8.30 展示了此时 QPSK 解调器输出的差分 I 路相位旋转模块的输出 $PR_{out,Ip}$ 和 $PR_{out,In}$,时钟数据恢复模块提供的时钟 CDR_{clk} 和最终经过采样输出的 I 路数据 $D_{out,I}$ 的时域波形。从 $D_{out,I}$ 近似方波的波形中可以清晰地分辨出 2.5Gbit/s 的 1010⋯的码流,从而验证了 QPSK 解调器的正确工作。

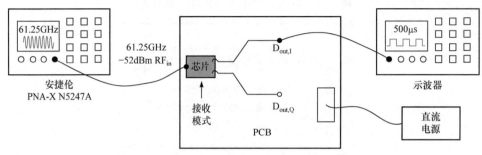

图 8.29 接收机 QPSK 解调器的测试环境

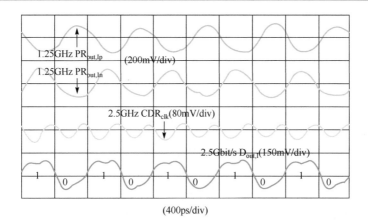

(400ps/div)

图 8.30　接收机解调器的输出时域波形

芯片在接收 -52dBm、62.5GHz 和 61.25GHz 的输入信号时，QPSK 解调器输出的 I 路数据的眼图分别如图 8.31(a) 和图 8.31(b) 所示。用示波器抓取的 500μs(仪器允许数据存储的最长时间)的 I 路数据 $D_{out,I}$ 中包含了 1.25×10^6 个数据，MATLAB 软件分析表明，输出数据为预期的 1010⋯码流，其中没有误码。因此可以推测，接收机的误码率小于 8^{-7}。

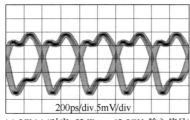
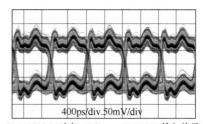

(a) 5Gbit/s(对应-52dBm、62.5GHz输入信号)　(b) 2.5Gbit/s(对应-52dBm、61.25GHz输入信号)

图 8.31　接收机解调器输出的 5Gbit/s、2.5Gbit/s I 路数据眼图

2. 性能对比与讨论

表 8.5 中列举了全集成 60GHz QPSK 无线收发芯片的部分关键电路模块的直流功耗和电源电压。除了接收机基带部分的 I/Q 可变增益放大器和混合信号 QPSK 解调器中采用了 1.2V 的电源电压外，发射机、频率综合器和接收机中的其他模块均在 1.0V 的电源电压下工作。

表 8.5　关键电路模块的直流功耗

	功率放大器	射频上混频器	QPSK调制器	压控振荡器	正交注入锁定分频器
功耗/mW	59	8	5	9	8
电源电压/V	1.0	1.0	1.0	1.0	1.0

	低噪声放大器	射频下混频器	I/Q下混频器	I/Q可变增益放大器	混合信号QPSK解调器
功耗/mW	14	6	8 (4×2)	48 (24×2)	37
电源电压/V	1.0	1.0	1.0	1.2	1.0/1.2

　　该芯片的性能指标与相似芯片对比如表 8.6 所示。就芯片集成度而言，文献[20]展示了分别采用 90nm 和 40nm CMOS 工艺制造的射频和基带芯片组，而文献[8]展示了 65nm CMOS 工艺下的单芯片 60GHz 无线收发解决方案，同时文献[8]的片上集成有收发开关。由于这两个系统的基带部分都采用复杂的数字 PHY/MAC 电路来实现，可以支持多种调制方式来适应不同的应用需求，但从表 8.6 中可以看出，这两个系统的发射机与接收机功耗之和都达到了 1W 的量级，因此并不适合便携式的应用。文献[21]和文献[22]中的芯片是 60GHz 的收发前端电路，调制和解调需要在片外实现，集成度较低，因此功耗也较低。与这些文献相比，本节的系统采用了完整的单芯片收发解决方案，片上集成了收发开关、40GHz 锁相环频率综合器和 QPSK 调制解调器。由于集成片上 QPSK 调制解调器，避免了 ADC、DAC 和复杂的数字基带电路，在功耗上具有明显的优势，在发射和接收模式下，直流功耗分别为 135mW 和 176mW。由于本节采用了毫米波前端的联合优化技术降低收发开关对系统性能的影响，噪声系数(6.1dB)与其他不集成收发开关的系统[20-22]相当，显著低于同样集成了收发开关的系统[8]。

表 8.6　全集成 60GHz QPSK 无线收发芯片性能指标汇总与相似芯片对比

指标名称	本节工作	ISSCC 2012[8]	ISSCC 2013[20]	ISSCC 2012[21]	ISSCC 2011[22]
CMOS 工艺	65nm	65nm	90nm[①] 40nm[②]	40nm	65nm
片外参考时钟频率/MHz	125	36	26~40	20000	36
本振在 1MHz 处的相位噪声/(dBc/Hz)	−97.2	−89	—	< −96	—
发射模式功耗/mW	73 (TX) 62 (LO)	160[①] 432[②]	347[①] 441[②]	90 (TX) 77 (LO)	1277* (TX) 80 (LO)
接收模式功耗/mW	114 (RX) 62 (LO)	233[①] 523[②]	274[①] 710[②]	35 (RX) 77 (LO)	374 (RX) 80 (LO)
总芯片面积/mm²	3×2	2.2×1.3[①] 3.4×3.9[②]	3.75×3.6[①] 7.4×6.3[②]	0.7 (核心电路)	3.3×2.8 (无功率放大器)
TX 数据率/(Gbit/s)	5 (QPSK)	2 (OFDM-QPSK)	2.5 (π/2-QPSK)	7 (16QAM)	3.8 (OFDM-16QAM)
TX EVM/dB	−21.9	—	−22	< −17 (TX-RX)	−20.7

续表

指标名称	本节工作	ISSCC 2012[8]	ISSCC 2013[20]	ISSCC 2012[21]	ISSCC 2011[22]
TX 输出功率/dBm	6.4	6	8.5[†]	10.2 (P_{1dB})	> 16[*]
RX 增益/dB	54	35	—	30	—
RX 带宽/GHz	2.5	—	—	0.95	0.85
RX 噪声系数/dB	6.1 (59.5GHz 处)	14	7.1	5.5	4.5～5.5 (LNA)

注：①射频部分，②基带部分。

*采用功耗为 1W 的片外 CMOS 功率放大器。

†采用 50°，6.5dBi 的天线时的等效各向同性辐射功率。

多种带宽扩展技术在本节系统中的应用，保证了接收通路在较高增益(54dB)下仍然具有 2.5GHz 的级联基带带宽。因此，尽管本节系统采用了频谱效率相对较低的 QPSK 调制方式，也能支持 5Gbit/s 的较高性能无线数据传输。测试结果表明，当传输 5Gbit/s 的 QPSK 数据时，发射机的 EVM 为-21.9dB，而接收机的误码率小于 8^{-7}。

8.3　IEEE 802.11ad 无线收发芯片

8.3.1　系统结构及设计考虑

1. 系统结构

图 8.32 为 IEEE 802.11ad 无线收发芯片的系统框图。与 8.2 节所述全集成 60GHz QPSK 无线收发芯片类似，芯片采用了二次变频的超外差结构，片上集成了收发开关、发射机和接收机前端以及全差分锁相环频率综合器等主要部分。

针对 60GHz 高数据率无线通信应用，IEEE 802.11ad 标准定义了从 385Mbit/s 的 π/2-BPSK 调制到 6756.75Mbit/s 的 OFDM-16QAM 等多种调制方式和对应的数据率，以适应不同的应用需求。为了支持多种调制方式，芯片采用 ADC/DAC 的系统架构，ADC/DAC 和调制解调等操作将在片外进行。与接收通路的基带部分类似，发射通路也采用了一对 PGA，用于提供一定的动态范围。TX PGA 的增益挡位将根据片外 DAC 产生的模拟信号的幅度确定。

2. 设计考虑

当芯片采用 16QAM 或 64QAM 等高 PAPR 的调制方式进行高数据率传输时，功率放大器需要工作在输出 1dB 压缩点的功率回退点，对功率放大器线性度要求

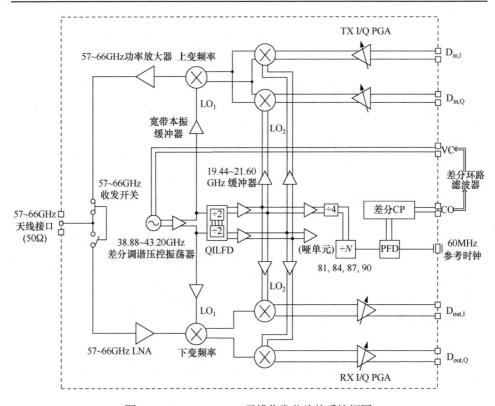

图 8.32   IEEE 802.11ad 无线收发芯片的系统框图

较高；当芯片采用 π/2-BPSK 调制方式进行较低数据率传输时，功率放大器应工作在饱和输出功率附近，从而提高功率放大器效率，降低系统功耗。面向不同的应用需求，本节芯片采用了双模功率放大器设计。在高功率模式下，双模功率放大器具有较高的输出 1dB 压缩点；在低功率模式下，双模功率放大器具有合适的饱和输出功率，相对于单高功率模式的功率放大器而言，PAE 得以提升。功率放大器的增益由射频上混频器的线性度(主要受限于本振信号的幅度)和功率放大器输出级的线性度共同决定。

如图 8.32 所示，功率放大器的输出要经过片上收发开关传输到天线接口，因此收发开关的性能将直接影响发射机的线性度。为了减小收发开关对发射机线性度的影响，不仅需要尽量减小收发开关的插入损耗，而且需要保证收发开关的输入 1dB 压缩点高于功率放大器在高功率模式下的输出 1dB 压缩点。根据以上讨论，规划了该芯片中收发开关、功率放大器和射频上混频器的关键性能参数，如表 8.7 所示。

表 8.7　收发开关、功率放大器和射频上混频器的关键性能参数

名称	设计目标
收发开关的插入损耗	3dB
收发开关的输入 1dB 压缩点	15dBm
功率放大器在高功率模式下的输出 1dB 压缩点	10dBm
功率放大器在低功率模式下的饱和输出功率	10dBm
功率放大器在两种模式下的增益	30dB
射频上混频器的输出 1dB 压缩点	−15dBm

为了兼容 IEEE 802.11ad 的频谱规划，本节芯片的时钟网络需要在 7.2 节内容的基础上进行两个方面的改进。首先，为了支持四信道覆盖，锁相环的输出频率需要覆盖四个目标频点，如表 8.8 所示。

表 8.8　IEEE 802.11ad 无线收发芯片的频率规划

参数	信道一	信道二	信道三	信道四
射频带宽/GHz	57.24~59.40	59.40~61.56	61.56~63.72	63.72~65.88
f_{RF}/GHz	58.32	60.48	62.64	64.80
f_{LO1}/GHz	38.88	40.32	41.76	43.20
f_{LO2}/GHz	19.44	20.16	20.88	21.60

压控振荡器的输出频率需要覆盖 38.88~43.20GHz，与图 8.19 相比，不仅压控振荡器中心频率上升，而且调频范围也要增加，以适应 PVT 的变化。整数型锁相环的输出频率只能是参考时钟频率 f_{REF} 的整数倍，因此 125MHz 的 f_{REF} 不再适用。本节芯片的 f_{REF} 选择为 60MHz，同样由片外的晶振提供。原 MMD 的结构也需要相应调整，以提供所需的分频比。表 8.9 为锁相环在四个信道下的分频比。

表 8.9　锁相环在四个信道下的分频比

参数	信道一	信道二	信道三	信道四
f_{LO1}/GHz	38.88	40.32	41.76	43.20
f_{REF}/MHz	60	60	60	60
预分频比	8	8	8	8
MMD 分频比	81	84	87	90

其次，为了支持芯片在四个信道的上下变频操作，本振缓冲器需要在四个频点处都具有较强的驱动能力。如果应用带宽扩展技术实现 38.88~43.20GHz 的宽带一级本振缓冲器，需要付出面积和功耗的代价。本节芯片所采用的一级本振缓

冲器为中心频率可调的窄带放大器，额外的面积和功耗较小，支持四信道切换，是更为合适的设计方案。

由于 IEEE 802.11ad 标准定义的每个信道的带宽仅为 2.16GHz，该无线收发芯片中的上下混频器也用四信道切换的设计取代了 8.2 节中的宽带设计，从而提高转换增益，减小了芯片面积并降低了系统功耗。

8.3.2 高线性度的收发开关

由于全集成60GHz QPSK无线收发芯片(图 8.4)对收发开关的线性度要求不高，所以 8.2 节中仅讨论了收发开关的阻抗匹配(与插入损耗性能直接相关)，而未对其线性度进行优化。本节首先分析图 8.5(a)所示的收发开关电路线性度的限制因素，然后提出一种基于晶体管堆叠技术的高线性度收发开关结构，并进行详细讨论。

1. 传统毫米波收发开关线性度的限制因素

图 8.5(a)所示的收发开关电路为基于 1/4 波长传输线的传统毫米波收发开关结构，采用并联晶体管作为开关器件，晶体管的栅端和体端均通过 $10k\Omega$ 的大电阻引出。将收发开关发射支路的开关晶体管、栅端大电阻和漏端大电阻重画，并标出晶体管 M_1 的寄生电容 C_{gd}、C_{gs}、C_{db}、C_{sb} 和寄生二极管 D_{IO}(PW 至 NW/DNW)，如图 8.33 所示。大电阻 R_B 将 M_1 体端的直流电平设置为 0V，M_1 周围的 NW/DNW 外接 1V 的电源电压，此时寄生二极管 D_{IO} 处于反偏状态，当 M_1 尺寸较小时，D_{IO} 的影响可以忽略。

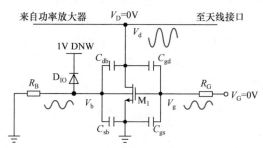

图 8.33 采用并联晶体管作为开关器件时电路的寄生电容示意图

在发射模式下，收发开关接收支路的开关晶体管导通，将接收支路和发射支路的直流电平同时设置为 0V(V_D=0V)。M_1 栅端的直流电平也为 0V(V_G=0V)，M_1 处于截止状态，寄生电容 C_{gd} 和 C_{gs} 构成约 1∶1 的电容分压器，因此，M_1 的栅端对地交流电压 V_g 为

$$V_g = \frac{C_{gd}}{C_{gd} + C_{gs}} V_d \tag{8.25}$$

其中，V_d 代表来自功率放大器输出端的交流信号。当功率放大器的输出功率较高，导致 M_1 的栅源电压大于晶体管阈值电压 V_{TH} 时，M_1 将正向导通，临界条件为

$$V_{gs} = V_G + V_g = V_g = \frac{C_{gd}}{C_{gd} + C_{gs}} V_d \geqslant V_{TH} \tag{8.26}$$

$$V_d \geqslant \frac{C_{gd} + C_{gs}}{C_{gd}} V_{TH} \tag{8.27}$$

当 V_d 处于负半周期时，C_{gd} 和 C_{gs} 的分压作用使 M_1 的漏端电压小于栅端电压，可能导致 M_1 反向导通，临界条件为

$$V_{gd} = (V_G + V_g) - (V_D + V_d) = -\frac{C_{gs}}{C_{gd} + C_{gs}} V_d \geqslant V_{TH} \tag{8.28}$$

$$V_d \leqslant -\frac{C_{gd} + C_{gs}}{C_{gs}} V_{TH} \tag{8.29}$$

当收发开关需要传输大信号时，开关管的正向导通或反向导通均会导致有用信号泄漏，收发开关的插入损耗变大。因此，收发开关的线性度受到式(8.27)和式(8.29)限制。在低频段，晶体管处于截止状态时，栅源寄生电容 C_{gs} 和栅漏寄生电容 C_{gd} 大小基本相同[23]，式(8.27)和式(8.29)简化为

$$|V_d| \geqslant 2 \cdot V_{TH} \tag{8.30}$$

即当 V_d 的摆幅达到 $2V_{TH}$ 时，收发开关已进入非线性状态。在毫米波频段，晶体管栅、源、漏三个端口的金属连接线引入的寄生电容对栅源电容和栅漏电容的影响显著。由式(8.27)和式(8.29)可知，当 C_{gs} 和 C_{gd} 偏差较大时，收发开关的线性度将进一步恶化。

2. 基于晶体管堆叠结构的高线性度收发开关结构

IEEE 802.11ad 无线收发芯片采用了一种基于晶体管堆叠技术的高线性度收发开关，电路图如图 8.34 所示。发射支路和接收支路的开关器件各由三个尺寸相同的晶体管堆叠构成，每个晶体管的栅端和体端各通过 $10\text{k}\Omega$ 的大电阻引出。

在图 8.34 中，当开关信号为 0V 时，M_1、M_3 和 M_5 截止，M_2、M_4 和 M_6 导通，收发开关处于发射模式。M_1 的漏端和地之间存在六个串联的寄生电容，分别为 C_{gd1}、C_{gs1}、C_{gd3}、C_{gs3}、C_{gd5} 和 C_{gs5}。由于 M_1、M_3 和 M_5 处于截止状态，通过优化版图中晶体管端口的连线，可以使这六个电容的大小基本相同。用 V_{d1} 代表来自功率放大器的交流信号，则三个堆叠的晶体管的漏栅电压和栅源电压满足以下关系：

$$V_{dg1} \approx V_{gs1} \approx V_{dg3} \approx V_{gs3} \approx V_{dg5} \approx V_{gs5} \approx \frac{1}{6} V_{d1} \tag{8.31}$$

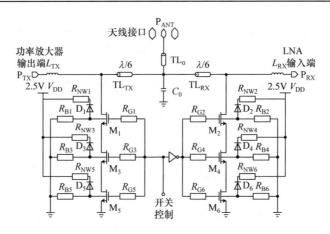

图 8.34　高线性度收发开关的电路图

当功率放大器输出信号过大时，M_1 的漏端和地之间导通的临界条件为

$$|V_{d1}| \geqslant 6 \cdot V_{TH} \tag{8.32}$$

将式(8.32)与式(8.30)对比可知，用三个晶体管堆叠式连接的开关器件代替单个开关晶体管，引发有用信号泄漏的功率放大器输出幅度的临界值将提高为原来的三倍，显著提高了收发开关的线性度。

开关晶体管导通电阻的大小直接影响收发开关的隔离度。与图 8.5(a)中的收发开关电路相比，当开关器件由三个相同尺寸的晶体管串联实现时，总导通电阻变为原来的三倍，将导致收发开关的隔离度下降。为了保证隔离度，需要采用大尺寸的晶体管，降低每个串联晶体管的导通电阻。图 8.5(a)中的收发开关所采用的开关管尺寸为48μm/0.06μm，而在图 8.34 中，开关管 M_1～M_6 均为 270μm/0.06μm。如果忽略晶体管之间的连线寄生，在发射模式下，M_1、M_3 和 M_5 串联后在 M_1 漏端引入的寄生电容的大小与图 8.5(a)中单个开关管截止状态下的漏端寄生电容的大小相当。

然而，采用多个堆叠晶体管作为开关器件时，由于所需晶体管的尺寸很大，同时电路的工作频率较高，晶体管之间连线的寄生效应不能忽略。采用较宽的金属走线将增大寄生电容,而较窄的走线则在晶体管导通状态引入寄生电阻。表 8.10 中对比了采用三个或四个 270μm/0.06μm 的晶体管堆叠构成开关器件的情况下，晶体管之间的连线寄生的影响。其中 C_{off} 代表堆叠晶体管在截止状态下的等效漏端电容，R_{on} 代表堆叠晶体管在导通状态下的等效导通电阻，Q 值由式(8.33)定义，并在 f 为 60GHz 处进行计算。

$$Q = \frac{1}{2\pi \cdot f \cdot C_{off} \cdot R_{on}} \tag{8.33}$$

表 8.10　晶体管堆叠结构中走线寄生的影响

堆叠结构	三个晶体管堆叠			四个晶体管堆叠		
寄生参数	C_{off}/fF	R_{on}/Ω	Q	C_{off}/fF	R_{on}/Ω	Q
忽略走线寄生	49	3.9	13.9	37	5.2	13.8
考虑走线寄生	62	4.5	9.5	54	5.9	8.3

收发开关的设计需要在插入损耗和隔离度之间折中。C_{off} 与收发开关的插入损耗相关，R_{on} 与收发开关的隔离度相关，因此 Q 值能够反映收发开关的综合性能。开关器件的 Q 值越高，收发开关能够具有越小的插入损耗和越高的隔离度。

用 N 代表堆叠晶体管的数目。忽略晶体管的走线寄生时，C_{off} 与 N 成正比，R_{on} 与 N 成反比，因此 Q 值与 N 无关，仅由晶体管的工艺参数决定(表 8.10 中两种情况下的 Q 值分别为 13.9 和 13.8，为数值近似引入的误差)。如表 8.10 所示，晶体管的走线寄生将导致 C_{off} 和 R_{on} 同时增大，Q 值下降，恶化收发开关的性能。当开关器件由三个晶体管堆叠构成时，Q 值下降约 32%，而当开关器件由四个晶体管堆叠构成时，Q 值下降约 40%。

尽管增大 N 可以提高收发开关的线性度，但所需晶体管的尺寸也随着 N 的增加而增大。从表 8.10 可见，多个大尺寸晶体管之间的走线寄生会降低开关器件的 Q 值，从而恶化收发开关的插入损耗和隔离度。在基于晶体管堆叠技术的收发开关设计中，应在满足系统所需的收发开关线性度的基础上，使用尽可能少的晶体管进行堆叠连接。

在图 8.34 所示的结构中，为了确保晶体管 M_1～M_6 体端的寄生二极管 D_1～D_6 处于反偏状态，M_1～M_6 周围的 NW/DNW 外接了 2.5V 的电源电压。由于 M_1～M_6 的尺寸很大，反偏状态下的 D_1～D_6 会引入较大的寄生电容，导致有用信号向 NW/DNW 泄漏，增大收发开关的插入损耗。为了解决这个问题，收发开关中采用了 100kΩ 的大电阻 R_{NW1}～R_{NW6}，用于将晶体管周围的 NW/DNW 设置为小信号开路状态，降低 D_1～D_6 的影响。

此外，图 8.34 所示的结构还在三条传输线的交点插入了电容 C_0 用于宽带阻抗匹配。C_0 的大小为 35fF，它将所需传输线 TL_{TX} 和 TL_{RX} 的长度缩短了 33%(从 1/4 波长缩短为 1/6 波长)，从而减小了芯片面积。

在该收发开关的版图设计中，收发开关的功率放大器接口处的电感 L_{TX} 与功率放大器输出匹配网络中的电感可以合并，用一个更大的螺旋形电感实现。从而省略功率放大器与收发开关的模块间连线，降低发射通道的损耗。

仿真结果显示，该高线性度收发开关在 57～66GHz 带宽内的插入损耗为 1.9～2.0dB，中心频率 61.5GHz 处的输入 1dB 压缩点为 20.0dBm，不导通端口之间的隔离度大于 21dB。

3. 四信道射频下混频器

四信道射频下混频器电路图如图 8.35 所示。射频下混频器采用了双平衡的吉尔伯特结构。在射频输入差分对 M_1 和 M_2 的栅端和漏端之间引入了交叉耦合接法的电容 C_a 和 C_b，用于中和差分对的栅漏寄生电容 C_{gd}，可以增大晶体管在高频处的最大可获得增益[24]，从而提高射频下混频器的转换增益。

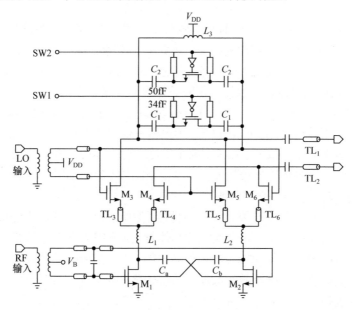

图 8.35　四信道射频下混频器电路图

射频下混频器的差分中频输出端之间插入了两组开关电容对 C_1 和 C_2，C_1 和 C_2 的大小分别为 34fF 和 50fF。通过改变开关晶体管的栅端控制字 SW1 和 SW2，可以对射频下混频器进行四信道切换。表 8.11 列出了射频下混频器在四个信道下的控制字。当 SW1 和 SW2 都为低电平时，两个开关晶体管均导通，C_1/C_2 的一端为差分中频输出端，而另一端近似为小信号虚地点，此时输出端的总电容最大，因此中心频率最低，射频下混频器工作在信道一状态。同理，当 SW1 和 SW2 都为高电平时，两个开关晶体管均断开，C_1/C_2 的一端为差分中频输出端，而另一端近似为小信号开路，此时输出端的总电容最小，因此输出 LC 网络的中心频率最高，射频下混频器工作在信道四状态。

表 8.11　射频下混频器在四个信道下的控制字

控制字	信道一	信道二	信道三	信道四
SW2	0	0	1	1
SW1	0	1	0	1

图 8.36 为四个信道下，射频下混频器与 I/Q 下混频器级联的转换增益的仿真结果。如图所示，当 SW2/SW1 控制字随信道变化时，四个信道内的级联转换增益较为一致，均在 16～18dB 范围内变化；而当 SW2/SW1 控制字保持为 01 不变时，在信道一、三、四内，级联转换增益随频率变化比较剧烈，其中信道四的高频边缘(65.88GHz)的增益相对于其低频边缘(63.72GHz)下降了 4.5dB。

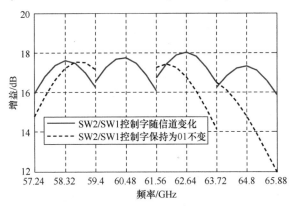

图 8.36　两级下混频器级联的转换增益的仿真结果

4. 四信道一级本振缓冲器

四信道一级本振缓冲器接收由压控振荡器产生的一级本振信号，用于驱动 QILFD 和射频上下混频器，是 IEEE 802.11ad 无线收发芯片中的重要模块。该电路与全集成 60GHz QPSK 无线收发芯片中的 BUF1 结构基本相同，均由三级差分放大器构成，其中第三级放大器的差分输出端分别用于驱动射频上混频器和射频下混频器。

为了实现四信道切换功能，一级本振缓冲器的电路中也采用了开关电容单元。图 8.37 为一级本振缓冲器的接收支路电路图。开关电容单元由两个大小不同的电容 C_1 和 C_2 分别与开关晶体管串联构成。从图中可见，两个开关电容单元分别位

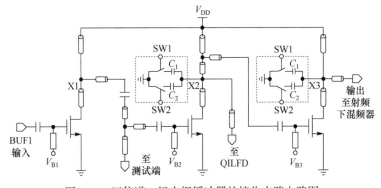

图 8.37　四信道一级本振缓冲器的接收支路电路图

于第二级和第三级放大器晶体管的漏端负载网络中。通过调节控制字 SW1/SW2，接入负载网络的电容大小可分为四挡，从而改变缓冲器的中心频率和输出匹配特性。为避免对压控振荡器的 LC 谐振网络造成影响，第一级放大器中没有使用开关电容单元。

将四信道一级本振缓冲器的放大管偏置 $V_{B1} \sim V_{B3}$ 均设置为 550mV，压控振荡器提供的输入电压幅度设置为 300mV，在四种 SW1/SW2 控制字组合的情况下，对缓冲器的频率特性进行扫描，得到四个信道下的缓冲器输出功率曲线，如图 8.38(a)所示。从图中可见，四条曲线均呈现窄带的带通特性，分别在四个目标频率点处达到最大的输出功率。缓冲器在四个信道下能够给射频上下混频器提供约–5dBm 的输出功率，满足系统需求。如果将放大管的偏置电压增大为 650mV，输出功率可以增大至–2dBm。缓冲器与射频上下混频器的接口处采用了 50Ω 匹配设计。图 8.38(b)为缓冲器在四个信道下的输出反射系数仿真结果。在四个目标频率点，S_{22} 均小于–12dB，缓冲器具有较好的输出匹配性能。

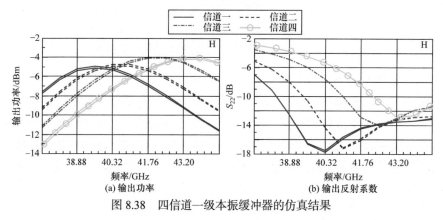

图 8.38　四信道一级本振缓冲器的仿真结果

8.3.3　芯片测试结果

该 IEEE 802.11ad 无线收发芯片采用 65nm 1P9M CMOS 工艺流片。包含所有焊盘在内，芯片的总面积为 1.7mm×2mm。芯片的显微照片如图 8.39 所示。与 8.2 节全集成 60GHz QPSK 无线收发芯片布局类似，60GHz 的天线端口和 40GHz 的压控振荡器测试端分别布局在芯片的左右两侧，而其余的直流焊盘、基带输入和输出焊盘主要布局在芯片的上下两侧。

本节给出 IEEE 802.11ad 无线收发机芯片的已有测试结果。

1) 时钟部分测试结果

如图 8.40 所示，开环状态下测得的差分调谐压控振荡器的输出频率范围为 38.4～43.4GHz，可以覆盖四信道收发机所需要的 38.88GHz、40.32GHz、41.76GHz、43.20GHz 四个频率点。

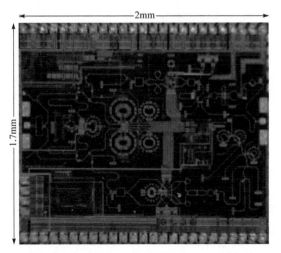

图 8.39 IEEE 802.11ad 无线收发芯片显微照片

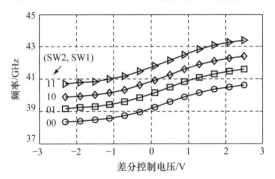

图 8.40 差分调谐压控振荡器的输出频率范围

图 8.41 是频率综合器锁定 41.76GHz(信道三)时的输出频谱图，可以看见在中心频率±60MHz 处出现了约−31dBc 的参考杂散。此时的相位噪声曲线如图 8.42 所示，1MHz 频偏处相位噪声为−90.9dBc/Hz，10MHz 频偏处相位噪声为−116.9dBc/Hz。

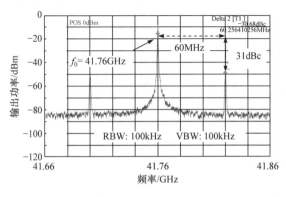

图 8.41 频率综合器锁定在 41.76GHz(信道三)时的输出频谱

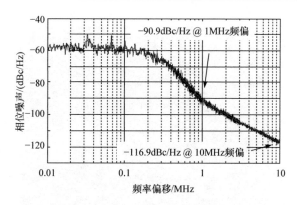

图 8.42　频率综合器锁定在 41.76GHz(信道三)时的相位噪声

2) 接收机测试结果

如图 8.43 所示，芯片在接收模式下，天线接口处的输入反射系数在 52～67GHz 的范围内均小于–10dB，能够完整覆盖 57～66GHz 的四个信道。

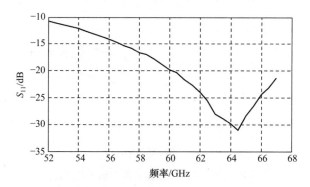

图 8.43　天线接口处的输入匹配(接收模式)

通过配置片上频率综合器的输出频率，在四个信道下分别测量了接收机的级联增益和噪声系数。四信道级联增益的测试结果如图 8.44 所示，在 PGA 的最高增益挡位下，从收发开关的天线接口至 PGA 的输出端，前三个信道的接收机级联增益为 62～65dB，3dB 增益带宽能够覆盖单个信道。但在信道四的高频处，接收机级联增

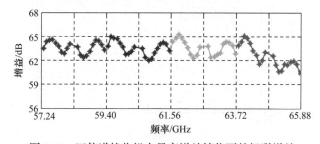

图 8.44　四信道接收机在最高增益挡位下的级联增益

益开始下降, 原因可能是 LNA 电路中采用的无源元件的电磁场仿真不够准确, 导致增益曲线中心频率相比仿真偏低, 因此不能完整覆盖 57~66GHz 的四个信道。

通过控制 PGA 的增益开关, 接收机的增益可达到 28dB 的动态范围。芯片工作在信道二时在各个增益状态下的级联增益曲线如图 8.45 所示。

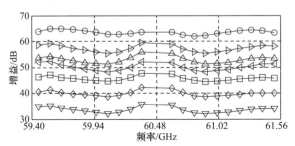

图 8.45　接收机级联增益(信道二)

图 8.46 为接收机在最高增益挡位下的四信道级联噪声系数。在每个信道的中心频率附近, 级联噪声系数约为 7dB。

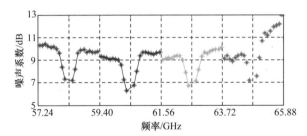

图 8.46　四信道接收机在最高增益挡位下的级联噪声系数

图 8.47 是芯片工作在信道二时, 从天线端口输入 61.48GHz 的正弦信号, 用示波器抓取的 PGA 的测试缓冲器输出端的 I/Q 输出波形(频率为 1GHz)。从图中可以看出, I 路和 Q 路的波形均为较好的正弦形状, 而且幅度和相位都能够较好地匹配。

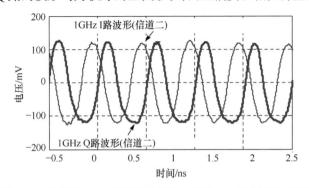

图 8.47　接收机 PGA 测试缓冲器输出端的 I/Q 输出波形(信道二)

3) 发射机测试结果

如图 8.48 所示,芯片在发射模式下,天线接口处的输出反射系数在 57～66GHz 的四个信道范围内均小于–8dB,表明发射机在小信号工作时具有良好的输出匹配特性。

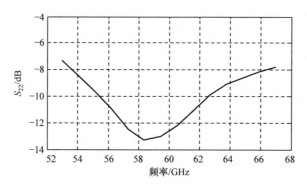

图 8.48　天线接口处的输出匹配(发射模式)

采用任意波形发生器 M8190A 提供发射机的正交、差分四相输入信号,通过频谱仪可以观测发射机输出端的频谱。当输入信号为 600MHz 正弦波,片上本振信号设置为40.32GHz(信道二)时,发射机输出端的频谱如图 8.49 所示。可以看到,输入信号经过两次上变频后,在上边带产生了一个单频输出。此时本振泄漏约为–30dB,而镜像信号抑制约为–18dB。

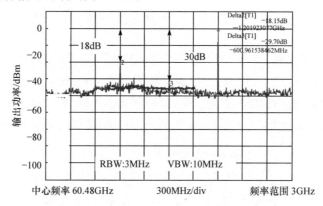

图 8.49　发射机输出频谱(600MHz 四相输入信号)

固定发射机的四相输入信号为 600MHz 正弦波不变,改变本振信号的频率,可以得到四个信道下发射机的输出功率曲线,如图 8.50 所示。当功率放大器处于高功率模式时,发射机可以提供12.6dBm功率(58.92GHz),相应的漏端效率为6.4%;当功率放大器处于低功率模式时,发射机可以提供 8.9dBm 功率(58.92GHz),相应的漏端效率为 5.5%。

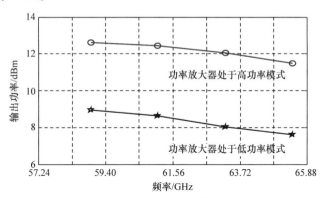

图 8.50　发射机的输出功率

采用 M8190A 提供 2Gbit/s 的 QPSK 调制信号,片上本振信号设置为 40.32GHz
(信道二)时,发射机输出端能够得到正确的频谱,如图 8.51 所示。由于测试仪器
的限制,目前暂时无法获得发射机的星座图和 EVM 数据。

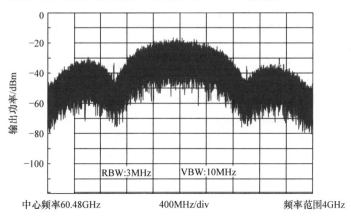

图 8.51　发射机输出频谱(2Gbit/s QPSK 调制信号输入)

8.3.4　小结

本节讨论了在 65nm CMOS 工艺下实现的一款兼容 IEEE 802.11ad 标准的四信
道收发机芯片,片上集成了双模功率放大器和基于晶体管堆叠结构的高线性度收
发开关,同时具有四信道切换功能。测试结果表明,片上的频率综合器能够提供
四个信道所需的本振信号。接收模式下,芯片在前三个信道内最高能提供 62～
65dB 的转换增益,并具有 28dB 的动态范围。在每个信道的中心频率附近,级联
噪声系数约为 7dB。发射模式下,芯片能正确完成上变频功能,并在高功率模式

和低功率模式下分别提供 12.6dBm 和 8.9dBm 的输出功率(58.92GHz)，相应的漏端效率分别为 6.4%和 5.5%。收发机芯片总面积为 1.7mm×2mm。这款芯片在 8.2 节所述 60GHz QPSK 无线收发芯片的基础上，进一步降低了芯片功耗，并减小了芯片面积。

参 考 文 献

[1] 况立雪. CMOS 毫米波高数据率无线收发机关键技术研究. 北京: 清华大学, 2014.

[2] Kuang L, Yu X, Jia H, et al. A fully integrated 60-GHz 5-Gb/s QPSK transceiver with T/R switch in 65-nm CMOS. IEEE Transactions on Microwave Theory and Techniques, 2014, 62(12): 3131-3145.

[3] Razavi B. Design of Analog CMOS Integrated Circuits. New York: McGraw-Hill, 2001.

[4] 池保勇, 余志平, 石秉学. CMOS 射频集成电路分析与设计. 北京: 清华大学出版社, 2006.

[5] Niknejad A, Hashemi H. mm-Wave Silicon Technology: 60GHz and Beyond. New York: Springer Science, Business Media, 2008.

[6] Wells J. Faster than fiber: The future of multi-Gb/s wireless. IEEE Microwave Magazine, 2009, 10(3): 104-112.

[7] He M, Winoto R, Gao X, et al. A 40nm dual-band 3-stream 802.11a/b/g/n/ac MIMO WLAN SoC with 1.1Gb/s over-the-air throughput// 2014 IEEE International Solid-State Circuits Conference (ISSCC), San Francisco, 2014: 350-351.

[8] Mitomo T, Tsutsumi Y, Hoshino H, et al. A 2Gb/s throughput CMOS transceiver chipset with in-package antenna for 60GHz short-range wireless communication// 2012 IEEE International Solid-State Circuits Conference (ISSCC), San Francisco, 2012: 266-267.

[9] 曹志刚, 钱亚生. 现代通信原理. 北京: 清华大学出版社, 1992.

[10] Adabi E, Niknejad A. Analysis and design of transformer-based mm-wave transmit/receive switches. International Journal of Microwave Science and Technology, 2012: 1-11.

[11] Yeh M, Tsai Z, Liu R, et al. Design and analysis for a miniature CMOS SPDT switch using body-floating technique to improve power performance. IEEE Transactions on Microwave Theory and Techniques, 2006, 54(1): 31-39.

[12] Vecchi F, Bozzola S, Temporiti E, et al. A wideband receiver for multi-Gbit/s communications in 65 nm CMOS. IEEE Journal of Solid-State Circuits, 2011, 46(3): 551-561.

[13] Lee T. The Design of CMOS Radio-Frequency Integrated Circuits. 2nd ed. Cambridge: Cambridge University Press, 2004.

[14] Cherry E, Hooper D. The design of wide-band transistor feedback amplifiers. Proceedings of the Institution of Electrical Engineers, 1963, 110(2): 375-389.

[15] Hsieh Y, Hsieh H, Lu L, et al. A wideband programmable-gain amplifier for 60GHz applications in 65nm CMOS// 2013 IEEE International Symposium on VLSI Design, Automation, and Test (VLSI-DAT), Hsinchu, 2013: 1-4.

[16] Kitamura R, Tsukizawa T, Saito N. An 84dB-gain-range and 1GHz-bandwidth variable gain amplifier using gain flattening capacitors for multi-gigabit radio// 2013 IEEE Radio and

Wireless Symposium (RWS), Austin, 2013: 220-222.

[17] Cai D, Shang Y, Yu H, et al. Design of ultra-low power 60GHz direct-conversion receivers in 65nm CMOS. IEEE Transactions on Microwave Theory and Techniques, 2013, 61(9): 3360-3372.

[18] Zhu W, Chi B, Kuang L, et al. An inductorless CMOS programmable-gain amplifier with > 3 GHz bandwidth for 60GHz wireless transceivers. Journal of Semiconductors, 2014, 35(10): 105001-1-105001-6.

[19] Thakkar C, Kong L, Jung K, et al. A 10Gb/s 45mW adaptive 60GHz baseband in 65nm CMOS. IEEE Journal of Solid-State Circuits, 2012, 47(4): 952-968.

[20] Tsukizawa T, Shirakata N, Morita T, et al. A fully integrated 60GHz CMOS transceiver chipset based on WiGig/IEEE802.11ad with built-in self calibration for mobile applications// 2013 IEEE International Solid-State Circuits Conference (ISSCC), San Francisco, 2013: 230-231.

[21] Vidojkovic V, Mangraviti G, Khalaf K, et al. A low-power 57-to-66GHz transceiver in 40nm LP CMOS with −17dB EVM at 7Gb/s// 2012 IEEE International Solid-State Circuits Conference (ISSCC), San Francisco, 2012: 268-269.

[22] Siligaris A, Richard O, Martineau B, et al. A 65nm CMOS fully integrated transceiver module for 60GHz wireless HD applications// 2011 IEEE International Solid-State Circuits Conference (ISSCC), San Francisco, 2011: 162-163.

[23] Razavi B. Design of millimeter-wave CMOS radio a tutorial. IEEE Transactions on Circuits and Systems I: Regular Papers, 2009, 56(1): 4-16.

[24] Asada H, Bunsen K, Matsushita K, et al. A 60GHz 16Gb/s 16QAM low-power direct-conversion transceiver using capacitive cross-coupling neutralization in 65nm CMOS// 2011 IEEE Asian Solid State Circuits Conference (A-SSCC), Jeju, 2011: 373-376.

第 9 章 毫米波雷达收发机技术

本章介绍雷达收发机在系统中的作用，雷达收发机的发展趋势，全集成雷达毫米波的工作原理、组成和主要的技术参数。本章的最后结合现有的雷达产品对毫米波雷达收发机进行分析，阐述现代雷达收发机的共性要求以及各种不同体制收发机的特性要求。

9.1 毫米波雷达收发机概述

雷达的目的是运用无线电传播的方式对空间发射电磁波，通过反射信号获取目标信号的位置信息，因此雷达又被称为无线电定位器。雷达的基本任务是探测目标，并从中提取目标距离、角坐标、速度等方面的信息[1]。近几年随着军事和商业应用的小型化，经济型、高精度雷达发展的需求，雷达技术有了新的突破，雷达的应用领域也得到了拓宽，如无人机(unmanned aerial vehicle，UAV)、无人驾驶汽车以及各种商业民事应用。硅基技术制造工艺的发展提高了雷达探测的能力，让雷达制造的成本降低，满足市场发展小型化的要求。

从 20 世纪 40 年代开始，雷达毫米波已经开始了研制工作，20 世纪 50 年代雷达应用到交通管制和船导航中，具有高分辨率、高精度、小天线口径等优点。毫米波技术的发展在近几年一再受到限制，至今毫米波技术仍然存在着许多技术上的软肋：工作频率越高，功率源输出功率和效率越低，接收机混频器和传输线损耗越大。在 19 世纪 70 年代毫米波技术有了很大的进步，研制出了很多新型功率信号源，例如，热离子器件：磁控管、行波管、速调管、扩展的相互作用振荡器、返波管振荡器和回旋管等。在 19 世纪 70 年代后期，毫米波技术已经更多地应用于军事和民用系统中，如进程高分辨力方孔系统、导弹制导系统、汽车防撞雷达系统等。根据毫米波雷达的特点，其自身存在着以下优点：高精度多搜索范围测量，能够进行高精度距离、方位、频率和空间位置的测量定位；毫米波雷达具有带宽宽、分辨率高等优点，毫米波技术的优点是波长短，更容易获得目标点的轮廓特征和细节特征，非常适用于对目标的识别和分类。毫米波波长短，对应的光学尺寸比较小，相对于微波波段能够更好地对小目标进行探测[1]。另外，毫米波相对微波波段自身还存在着较强的抗干扰能力。

随着无线通信、导航、军事等产业的牵引和工艺技术的进步，毫米波雷达射频集成电路取得了快速的发展，经历了由分立器件到单一功能的射频集成电路，再到多功能的射频集成电路系统的演变，目前正朝着高集成度、多功能、系统集成的方向发展[1]。而晶体管的出现和小型化让这一趋势成为可能。

从 1907 年李·德弗雷斯特发明了世界上第一个晶体管，到 1911 年建立了第一个基于三个音频放大器的真空放大器，最开始的放大器只能做初步的放大工作，并不能有效接收弱雷达信号，到 1914 年第一个射频集成电路出现，硅基芯片 55nm、65nm 工艺成熟并且不断向 45nm、28nm、14nm 和 10nm 及以下推进，促使现在雷达的发展突飞猛进。

早期，设计毫米波集成电路总是需要高性能的射频技术，但是过去传统的硅基 CMOS 晶体管的性能有限，往往不能满足毫米波集成电路的设计要求。近几年随着硅基技术如 CMOS 工艺的不断发展，尤其是近几年纳米级别的雷达性能的不断提高，MOSFET 的毫米波频段的性能不断提高，它的单位增益截止频率已经接近 CaAs 的水平，同时出现了一些采用 CMOS 工艺实现的射频前端的单元电路及收发器件，这使 CMOS 工艺实现雷达收发机的芯片集成成为可能。

毫米波集成电路的性能依赖于半导体技术的性能，因此半导体技术的发展能够拓展集成电路的应用领域。半导体器件自身的性能受到很多参数的影响，如半导体金属层、填充的介质、底层的性质等。

9.1.1　全集成毫米波雷达收发机的作用

全集成毫米波收发机从结构上分为发射部分和接收部分。本节分两部分说明发射机和接收机的任务。毫米波通过发射机发射信号，再由接收机接收目标反射信号，并通过信号处理的过程，判断目标距离，探测目标的距离、方位角、高度以及相应的速度信息。

1. 发射机部分的作用

雷达发射机的作用是为雷达提供发射能量的无线装置，为雷达提供一个用于载波的较大功率的信号。雷达发射机可以将低频的能量信号转化为符合要求的射频或毫米波能量信号，通过馈电系统和天线将信号传递到空间中。

雷达发射机的任务是为雷达系统提供一种满足特定要求的大功率射频发射信号，经过馈线和收发开关并由天线辐射到空间。发射机的分类有很多种，根据调制方式可以分为脉冲调制发射机和连续波调制发射机，市场上应用最多的是脉冲调制发射机。脉冲调制发射机通常可以分为单级振荡式发射机和主振荡式发射机两类。

2. 接收机部分的作用

雷达接收机是对天线接收的从目标点反射回来的信号掺杂的干扰信号和噪声

信号进行滤波、处理。干扰信号有时也称为杂波信号，包含着雷达接收机自身的噪声、邻近雷达的干扰、通信设备产生的信号等。不同作用的雷达有用信号和杂波是相对的，根据需要探测的具体目标而定。

雷达接收机通过选频、放大、变频和解调等一系列方法，将反射回来的目标信号转化成计算机可以处理的数字信号。一般用所能检测到的最大距离来表示雷达的性能，雷达方程(该雷达方程为标准状况下的雷达方程，没有考虑到大气损耗)可以表示为[2]

$$R_{max} = \sqrt[4]{\frac{P_t G_t G_r \lambda^2 \sigma_T}{(4\pi)^2 S_{min}}} \qquad (9.1)$$

其中

$$G_t = G_r = \frac{4\pi A}{\lambda^2}$$

R_{max} 为最大探测距离；P_t 为发射信号功率；G_t 为发射天线增益；G_r 为接收天线增益；λ 为发射的电磁波波长；σ_T 为目标雷达散射截面；S_{min} 为接收机最小检测信号；A 为发射/接收天线有效接收面积。

毫米波雷达接收机在接收到回波的同时，会接收到干扰信号，在接收机内部，信号在传递的过程中也会出现干扰。所以如何将目标信号准确地提取出来同时降低干扰信号是接收机设计的主要目标。

9.1.2　全集成毫米波雷达收发机发展状况

早在 1952 年电子元器件会议上，杰弗里·达默就率先指明了随着晶体管和半导体的发展，电路发展的方向必然是一个可集成的区域，这个区域必然含有绝缘、导线、整流和放大材料以及划分不同模块的区域。1958 年德州仪器公司的杰克·基尔比开发了第一个由晶体管、扩散电容和金属线连接的集成电路。一年之后，吉恩·赫尔尼利用热扩散过程和氧化扩散开发出来表面化便于生产的集成电路的实例。1967 年最大中心频率为 3GHz 的毫米波肖特基 GaAs 场效应管被创造出来，但是直到 8 年之后，第一个全单片单级 GaAs X 波段放大器才被制造出来，完成了 X 波段的收发。总的来说，毫米波集成电路经历了一个较长的发展时间。

表 9.1 是 IEEE 划分的频率以及相应的字母表示[3]。目前毫米波雷达和军事雷达占据了 30～300GHz 的带宽。其他波段(如 L、S、C、X、Ku、K、Ka)目前已经应用到其他设备上。

表 9.1 IEEE 标准频率划分及波段的字母表示符号

波段	频率	波长
HF(高频)	3～30MHz	10～100m
VHF(超高频)	30～300MHz	1.0～10m
UHF(甚高频)	300～1000Hz	15～100cm
L	1～2GHz	15～30cm
S	2～4GHz	7.5～15cm
C	4～8GHz	3.75～7.5cm
X	8～12GHz	2.5～3.75cm
Ku	12～18GHz	1.67～2.5cm
K	18～27GHz	1.11～1.67cm
Ka	27～40GHz	7.5～11.1mm
V	40～75GHz	4.0～7.5mm
W	75～110GHz	2.7～4.0mm
毫米波	30～300GHz	1.0～10mm

9.1.3 国内全集成雷达的发展形势

中国作为全球最大的汽车生产和消费国家，在 2015 年国家市场已经达到 1.7 亿辆的保有量，其中私家车 1.25 亿辆，据统计，2020 年前汽车的消费水平以每年 2000 万辆的速度发展。中国近几年汽车市场占全球汽车销量的 30%，但是 ADAS 所占的份额却远远低于 30%。随着近几年中国的消费结构升级和中产阶级对汽车需求量的增加，预计在未来几年 ADAS 的需求量会呈现爆炸式增长。汽车毫米波雷达系统包括天线、收发模块、信号处理模块。其中天线和单片微波集成电路(monolithic microwave integrated circuit，MMIC)前端是毫米波电路的硬件核心。加快开发国产毫米波雷达芯片并尽快进入车载应用，这将是我国汽车雷达产业摆脱受制于人局面的重要机遇。

毫米波雷达的核心部分是雷达收发电路，该部分主要由芯片构成并由国内外半导体公司控制，其中一些主要的公司包括英飞凌、意法半导体(STMicroelectronics，ST)、飞思卡尔等。一直以来国内汽车雷达系统芯片主要依赖于进口，成本相对比较高。最近几年国家大力发展 MMIC，毫米波集成电路也随之发展，其中 24GHz/77GHz 毫米波集成电路已经取得了突破性进展。

近几年中国的汽车毫米波雷达国产化已经取得了突破性进展,其中亮点如下。

东南大学毫米波国家重点实验室报道了基于硅基工艺的 8mm 波段的压控振荡器、混频器、倍频器、开关、放大器等功能芯片的研制，开展了单片接收/发射前端的设计和研制。

厦门意行半导体科技有限公司在 24GHz 射频前端取得了良好进展，已经独立开发了多款毫米波集成电路，在 77GHz 已经取得了一定的进展。

华城汽车系统股份有限公司在 24GHz 汽车毫米波雷达的研发方面已经积累了多年的经验。

南京隼眼电子科技有限公司依托东南大学毫米波国家重点实验室，也在专注于 77GHz 毫米波雷达产品技术。

杭州智博科技开发有限公司研发团队已经成功研制出了毫米波防撞雷达系统，该公司的毫米波防撞雷达主要覆盖了主动车距控制巡航系统、盲点安防雷达系统等七大功能，其中内部 24GHz 和 77GHz 感应器方案使整个 ADAS 能够对不同动态的周边环境进行预警，此外，还研制了新型高度集成毫米波雷达天线。

9.2　全集成毫米波雷达收发机主要质量指标

毫米波雷达收发机的参数根据整体雷达设计要求，结合现代雷达技术的发展水平来定，这些指标基本上决定了雷达收发机的基本类型以及相应的组成部分。本节将毫米波收发机分为发射部分和接收部分来介绍毫米波雷达收发机的主要参数。

9.2.1　发射机参数

1. 工作频率

发射机的工作频率是由其承担的任务来定的，选择频率时应当多方面考虑，如大气中的分子、温度、工作环境对电磁波的影响等，同时应该考虑到测试精度、分辨率等测试条件的要求。

地面对天空的搜索，需要用到的是远程雷达，考虑到雷达的尺寸由雷达的频率决定，因此此类的雷达多采用的是 X(7～11.2GHz)波段的雷达。又如，汽车雷达能便捷地探测近距离和远距离范围的物体，使汽车在高速和低速运行的过程中对周围的物体进行很好的检测，因此在汽车短距离雷达频段的划分是 23～24GHz，长距离汽车雷达频段为 60～61GHz。

雷达发射机的带宽可以定义为：发射机进行工作，在不进行任何调整时，射频发射机工作频率覆盖的范围[1]。

2. 输出功率

发射机的输出功率是指发射机末级放大器发送至天线馈电系统的功率。连续波的发射功率就是发送到天线馈电系统的射频功率。为了方便测量，通常将雷达的输出功率规定为在保证天线馈电阻抗一定的条件下，送至测试负载上的发射机输出功率。

雷达发射机输出功率可以分为峰值功率 P_t 和平均功率 P_{av}。P_t 是射频正弦的最大瞬时功率。P_{av} 是指脉冲重复周期内的输出功率的平均值。如果发射波形是简单的矩形射频脉冲串，脉冲宽度为 τ，脉冲重复周期为 T_r，则有

$$P_{av} = P_t \frac{\tau}{T_r} = P_t f_v \tag{9.2}$$

其中，$f_r = 1/T_r$ 为脉冲重复率；$f_v = \tau/T_r = \tau f_r$ 称为雷达工作的占空比。

3. 雷达发射机的总效率

发射机的总效率是指发射机的输出功率与它的输入功率之比，较高的发射机总效率能够提高整体的性能。发射机的总效率由电源效率、振荡器效率、调制器效率共同决定。

4. 信号形式和脉冲波形

由于雷达体制和用途不同，雷达的形式也是有差异的，常见的有表 9.2 中的形式。

表 9.2　雷达信号分类和作用

波形	调制类型	工作比/%
简单脉冲	矩形振幅调制	0.01～1
脉冲压缩	线性调制	0.1～10
	脉冲相位编码	
高工作比多普勒	矩形调幅	30～50
调制连续波	线性调制	100
	正弦调制	
	相位调制	

目前应用较多的是三种典型的雷达形式和调制波形。图 9.1(a)表示简单固定载波脉冲调制波形，T 为脉冲重复周期；图 9.1(b)是脉冲压缩雷达中所用的线性调频信号；图 9.1(c)是相位编码脉冲压缩雷达中使用的相位编码信号。其中 τ 和 τ_0 为脉冲宽度。

脉冲雷达中，脉冲波形是简单的矩形周期串，理想的矩形脉冲的参数主要是脉冲幅度和脉冲宽度。发射信号一般不都是矩形脉冲，而是具有下降沿和上升沿的脉冲，而且顶部会存在谐波信号。

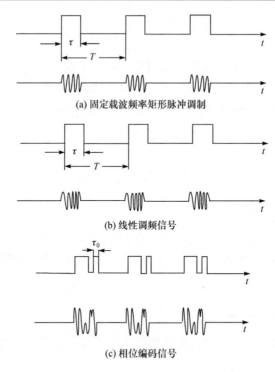

(a) 固定载波频率矩形脉冲调制

(b) 线性调频信号

(c) 相位编码信号

图 9.1　三种典型雷达信号形式和调制波形

5. 发射信号的稳定度和频率纯度

发射信号的稳定度是指各种发射信号的参数如发射机信号的振幅、频率（或相位）、脉冲宽度及脉冲重复频率等，是否随时间的变化而变化。由于参数的任何不稳定都会影响高性能雷达主要指标的实现，所以对信号稳定度提出了严格的要求。

雷达发射信号 $s(t)$ 可用式(9.3)表示：

$$s(t) = \begin{cases} \left(E_0 + \varepsilon(t)\right)\cos\left(2\pi f_c t + \varphi(t) + \varphi_0\right), & t_0 + nT_r + \Delta t_0 \leqslant t \leqslant t_0 + nT_r + \Delta t_0 + \tau + \Delta\tau \\ 0, & \text{其他} \end{cases}$$

$$(9.3)$$

其中，E_0 为等幅射频信号的振幅；$\varepsilon(t)$ 为叠加在 E_0 上的不稳定量；f_c 为射频载波频率；φ_0 为信号的初始相位；Δt_0 为脉冲起始时间的不稳定量；$\Delta\tau$ 为脉冲信号宽度的不稳定量。

信号瞬时频率 f 可以表示为

$$f = \frac{\mathrm{d}}{\mathrm{d}t}\left(2\pi f_c t + \varphi(t) + \varphi_0\right) = 2\pi f_c + \varphi'(t) \tag{9.4}$$

其中，$\varphi(t)$ 为相位不稳定量；f_c 为频率不稳定量。这些不稳定量通常都很小，即

$\left|\dfrac{\varepsilon(t)}{E_0}\right|$、$|\varphi(t)|$、$\left|\dfrac{\varphi'(t)}{2\pi f_0}\right|$、$\left|\dfrac{\Delta t_0}{T}\right|$、$\left|\dfrac{\Delta \tau}{\tau}\right|$ 都远小于 1。

　　信号的不稳定量通常分为随机不稳定量和确定不稳定量。确定不稳定量是由电源的波纹、脉冲调制波形的顶部波形和外界有规律的机械振动等因素产生的，通常随时间周期变化；随机不稳定量是由发射信号的噪声、调制脉冲的随机因素造成的。必须用统计的方法对这些随机变化进行分析，信号的稳定度可以从时间上进行度量，也可以在频域用傅里叶方法来度量，两者是等价的。

9.2.2　接收机参数

1. 灵敏度和噪声系数

　　接收机的灵敏度为接收机接收信号的能力。接收机的灵敏度越高，越容易接收到信号，从而雷达所能探测的距离越远。接收机的灵敏度通常用能够辨别的最小功率 $S_{\min}$ 表示。当接收到的信号低于接收机的灵敏度时，信号将被噪声掩盖而不能被辨别。雷达接收机的灵敏度受到噪声电平的限制，提高灵敏度需要降低噪声。降低噪声系数首先需要抑制外界噪声的干扰，其次需要减少接收机内部噪声的干扰。由于上述干扰的影响，雷达接收机由低噪声放大器、滤波器和匹配滤波等电路组成，同时需要接收通道各个部分进行合理分配。

　　雷达接收机的噪声系数定义为输入信噪比和输出信噪比的比值：

$$F = \frac{S_{\mathrm{i}}/N_{\mathrm{i}}}{S_{\mathrm{o}}/N_{\mathrm{o}}} \tag{9.5}$$

　　噪声系数表明的是内部噪声的大小，接收机的灵敏度和噪声系数之间的关系可以用式(9.6)表示：

$$S_{\min} = kT_0 B_0 FM \tag{9.6}$$

其中，$k = 1.38 \times 10^{23}\,\mathrm{J/K}$ 为玻尔兹曼常量；$T_0 = 290\mathrm{K}$ 为室内的热力学温度；B_0 为系统噪声系数；M 为识别系数，一般取 $M = 1$。

2. 选择性和信号带宽

　　信号选择性为接收机信号去除干扰信号获取有用信号的能力。接收机对信号的选择性与接收机内部的频率选择和接收机自身的高频及中频部分有关系。在保证可以接收到所需信号的条件下，带宽越窄，需要滤波器滤波的性能越好。

　　信号的带宽也称为通频带，在脉冲雷达中，通常情况下采用 τ 表示脉冲宽度，Δf 表示信号带宽，二者之间的关系表示为

$$\Delta f \approx \frac{1}{\tau} \tag{9.7}$$

为了脉冲边沿陡直以及测距精度高，通频带通常选为 $2/\tau$。现代雷达中，信号波形的时间-带宽积大于 1，此时接收机的带宽和频谱带宽相匹配。

3. 动态范围和增益

动态范围是雷达接收机正常工作时，允许信号强度变化的范围。最小输入信号的强度是最小分辨信号 S_{min}，最大输入信号强度根据正常的工作要求来定。

当输入信号的功率小于最小输入功率时，雷达系统很难对雷达进行检测，当输入过大时，接收机就会出现过饱和的现象从而使较小的目标的回波信号丢失。

增益表示接收机对回波信号的放大能力，即输出信号功率和输入信号功率之比 $G = S_o/S_i$。接收机信号的增益是由接收机自身的性质决定的，并不是越大越好，同时与雷达的增益和噪声系数及动态范围存在关系。

4. 幅度和相位稳定性

在现代雷达接收机中，接收机的幅度和相位稳定性十分重要。幅度和相位稳定性主要包括常温稳定性、宽频带稳定性及在振动平台上的稳定性等。

雷达幅度和相位信息的稳定性直接影响到方位角和高度角的测量精度。多波束三坐标雷达以及频率和相位扫描的雷达中，幅度和相位的不稳定性将会直接影响到测量的精度。相控阵中的发射与接收组件的增加可能会使相控阵天线的副瓣电平增加。

5. 正交鉴相器的正交度

正交鉴相器将回波信号分为 I、Q 两路信号来获得雷达信号回波的幅度信息和相位信息。其中 I、Q 分别表示为

$$I = A(t)\cos(2\pi f_d t + \phi(t)) \tag{9.8}$$

$$Q = A(t)\sin(2\pi f_d t + \phi(t)) \tag{9.9}$$

其中，$A(t)$ 为回波信号的幅度；f_d 为回波信号的多普勒频移；$\phi(t)$ 为回波信号的相位；I 为同相分量；Q 为正交分量。

回波信号的复信号的表示形式为

$$\bar{S} = I + jQ = A(t)e^{j\phi(t)} \tag{9.10}$$

正交鉴相器用正交度表示鉴相器回波信号的幅度和相位的准确程度，如果鉴相器电路不能产生幅度和相位正交的信号，则此鉴相器是失真的。在频率域中，幅度和相位的误差会导致产生镜像频率，从而影响到系统运动目标的改变因子，在时域中幅度和相位的失真会对脉冲压缩主瓣和副瓣产生影响。

6. 抗干扰能力

抗干扰能力是如今雷达接收机的主要性能。干扰是由于各种反射引起的杂波干扰或相邻的雷达造成的干扰，这种干扰会妨碍对目标的正常检测，从而造成探测的失准，因此为了提高抗干扰性能，一方面需要提高雷达自身的抗干扰能力，另一方面还需要增加各种抗干扰电路，如抗干扰过载电路。

9.3　全集成毫米波雷达收发机分类及测量原理

雷达的种类很多，如果按照辐射种类进行分类，可分为有源雷达、无源雷达；按照平台进行分类，可分为地面雷达、舰载雷达、机载雷达和星载雷达；按照波长进行分类，可分为米波雷达、分米波雷达、厘米波雷达和毫米波雷达等。本节主要介绍全集成毫米波雷达收发机，因此在分类上按照波形进行分类：脉冲雷达和连续波雷达。脉冲雷达多用于大型的雷达设备如军事雷达设备，而连续波雷达可以应用于小型的雷达收发装置如汽车防撞雷达。两种雷达形式都采用了多普勒探测目标信号距离观测点的距离。

9.3.1　脉冲雷达

脉冲雷达的发射信号和接收信号在时间上是分开的。脉冲雷达用于测距，尤其是适于测量多个目标距离。脉冲雷达通过测量脉冲载波中的多普勒频率测量目标的径向速度，利用等信号法测量信号获取目标的方位角和俯仰角数据。脉冲雷达是一种精密追踪雷达，每次发射一个脉冲，天线能同时形成若干个波束，将各波束回波信号的振幅和相位进行比较，当目标位于天线轴线上时，各波束回波信号的振幅和相位相等，信号差为零；当目标不在天线轴线上时，各波束回波信号的振幅和相位不等，产生信号差。脉冲雷达有较高的测角精度、分辨率和数据率，军事上主要用于目标识别、弹道导弹预警和跟踪、导弹再入弹道测量、火箭卫星追踪；民用上主要用于交通管制。单脉冲雷达较多地应用于大型设备上，来实现目标测量。

1. 脉冲雷达测量距离

常用的脉冲雷达中，回波信号滞后于发射脉冲 t_R，在雷达显示的过程中有收发机开关泄漏出来的能量，通过接收机并在显示荧光屏幕上显示出来称为主波。绝大部分的能量经过天线辐射到空间。辐射的电磁波遇到目标后将产生反射，由目标反射回来的能量被天线接收后送到接收机，最后在显示器上显示出来。在荧光屏上目标回波初始的时刻滞后于主波，滞后的时间就是t_R。

由于信号到达目标再次返回的延迟时间通常是很短的，将光速$c = 3 \times 10^8 \, \text{m/s}$代入可得

$$R = 0.15 t_R \tag{9.11}$$

现有两种定义回波到达时间的方法：一是以目标回波脉冲的前沿作为它的到达时刻；二是以回波脉冲的中心作为它的到达时刻。如果要测定目标回波的前沿，则由实际电平的时刻作为其前沿。脉冲前沿的缺点是容易受到回波大小以及噪声的影响，对比电平不稳定性也会引起相应误差。对于目标点来讲，两种定义距离差值为固定值，所以可以利用它通过距离校零的方法来进行补偿和精度提高。

2. 脉冲雷达测量速度

脉冲雷达的回波由多根间距f_T的线谱组成，相对于运动目标回波来讲，可以认为每根谱线均有相应的多普勒频移。测速时只要对其中一根线进行跟踪即可(通常选定$f_0 + f_d$)，对单根谱线滤波后即丢失距离信息，因而在频率选择前应由距离选通门给出距离数据且滤去该距离单元之外的噪声。

接收到的载波信号和压控振荡器产生的信号经过一次混频送入窄带滤波器，这在原理上是可以的，但是在技术上很难实现，因为窄带滤波器的带宽很窄，通常用高Q的石英晶体制作，其中心频率一般较高，因而一次混频不容易消除镜像频率干扰造成的测速误差。当雷达信号和压控振荡器进行混频后其频谱产生位移。如果一次混频时窄带滤波器的中心频率为f，滤波器可取出这根谱线，但同时还有距离中心两倍的频差$2f$谱线，如果不能滤除就会产生附加误差。

9.3.2　连续波雷达

在20世纪20年代英国首先使用了调频连续波雷达测量电离层的高度。第二次世界大战期间，非调制连续波雷达可以作为追踪炮弹的无线电来提高野战炮和高射炮的命中率。在50年代中期功率为几十毫瓦的微波固态源替代相应功率的电真空管器件，使连续波雷达更加轻巧，结构更为简单。在60年代，多频率连续波雷达已经用在导弹和卫星的距离测量上。在21世纪，低空无人机和无人驾驶的发展，也使相应的轻便式连续波雷达获得新的发展空间。

现有24GHz、77GHz车载雷达多采用调频连续波识别目标物体。调频连续波雷达通过发射连续调频信号，再由接收机接收目标物体反射回来的信号，通过信号处理，获得目标点距离观测点的距离、平面角、高度角和速度信息。连续波雷达的测量精度高，结构简单小巧、轻便，带宽、平均发射功率低，常用在小型设备上。下面以调频连续波为例介绍雷达探测目标距离和速度的基本原理。

1. 调频连续波雷达测量距离

调频连续波雷达发射机发射高频等幅的波形，一般通过三角波进行雷达信号调节，使其频率在时间上按照三角波的规律进行变化。无线电在空间中传播的过程中，发射机的频率相对于接收到的频率已经发生了变化。将发射机直接耦合的信号与接收天线接收到的目标回波信号通过检测接收机的混频器，输出差频信号，通过测量差频信号可以计算出目标点的距离如图 9.2 所示，f_t 为三角波调频发射波形频率，f_r 为三角波调频接收波形频率。

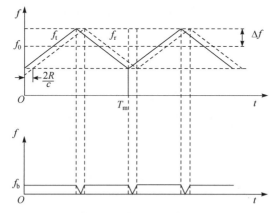

图 9.2　连续波调频信号经过静止的物体反射，频率变化坐标图

图 9.2 为连续波调频信号经过静止的物体反射，频率变化坐标图。当目标静止时，发射信号经过目标点进行反射，目标反射的信号频率与发射频率变化规律相同，只是时间落后，对于静止目标，其发射频率 f_t 和回波信号频率 f_r 为

$$f_t = f_0 + \frac{\mathrm{d}f}{\mathrm{d}t}t = f_0 + \frac{\Delta f}{T_m/4}t \tag{9.12}$$

$$f_r = f_0 + \frac{\Delta f}{T_m/4}\left(t - 2\frac{R}{c}\right) \tag{9.13}$$

差频为

$$f_b = |f_t - f_r| = \frac{8\Delta f R}{T_m c} \tag{9.14}$$

从图 9.2 可以看出，除去每一个调制周期内存在的 $2R/c$ 短时间波动外，差频频率是恒定不变的。用频率计测量在一个周期内的平均差频为 f_{bav}，可以得到

$$f_{bav} = \frac{8\Delta f R}{T_m c}\left(\frac{T_m - \dfrac{2R}{c}}{T_m}\right) \tag{9.15}$$

在实际的工作中：

$$T_{\mathrm{m}} \gg \frac{2R}{c}$$

对应的目标点的距离为

$$R = \frac{c}{8\Delta f} f_{\mathrm{b}} T_{\mathrm{m}} = \frac{c}{8\Delta f} \frac{f_{\mathrm{bav}}}{f_{\mathrm{m}}} \approx \frac{c}{8\Delta f} \frac{f_{\mathrm{b}}}{f_{\mathrm{m}}} \tag{9.16}$$

其中，T_{m} 为三角波周期；$f_{\mathrm{m}}=1/T_{\mathrm{m}}$ 为调制频率；Δf 为最大频偏；f_{b} 为收发拍频；c 为光速。通过接收信号频率的变化，可以探测到目标点与观测点之间的距离。

2. 调频连续波雷达测量速度

测定目标运动的速度可以通过测量时间间隔的距离变化 ΔR，利用公式 $v = \Delta R/\Delta t$ 求出。采用这种方法需要很长的时间，而且不能测定瞬时速度，测量的准确度比较差，只能进行粗略的速度的测量。通过多普勒效应可以知道，多普勒的频率移动和径向速度 v_{r} 成正比[4]，因此只要准确地测量出频率移动的数值和正负就可以确定目标运动的径向速度。

当反射回波来自运动的目标并且距离为 R，径向速度为 v 时，其回波频率 f_{r} 为

$$f_{\mathrm{r}} = f_0 + f_{\mathrm{d}} \pm \frac{4\Delta f}{T_{\mathrm{m}}}\left(t - \frac{2R}{c}\right) \tag{9.17}$$

其中，f_{d} 为多普勒频率；正、负号分别表示调制前后半周期正、负斜率的情况。当 $f_{\mathrm{d}} < f_{\mathrm{bav}}$ 时得到相应的频率差为

$$f_{\mathrm{b+}} = f_{\mathrm{t}} - f_{\mathrm{r}} = \frac{8\Delta f}{T_{\mathrm{m}}c}R - f_{\mathrm{d}} \tag{9.18}$$

$$f_{\mathrm{b-}} = f_{\mathrm{r}} - f_{\mathrm{t}} = \frac{8\Delta f}{T_{\mathrm{m}}c}R + f_{\mathrm{d}} \tag{9.19}$$

如图 9.3 所示，在实际测量中如果能够分别测出 $f_{\mathrm{b+}}$ 和 $f_{\mathrm{b-}}$，便可求出目标点运动的径向速度：

$$v = \frac{\lambda}{4} \times (f_{\mathrm{b+}} - f_{\mathrm{b-}}) \tag{9.20}$$

图 9.3 为连续波雷达信号对于匀速运动物体的探测。

连续波雷达可以用来发现运动目标，并且能测量出其目标的镜像速度。利用天线系统的方向性和一些毫米波雷达的算法，可以获得目标的角度信息。这种系统的优点是发射装置比较简单，从干扰的背景中选择移动的目标的性能好，可以发现任意距离移动的目标，适用于强波背景下的干扰条件。

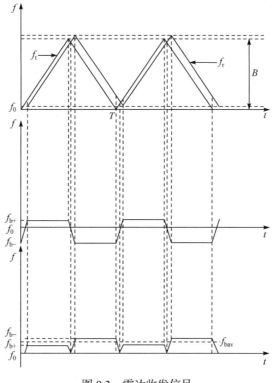

图 9.3　雷达收发信号

9.4　全集成毫米波雷达收发机基本原理及架构

半导体技术的迅速发展，为雷达的发展提供了有力的技术支持。高集成度、低成本的毫米波雷达是雷达发展的主流趋势之一。高性能的集成雷达收发系统成为现在重要的研究方向。现有的雷达产品已经实现了国际通信联盟无线电通信局关于 ISM(industrial scientific medical) 波段划分的 24GHz 雷达、60GHz 雷达和 5G 通信链路、122GHz 雷达[5]。ISM 波段划分的 24GHz 雷达正在被广泛研究，没有纳入 ISM 波段的 77GHz 雷达和 90GHz、140GHz 成像雷达也正在被人们积极探索和研究。本节针对上述章节对雷达划分的脉冲雷达和连续波雷达分类形式，结合现有已经实现的雷达收发系统，对全集成雷达收发机基本原理以及架构进行介绍，主要是雷达发射端的功率放大器的电路、混频器(mixer)的电路、压控振荡器电路；雷达接收机端的低噪声放大器电路、可变增益放大器电路。

9.4.1　全集成毫米波雷达发射机

全集成毫米波雷达发射机是为雷达信号产生提供大功率毫米波能量的发射装

置，能够产生射频信号，通过雷达馈线系统发射到空间中。发射信号本身可以不具有任何信息，但是它产生的频率能量为获取目标和环境信息提供载体。发射机一般具有很高的频率、很高的电压、很大的功率等，是雷达系统中最为重要的部分。

按照调制方式的不同，雷达发射机可以分为连续波发射机和脉冲发射机两类。连续波发射机为连续波状态，通常采用频率调制相位的方式和相位编码的方式对信号进行调节。按照雷达波段进行分类，雷达发射机可以分为短波、米波、分米波、厘米波、毫米波等雷达发射机。通常情况下雷达发射机的工作频段都是微波波段。按照产生不同信号的方式，雷达发射机可以分为单级振荡式脉冲发射机和主振放大式发射机。

单级振荡式脉冲发射机由射频振荡器和脉冲调制器组成。射频振荡器产生大功率的射频振荡，脉冲调制器产生一定振幅、宽度、重复频率和具有一定功率的脉冲来控制射频振荡器。在脉冲期间，射频振荡器工作，产生射频脉冲；在脉冲休止期间，射频振荡器不工作或无输出。主振放大式发射机由脉冲调制器和放大链组成。一般由晶体主振控制的频率合成器产生一个低功率但频率很稳定的射频振荡，经过一级或多级脉冲调制的功率放大器变成所要求的射频大功率脉冲。定时器或时序控制协调各级脉冲调制器的工作。

全集成状态下的雷达发射机由三角波信号发生器、压控振荡器以及功率放大器组成。整个过程中，雷达发射机通过三角波信号发生器产生不同的电压信号调节压控振荡器，从而产生连续波调频信号。信号再通过功率放大器放大，通过发射天线，发射到空气中对雷达信号进行探测。

9.4.2　全集成毫米波雷达接收机

1. 超外差接收机

超外差接收机自从 1917 年首次出现以来一直作为接收机设计的主要结构。后期出现了零中频接收机，这两种接收机结构适合完全集成实现。

图 9.4 所示为单级混频的超外差接收机，混频器利用本振信号将射频(radio frequency，RF)信号下变频到中频(intermediate frequency，IF)信号。超外差接收机由以下模块组成：输入带通滤波器、LNA、混频器、中频滤波器、中频放大器、ADC。

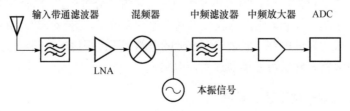

图 9.4　超外差接收机

　　输入带通滤波器通常用于抑制带外干扰信号,防止带外强干扰信号阻塞 LNA。输入带通滤波器带宽通常比较宽,由多个信道组成。混频之后的中频滤波器决定了接收机的通道选择性,用于抑制邻道信号功率,同时中频滤波器也通常作为 ADC 前端的抗混叠滤波器。

　　2. 零中频接收机

　　超外差接收机需要解决的主要问题就是镜像频率抑制,零中频接收机通过将信号直接转换到基带(0Hz),从而克服了镜像频率抑制问题。其结构如图 9.5 所示。

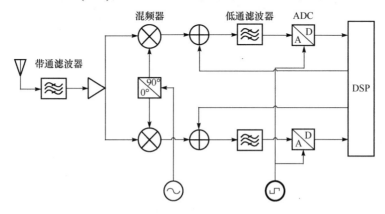

图 9.5　零中频接收机

　　零中频接收机本振(local oscillator, LO)频率和射频信号频率相等,镜像频率也就是信号频率本身。不存在镜像频率干扰的问题,原超外差接收机结构中的镜像抑制滤波器及中频滤波器都可以省略。这样可以取消外部元件,有利于系统的单芯片实现。

　　如图 9.5 所示,混频器后面是一个模拟低通滤波器,该滤波器作为通道选择滤波器和 ADC 前端的抗混叠滤波器。如果接收机的通道选择性完全由该滤波器实现,那么要求该滤波器的截止频率为信号带宽的一半,以有效抑制邻道和更远端的信道干扰。

　　由于该滤波器工作在低频,可以用有源模拟滤波器实现,通过上下两个分支的幅度响应进行匹配。有源模拟滤波器相对于超外差接收机中的无源中频滤波器输入动态范围有限,并且阻带衰减有限。

　　零中频接收机结构虽然减轻了镜像信号抑制问题,但同时带来了其他问题。这些问题主要是由于输入信号的放大组大多集中在基带。这些问题包括以下几点。

　　(1) 接收机的偶次非线性失真。

　　(2) 本振泄漏和直流偏差。

(3) 直流偏置。

(4) 闪烁噪声。

3. 低中频接收机

低中频接收机尝试解决零中频接收机的直流偏置及闪烁噪声问题，同时保持零中频接收机的高集成性。很多无线标准要求邻道干扰的抑制度相对于其他信道的干扰要弱。低中频接收机充分利用这样的规定，选择合适的中频频率将邻道信号作为其镜像信号。

图 9.6 所示的低中频接收机结构，信号经过第一级混频，输出低中频信号。I、Q 两路信号经过低通滤波器(抗混叠滤波器)，然后采样。正如前面提到的，由于 I、Q 两路幅度和相位不匹配，很难获得超过 40dB 的镜像抑制比。如果不进行校正，则需要获得 25～35dB 的镜像抑制比。ADC 后面有两个放大器和加法电路组成的校正支路，通过这个支路可以显著提高镜像抑制比。

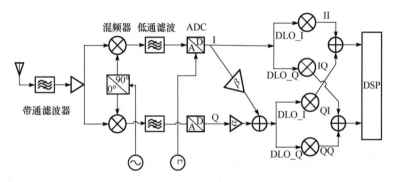

图 9.6　低中频接收机

9.4.3　脉冲雷达整体架构

本节结合 IEEE 中关于脉冲雷达的介绍,对脉冲雷达的架构和原理进行介绍。结合一种 160GHz 脉冲雷达收发机对雷达收发系统进行简单的介绍。高频率的太赫兹雷达收发机也可以应用在雷达成像系统中。脉冲雷达由于自身成像的特点和结构的复杂性，较多地应用到非民用的系统中。IEEE 论文中也曾报道将雷达成像系统与姿势识别相结合，应用到手机中对人体的姿势进行识别[6]。

脉冲雷达由发射机向目标物体发射雷达脉冲，经过目标物体反射，基于几何形状和材料的特性反射回电磁波通过脉冲雷达接收机天线接收。通过 ADC 转化为数字信号供计算机接收并通过算法运算,对目标进行识别,获取目标点的具体坐标位置。雷达识别的最大距离可以根据远场公式获得(该雷达为脉冲雷达距离测定)

$$R_{\max} = \sqrt[4]{\sigma \frac{P_{t}G^{2}\lambda^{2}nE(n)}{(4\pi)^{3}kTB_{n}F\left(\dfrac{S_{o}}{N_{o}}\right)}} \qquad (9.21)$$

其中，σ 表示雷达截面；P_{t} 表示发射雷达功率；G 表示天线增益；λ 表示载波波长；$E(n)$ 表示集成效率；B_{n} 表示噪声带宽效率；F 表示接收机噪声系数；S_{o}/N_{o} 表示接收机的信噪比。

反射截面大小为统计结果，简化模型为

$$\sigma = \text{Geometrical Cross Section} \times \text{ Reflectivity} \times \text{Directivity}$$

$$= A \times \frac{P_{\text{scattered}}}{A \cdot W_{\text{incident}}} \times \frac{P_{\text{backscatter}}}{P_{\text{scattered}}/(4\pi)} = 4\pi \cdot \frac{P_{\text{backscatter}}}{W_{\text{incident}}}(\text{m}^{2}) \qquad (9.22)$$

目标点将雷达发射信号散射回来，经过雷达接收天线接收。可以看成在目标点进行建模，向接收机发射 N 个不同的散射信号进而在接收机部分建模。由于每个散射体位于空间中的不同点上，当物体运动时角度和相位产生随机变化，反向散射场向接收方向的振幅和相位也会随机产生[7]。

整个系统的所有模块组成如图 9.7 所示，例如，一个 2×2 的相控阵雷达收发机需要一个外部参考信号和脉冲信号。通过本振有效信号的产生和分配，发射机都是同步的，用于自由空间能量的结合控制。为了提高辐射效率或等效全向辐射

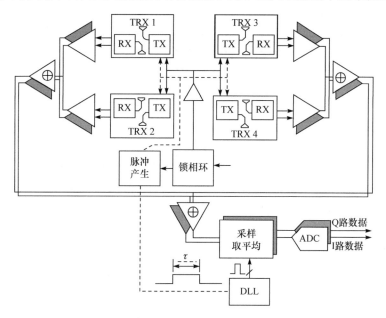

图 9.7　脉冲雷达信号传递采样[7]

功率，利用 CMOS 设计硅基天线。用脉冲重复频率测距的测量范围要比传统方法的测量范围更高，而实际中大多数物体的运动在一个脉冲周期内保持相对静止，在没有效率损失的情况下需要保持准确度，需要保持跨越多个脉冲信号的平均一致性，这就需要保持信号的平均一致性。相干性平均信号通过在 ADC 前的连续积分实现，另外相干性平均可以通过数字芯片实现。这样可以使接收机在"采样范围"的模式下运作，ADC 对接收信号在中频信号下的信息进行采样。

　　为了保持信号的相干性，片上由锁相环频率源信号为系统提供本振信号，经过放大后再对称地分配给四个雷达收发机。通过有效分配时钟脉冲可以最小化损失，从而提高整体链路的效率。在每一个中频信号中使用一个移相器。每一个收发机都有一个单独的相位控制来控制波束的方向。本振信号缓冲器将本振信号能量分配给发射端的功率放大器和接收混频器。脉冲信号控制在放大器内部的本振信号，脉冲信号的上升沿同步生成本振信号的锁相环并将信号分配给各个信道。信号的下降沿由本地脉冲信号控制，从而在每个信道控制其脉冲的宽度。

　　信号的接收部分如图 9.8 所示，前端收发机实现连接天线部分与中频信号。数字移相器在发射部分 TX 进行输出相位控制。接收机将接收的射频信号进行变频、中频信号放大和直流偏置抵消完成 I/Q 两路直接向下转换为模拟基带。获得的 4 路 I/Q 的基带信号在基带实现叠加组合。可以通过 ADC 实现对基带信号直接数字化并在后续工作中进行处理。

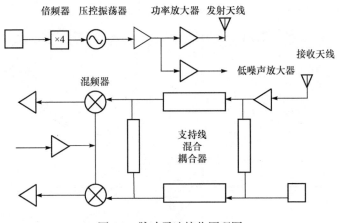

图 9.8　脉冲雷达接收原理图

9.4.4　连续波雷达

　　连续波信号由于自身结构和性能的特性，较多地应用在简单的结构系统中，例如，24GHz 和 77GHz 汽车雷达探测。现有的 77GHz 和 24GHz 汽车防撞雷达系统较多地应用到毫米波雷达的探测中。其中应用最广的是连续波调频信号，运用多普勒效应识别目标点的距离和相应的速度关系。

　　现阶段汽车防撞雷达已经成为社会发展的趋势，防撞雷达的发展是自动驾驶技术的前提(图 9.9)，而近距离精确测量距离和速度必然离不开连续波雷达。本节针对 IEEE 中的一个 77GHz 的 FMCW 雷达，对连续波雷达收发机进行介绍。

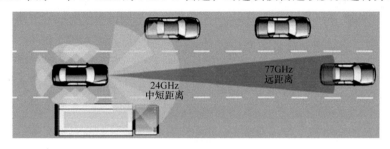

图 9.9　汽车防撞雷达系统[8]

　　如图 9.10 所示是一个利用三角波调制的 FMCW 收发系统。一个 FMCW 信号的频率由一个三角波信号发射机调控。雷达发射机通过压控振荡器将本振信号加载到正弦波频率上，通过混频器将信号加载到射频阶段，随后又通过功率放大器进行功率放大。雷达发射天线将放大后的射频信号发射到大气中，射频信号经过距离 R 遇到前方阻挡物体，进行反射。雷达接收机天线接收信号，接收到的信号通过低噪声放大器进行放大，再通过下变频器与本振信号进行混频，获取与三角波信号产生器一样的信号，运用多普勒效应计算出位置和相应的速度信息。

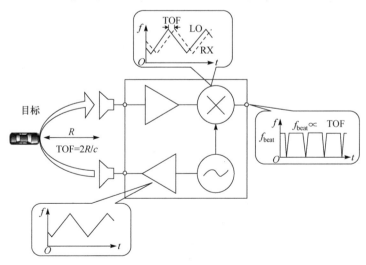

图 9.10　脉冲雷达收发机系统[8]

f_{beat} 为接收机输出信号的频率

9.5　现有雷达收发机介绍

本节对现有的全集成毫米波雷达收发机进行总结分析,同时结合 IEEE 中的论文和一些公司的雷达收发机架构与形式,对收发机的架构进行简要的分析和说明。

9.5.1　文献中成品雷达收发机架构以及分析

现有的论文对雷达收发机的介绍有很多,本节重点对一些论文中的雷达信息进行介绍总结。

1. 双通道雷达收发机

这是一个应用在调频连续波 77GHz 防撞系统上的全集成双通道相控阵雷达收发机[9],这套雷达系统采用的是双通道雷达信号,可以提高雷达收发机芯片带宽。通过移相器减少相位误差,提高收发机的性能。这种雷达收发机是基于 65nm CMOS 工艺实现的。

上述芯片的关键技术是毫米波雷达信号的产生,图 9.11 为双通道信号产生器的整个毫米波雷达芯片收发机架构。该收发机可以用于多普勒信号产生频率提取,系统采用倍频方案有几个优点。首先,本振压控振荡器输出频率从 77GHz 转换到 38.5GHz,这就降低了 FMCW 信号发生器的复杂度。压控振荡器的性能可以通过提高谐振器品质因子改进相位噪声。对于相同的压控振荡器频率倍频方案可以提高芯片的带宽。其次,这种倍频方式也使相移增加了一倍,因此基频的相移覆盖范围要求相比于传统的移相器也减少了一半。最后,利用这种倍频方式,FMCW 信号产生的输出功率有更好的灵活度。倍频器放置在靠近功率放大器的位置,减小传输损耗。基频的连续波发射机不需要直接驱动发射机输出功率放大器,基频的输出功率只需要保证倍频器的良好工作即可。因此这种形式的收发机通过减少本振上的功耗来提高效率。

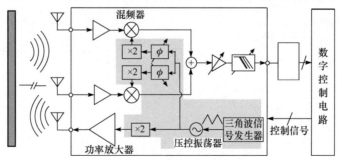

图 9.11　双通道雷达收发机[9]

图 9.12 给出了该雷达收发机中雷达信号源产生及本振分布的电路图。其中,锁

相环频率合成器工作在 38.5GHz，采用多模分配技术通过一个三阶模式调频控制实现频率控制。参考信号的频率是 200MHz，用于减少系统的噪声信号，系统通过倍频操作将系统的工作频率提高到一个很高的频率。在频率产生部分采用三角波信号发生器，三角波信号的峰值和周期是可以给定的，因此 FMCW 信号的带宽和斜率也是可以重新构造的。通过对三角波的斜率与准确度和噪声系数进行权衡，获取较为适当的三角波信号的斜率信息。一方面锁相环的频率近似地和环路的频率带宽成反比；另一方面将时间步长引入大的时间带宽中，例如，当 FMCW 信号的斜坡斜率为 1GHz/s 时，50μs 的时间步长对应的频率步长为 50kHz。

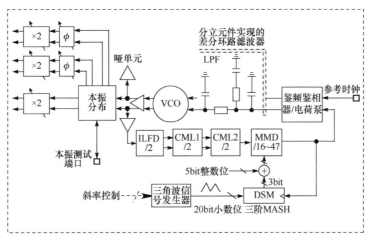

图 9.12 双通道雷达收发机中雷达信号源产生及本振分布的电路图[10]

2. 77GHz 抗干扰雷达收发机

这种抗干扰雷达收发机[10]提出的是一种调频随机脉冲声波技术，可以尽可能地避免虚假目标，减少假报警率。在每个周期雷达芯片的带宽、间隔和中心频率进行重新分配。使用如图 9.13 所示的长远距离雷达收发机系统装置，全集成雷达收发机框架如图 9.13 中灰度部分所示，毫米波收发机混频器和中频放大器都会产生很大的噪声，因此接收端的低噪声放大器在抑制信号和提高增益方面起着关键性的作用。获得高功率和高频率的信号源是十分困难的，因此压控振荡器作为缓冲器来驱动功率放大器。

低噪声放大器是该电路的重要组成部分，当系统的增益足够高的时候，噪声系数和接收机的灵敏度有关系。低噪声放大器采用 CMOS 技术证明了可行性。

低成本的 CMOS 可以满足远程雷达达到应用的需求，但是附近区域的雷达容易受到干扰，使用调频连续波技术，可以减少进程雷达之间的干扰和虚警状态。例如，在文献[10]中采用的这种雷达形式，77GHz 的远程雷达的频率误差小于

73kHz。

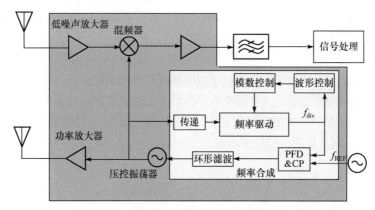

图 9.13　77GHz 抗干扰雷达收发机[10]

3. 中频开关式全集成雷达毫米波收发机

图 9.14 是 24GHz 射频前端单天线雷达模块，发射部分由功率放大器、输入输出匹配网络和压控振荡器组成。雷达的接收部分由低噪声放大器、下变频的混频器和可变增益放大器组成。收发部分共用一部天线。在这种雷达中，收发开关的位置位于本振信号的路径上，它控制本振信号在功率放大器输入端和接收机混频器本振端之间进行切换。相较于射频路径上的射频损失，开关在本振信号中的损失更小。这种技术同样考虑了开关隔离减少输入能量损耗。在发射模式下，低噪声放大器的偏置被关闭，而在射频雷达接收模式下，功率放大器的偏置被关闭以减少损耗。在开关处于关闭状态时，低噪声放大器和功率放大器会有额外的阻抗。需要在输入输出电路中考虑低噪声放大器和功率放大器的阻抗匹配。它采用与输入终端所看到的等效阻抗相适应的匹配电路[11]。

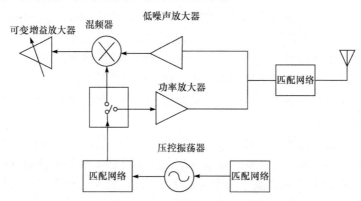

图 9.14　中频开关式全集成雷达毫米波收发机[11]

例如，24GHz 防撞雷达系统采用的相关带宽是 250MHz。在这种产品中，这种形式的雷达多用于室内场景的多路径解析。这种形式雷达的片上结构如图 9.15 所示，整个芯片的尺寸(包括衬底)是 $100\mu m \times 100\mu m$。同时芯片上和电路板上进行优化封装以减小雷达收发机的损耗，提升系统整体性能。

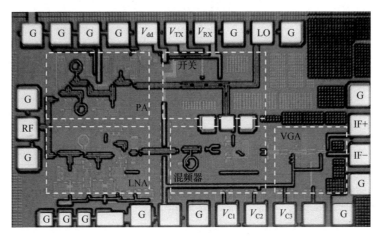

图 9.15　中频开关式全集成雷达毫米波收发机版图[11]

4. 脉冲雷达收发机

红外雷达架构体系利用目标的缓慢速度和高脉冲来获取目标的速度和位置信息。例如，在室内环境中，假设人以 2m/s 的速度运动，10MHz 脉冲重复频率所对应的最大探测距离为 15m，使用脉冲频率为 1000 次的脉冲雷达，目标的距离分辨率可达到 0.2mm，因为目标实际上是静止的，多个脉冲重构，恢复工作时已经由多个接收到的脉冲组成混合信号。在接收的过程中，这种架构的模型引入了时间脉冲比率。

这种雷达的架构满足现在的低功耗、小型化的发展要求。图 9.16 显示了一种单片全集成雷达收发机芯片。这种新品利用时钟生成器，利用延迟控制反馈技术来控制雷达，时间脉冲接收范围和检测率是很容易控制的，很容易适应各种应用程序。

这种雷达的架构由发射机、接收机和时间脉冲组成。整个雷达工作时通过时间触发器进行计时操作，在雷达发射机时钟的上升沿，雷达发射系统被触发，通过雷达发射天线发射信号。通过发射和接收的时间间隔，决定雷达所能探测到的距离范围。当接收机的时间脉冲信号到达上升沿时，射频雷达接收机触发。接收机通过接收天线接收空气中的电磁波，通过雷达接收部分进行采样。对于收发机采用单个时间脉冲的触发器而言，雷达信号的探测范围是发射时钟和接收时钟的时间延迟信息。因此可以通过设置脉冲时间触发信号灵活地改变探测的距离范围。脉冲时间周期的控制是脉冲雷达探测的关键性因素。

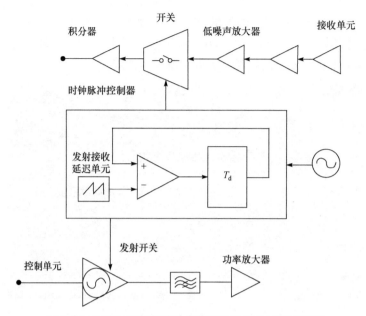

图 9.16　连续时间扫频脉冲全集成雷达收发机原理图[12]

9.5.2　现有成品雷达收发机架构以及分析

　　本节结合现有的一些雷达成品进行分析总结，总结现有雷达的发展趋势。现有的几个大型的雷达公司如博世(Bosch)公司、德尔福(Delphi)、德州仪器、奥托立夫(AUTOLIV)等，主导着现有雷达的行业格局和发展趋势。下面对其中几个公司进行介绍。

　　1. 德州仪器

　　德州仪器[13](Texas Instruments，TI)是全球领先的半导体公司，为现实世界的信号处理提供创新的数字信号处理及模拟器件技术。除半导体业务外，还提供包括传感与控制、教育产品和数字光源处理解决方案。TI 总部位于美国得克萨斯州的达拉斯，并在二十多个国家设有制造、设计或销售机构。德州仪器的毫米波雷达产品分成两个系列，一个是面向汽车的单芯片 FMCW 雷达传感器 AWR 系列，另一个是面向工业的单芯片毫米波传感器 IWR 系列。本节将参考 AWR 系列介绍雷达毫米波收发机的系统架构。图 9.17 是一款德州仪器的 PCB，能够很好地进行目标识别。

　　AWR1243 是一款具有 3 个发射机和 4 个接收机天线的雷达前端传感器，主攻自适应巡航控制和自动紧急制动等中长距离雷达应用。它具有一个内置的校准和监控引擎，使用者可外接处理器进行耦合。

　　下面针对全集成毫米波雷达收发机的整体架构进行分析。这种雷达架构收发机包括雷达前端部分，整体全集成雷达毫米波由低噪声放大器、混频器、ADC 组成的接收机部分和三角波信号发生器、四倍频器和功率放大器构成的发射机部分组成。整体雷达还同时包括雷达后续处理部分，这种雷达芯片的架构如图9.17所示。

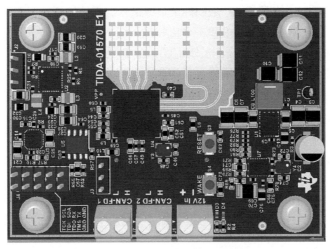

图 9.17　AWR1243 整体雷达结构

如图 9.18 所示，这种集成电路，采用低功耗 45nm RFCMOS 工艺，单片实现

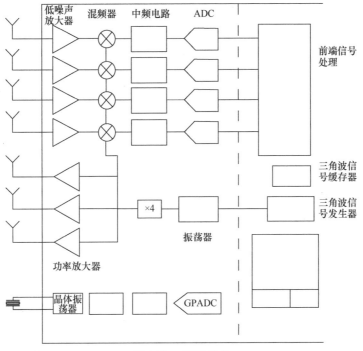

图 9.18　AWR1243

了内置锁相环和模数转换器的 3TX，4RX 系统。TX 发送功率 12dBm，RX 噪声 15dB(76～77GHz)、16dB(77～81GHz)，1MHz 时的相位噪声–94dBc/Hz(76～77GHz)、–91dBc/Hz (77～81GHz)，内置了校准和自测试等功能。

单芯片汽车雷达传感 1443 是一种全集成毫米波雷达传感器，工作频率为 76～81GHz。该器件包括 3 个发射机和 4 个接收机天线，并集成了包含 0.5MB 片上存储器的微控制单元(microcontroller unit，MCU)，以实现前端的自主运行，可作用于近距离传感和测量，如停车辅助、乘坐人员探测、车门/行李舱开启装置以及简单手势运动等。整个雷达射频部分由合成器、功率放大器、低噪声放大器、中频放大器和 ADC 组成。

单芯片汽车雷达传感 1642(图 9.19)是一种短距离雷达全集成毫米雷达，这款雷达工作频率为 76～81GHz，这个设备包括两个雷达发射机和四个雷达接收机，是一款高端单芯片。该芯片实现了 RF+MCU+DSP 全集成，MCU 可运行汽车开放式系统架构、集群和跟踪算法，DSP 则可执行定点和浮点运算以提升处理效率。相比于传统的 24GHz 方案，其外形尺寸缩小 33%、功耗减少 50%、范围精度提高 10 倍以上、整体方案成本更低。

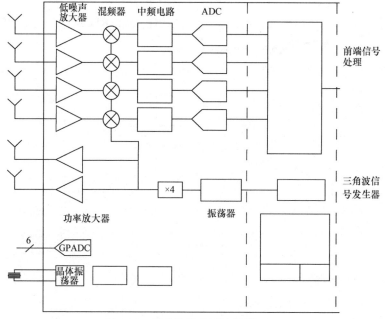

图 9.19　单芯片汽车雷达传感 1642

2. 恩智普(NXP)公司

图 9.20 所示为 MR2001 雷达架构，该雷达是一款 77GHz 防撞雷达，供电电压是 3.3V，功耗为 0.8W，增益为 23～60dB，雷达信道噪声是 14dB。

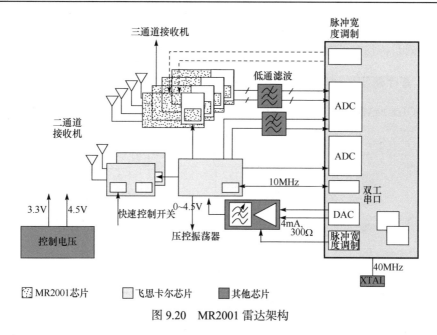

图 9.20 MR2001 雷达架构

如图 9.21 所示，MR2001 是一种可扩展的汽车雷达模块的解决方案。芯片由一个四通道压控振荡器、一个双通道的发射机和一个三通道接收机组成。MR2001R 是一种高性能的、高集成的收发机。三通道接收机最适合汽车雷达应用。MR2001V 由一个四通道电压控制振荡器、一个 MR2001T 和一个双通道发射机组成。

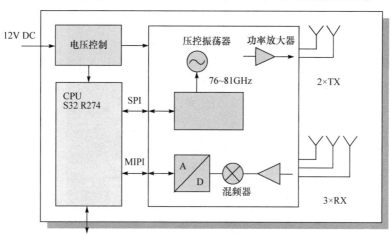

图 9.21 MR2001 雷达芯片架构

MR3003_RD 构架是基于 NXP 的 MR3003 芯片。这款设计是四通道的雷达接收体系，具有低的相位噪声，通过锁相环控制雷达发射机。这款高度集成的芯片允许频率快速扫描从而获得目标信息。雷达信号信息是高速数字化的信号，通过多普勒傅里叶变化实现频率扫描。该雷达芯片可以达到每秒钟十次以上扫描，同时实现对目标信息的测量。

3. 意行公司

24GHz MMIC 套片——SG24T1 雷达芯片是一款发射芯片。如图 9.22 所示，

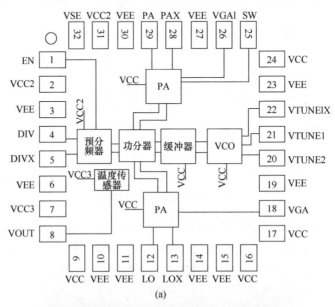

(a)

(b)

图 9.22　SG24T1 原理图

这是一款多普勒、脉冲、调频连续波雷达。该雷达是用于短程距离和速度测试的汽车雷达，面向中国的应用选择了 24GHz 频段。该芯片上集成了温度传感器和预分频器，适用于汽车应用。电源电压 5V，LO 和 TX 差分输出功率为 12dBm，通过调节输出(LO 和 TX)可以调节输出功率。该雷达具有两个独立的调谐控制器，可以进行粗调和细调的操作。该款雷达的相位噪声是−80dBc/Hz。高线性调谐应用，具有完整的 ESD 保护。该芯片是 QFN32L 无引线封装。

SG24R1(图 9.23)是一款与接收天线相连的多普勒、脉冲、调频连续波雷达接收芯片。该雷达同样运用低成本锗硅技术。雷达接收机的混频器是基于吉尔伯特结构的下变频混频器。该结构具有四个相同接收机通道，采用单端 RF 和 LO 端口，其转换增益是 17dB，1dB 输入压缩点是−5dBm，雷达噪声系数是 15dB。接收雷达端口与发射雷达端口一样，具有完整的 ESD 保护和 QFN32L 无引线封装。

SG24TR1(图 9.24)工作在 24～24.5GHz 频段：适用于 ISM 和中国汽车应用，可切换预分频器，该芯片具有温度传感器。电源供电电压是 5V，输入是差分驱动下的雷达发射器。雷达的输出功率为 10dBm 并具有可调功能。同样具有两个可以粗调和细调的调谐器，相位噪声为−74dBc/Hz，芯片具有温度传感器，接收端为单端口射频端口，具有高接收转换增益 15dB，1dB 输入压缩点为−5dBm，噪声系数为 15dB，具有较低的 LO 输入功率，工作带宽大于 10GHz。

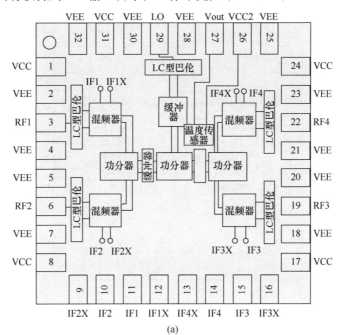

(a)

(b)

图 9.23　SG24R1 原理图

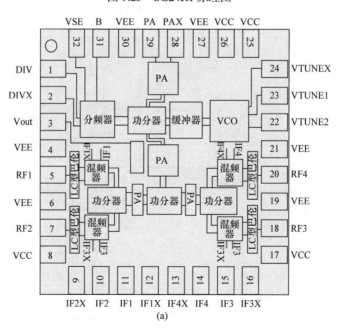

(a)

(b)

图 9.24　SG24TR1 原理图和集成版图

4. 加特兰微电子公司

加特兰微电子公司是 CMOS 毫米波应用领域的无晶圆半导体设计企业。公司专注于研发具有高集成度的毫米波雷达传感器芯片，应用范围包含环境感知、自主避障、自动驾驶及雷达成像，目标是为大众市场提供高性价比的主动安全技术。该公司设计的高度集成的毫米波 CMOS 雷达是为汽车和无人飞机而设计的雷达模块。

图 9.25 为加特兰微电子公司雷达芯片，该芯片采用 FO-WLCSP 包装，利用连续波发射信号对雷达目标进行探测。整个雷达的工作范围是 76～81GHz，发射芯片的发射功率为 12dBm。接收机接收信号的信噪比是 12dB。

图 9.25　加特兰微电子公司雷达芯片

雷达采用 2T4R 的雷达天线系统架构，可以对工作环境进行探测。雷达的整体功耗为 0.65W，雷达大小为 6.66mm×6.66mm 。

参 考 文 献

[1] 李明. 雷达射频集成电路的发展及应用. 现代雷达, 2012, 34(9): 8-15.

[2] 郑新, 李文辉, 潘厚忠. 雷达发射机技术. 北京: 电子工业出版社, 2006.

[3] 弋稳. 雷达接收机技术. 北京: 电子工业出版社, 2005.

[4] 丁鹭飞, 耿富录, 陈建春. 雷达原理. 北京: 电子工业出版社, 2014.

[5] Öztürk E, Genschow D, Yodprasit U, et al. A 60-GHz SiGe BiCMOS monostatic transceiver for FMCW radar applications. IEEE Transactions on Microwave Theory & Techniques, 2017(99): 1-15.

[6] Arbabian A, Callender S, Kang S, et al. A 94GHz mm-wave-to-baseband pulsed-radar transceiver with applications in imaging and gesture recognition. IEEE Journal of Solid-State Circuits, 2013, 48(4): 1055-1071.

[7] Ginsburg B P, Ramaswamy S M, Rentala V, et al. A 160GHz pulsed radar transceiver in 65nm CMOS. IEEE Journal of Solid-State Circuits, 2014, 49(4): 984-995.

[8] Mitomo T, Ono N, Hoshino H, et al. A 77GHz 90nm CMOS transceiver for FMCW radar applications. IEEE Journal of Solid-State Circuits, 2010, 45(4): 928-937.

[9] Jia H, Kuang L, Zhu W, et al. A 77GHz frequency doubling two-path phased-array FMCW transceiver for automotive radar. IEEE Journal of Solid-State Circuits, 2016, 51(10): 2299-2311.

[10] Luo T N, Wu C H E, Chen Y J E. A 77-GHz CMOS automotive radar transceiver with anti-interference function. IEEE Transactions on Circuits & Systems I Regular Papers, 2013, 60(12): 3247-3255.

[11] Hamidian A, Ebelt R, Shmakov D, et al. 24GHz CMOS transceiver with novel T/R switching concept for indoor localization// 2013 IEEE Radio Frequency Integrated Circuits Symposium (RFIC), Seattle, 2013: 293-296.

[12] Moquillon L, Garcia P, Pruvost S, et al. Low-cost fully integrated BiCMOS transceiver for pulsed 24-GHz automotive radar sensors// 2008 IEEE Custom Integrated Circuits Conference, San Jose, 2008: 475-478.

[13] Park J, Ryu H, Ha K W, et al. 76-81-GHz CMOS transmitter with a phase-locked-loop-based multichirp modulator for automotive radar. IEEE Transactions on Microwave Theory & Techniques, 2015, 63(4): 1399-1408.

第 10 章　77GHz FMCW 相控阵雷达收发机

本章讨论 77GHz FMCW 两单元相控阵雷达收发机芯片的具体实现[1,2]，阐述该雷达收发机的系统规划方案，讨论收发机中各个模块的电路实现，包括 FMCW 信号产生电路、注入锁定二倍频器、功率放大器、低噪声放大器与混频器、移相器以及本振馈线网络。其中，注入锁定二倍频器利用了顶部注入耦合谐振腔的技术，拓宽了其锁定范围；移相器采用了电流复用耦合谐振腔技术，减小增益波动的同时能增大移相范围。本收发机中还大量采用了频率调谐技术，用于校准 PVT 变化引起的频率漂移。本章最后还讨论了收发机芯片布局规划的考虑因素以及雷达收发机芯片的测试结果。

10.1　系　统　规　划

该 FMCW 两单元相控阵雷达收发机芯片的简化系统框图如图 10.1 所示，它由 FMCW 信号产生器、发射前端、两路接收前端和模拟基带等部分组成。FMCW 信号产生器由三角波信号发生器和小数型锁相环构成。下面将从频率规划、FMCW 信号产生方案、相控阵移相方案、链路预算以及自校准方案五个方面对系统规划进行详细阐述。

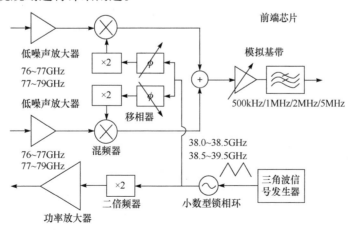

图 10.1　77GHz FMCW 两单元相控阵雷达收发机芯片的简化系统框图

10.1.1 频率规划

1. 射频频率

当应用于汽车近程雷达时，此雷达收发机的 FMCW 发射信号的扫频范围为 77～79GHz,扫频带宽为 2GHz,扫频周期为 2ms;当应用于汽车远程雷达时,FMCW 发射信号的扫频范围为 76～77GHz，扫频带宽为 1GHz，扫频周期为 1ms。在系统中采用了二倍频的方案，因此 FMCW 信号产生器所需产生的信号频率范围分别降低到了 38.5～39.5GHz 以及 38.0～38.5GHz。此基频信号经过本振馈线网络分为三路，其中一路给到发射机中的二倍频器倍频之后，由功率放大器进行放大并通过天线发射。另外两路分别接到两路接收前端的移相器、二倍频器，然后接到每一路接收混频器的本振端。系统中的二倍频器采用了顶部注入耦合谐振腔的技术，通过设计其相位曲线，增强了锁定范围，减小了对注入功率的要求。

采用二倍频的结构具有如下优势。

(1) 降低了 FMCW 信号产生器的设计难度。在这里，FMCW 信号产生器采用小数型锁相环来实现,其中最重要的模块为压控振荡器。在 77GHz 附近的频段内,压控振荡器的性能受到片上无源器件的品质因子的影响较大，面临着调谐范围和相位噪声之间的折中。当需要较大的调谐范围时，需要增大容抗管的尺寸以增大电容变化比例，但随着容抗管的尺寸增大，其 Q 值会下降，导致压控振荡器的相位噪声性能变差。当采用倍频方案之后，压控振荡器的工作频段会降低到 38.5GHz 附近，其调谐范围和相位噪声之间的折中关系将会变得宽松。

(2) 缩减了移相器需提供的移相范围。在两单元相控阵中若需要实现 360°的波束覆盖范围，那么两路接收通路的相位差应覆盖 ± 180°。对于工作在基频频率的系统方案来说，每个移相器需要覆盖 0°～180°的范围。当采用二倍频方案，将移相器放置在二倍频器之前时，移相器所需的移相范围减小到了 0°～90°。

(3) 简化了本振馈线网络的设计。对于工作在基频频率的系统方案来说，77GHz 附近的 FMCW 信号通过本振馈线网络的缓冲级链路和移相器之后，直接接到每路接收机的混频器的本振端。而混频器的性能直接受到本振信号幅度的影响，因此本振馈线网络中的缓冲器链路需要提供足够的增益以补偿走线的损耗，这将会消耗大量的功耗。而在二倍频的系统方案中，采用注入锁定倍频器，其输出端紧靠着混频器的本振输入端，不需要长的走线，减小了损耗。注入锁定倍频器的输出功率与其注入功率关系不大，因此本振馈线网络不需要为接收通路提供大的功耗。根据仿真与测试结果，当注入功率大于−12dBm 时，注入锁定倍频器的锁定范围即可覆盖 2GHz 的带宽，这样可以极大地降低本振馈线网络中缓冲级的功耗。同时，由于本振信号频率降低到了 38.5GHz 附近，其走线的损耗也会减小。当接收前端路数较多时，简化本振馈线网络带来的功耗优势会更加明显。

2. 中频频率

接收机的中频频率与 FMCW 调制信号的扫频斜率以及被测目标的距离和速度有关。在本节芯片中，FMCW 调制信号的扫频斜率为 1GHz/ms。当应用于近程雷达时，目标的检测范围为 1~30m，因此可计算出中频频率在 13.3~400kHz 的频率范围内。假设目标的速度为 50m/s，那么可计算多普勒频率为 26kHz，这样最高中频频率约为 426kHz，500kHz 的中频带宽即可满足需求。当应用于远程雷达时，目标的检测范围为 10~250m，对应的中频频率在 133~3.33MHz 的范围内，5MHz 的中频带宽可满足应用需求。在系统中，设计模拟基带的低通滤波器的带宽可配置为 500kHz、1MHz、2MHz 和 5MHz 四种。当工作在近程雷达模式时，将低通滤波器的带宽配置为 500kHz；当工作在远程雷达模式时，将低通滤波器的带宽配置为 5MHz。

10.1.2　FMCW 信号产生方案

第 6 章中讨论了各种 FMCW 雷达信号源的实现方案。本节芯片采用了模拟小数型锁相环的方案。由于系统采用倍频方案，小数型锁相环的工作频率从 77~79GHz 或 76~77GHz 降低到了 38.5~39.5GHz 或 38.0~38.5GHz，降低了设计难度。

此小数型锁相环的小数分频比由系统中集成的 20 位三角波信号发生器产生。三角波信号发生器在外部 20MHz 的时钟周期下，每个周期累加固定的值，当累加到计数器指定的步数后开始累减，这样循环得到所需的三角波波形，其本质上是一个计数累加累减器。三角波信号发生器的初值、计数器的值、累加的步长均可以配置，这样可以产生不同调制周期和不同扫频斜率的三角波波形，以解决多目标检测的模糊问题。

环路带宽是锁相环设计中一个非常重要的变量。对于压控振荡器的噪声来说，反映在锁相环的输出端是一个高通网络，环路带宽越大，对压控振荡器的噪声抑制就越好。而对于 Delta-Sigma 调制器(Delta-Sigma modulator, DSM)、鉴频鉴相器、电荷泵等模块的噪声来说，反映在锁相环的输出端是一个低通网络，环路带宽越小，对它们的噪声抑制越好。环路带宽的选取需要在这些因素中进行折中。另外，环路带宽还影响到了锁相环环路的建立时间，一般而言，当环路带宽越大时，锁相环环路的建立时间越短。

当应用小数型锁相环来产生 FMCW 信号时，则要求锁相环环路建立不能过快。如图 10.2 所示，三角波信号发生器产生的波形为阶梯状，当锁相环环路建立得足够快时，环路能够跟上三角波信号发生器所对应的分频比变化，则会出现图 10.2 中虚线所示的波形。而理想的 FMCW 波形为粗实线所示的直线。本章的系统中，三角波信号发生器的时钟周期为 20MHz，因此阶梯状的时间步长 Δt 为 50ns。而锁相环环路的建立时间可以采用下面的公式进行估算[3]：

$$T_{\text{settle}} \approx \frac{2\pi}{\omega_{\text{n}}} \tag{10.1}$$

其中，ω_{n} 为锁相环环路的自然频率。为了保证 FMCW 信号的线性度，锁相环的环路建立时间应小于 Δt。而在粗略的估算中，可以认为环路带宽和自然频率相等，从这个角度考虑，锁相环环路带宽的上限约为 20MHz。

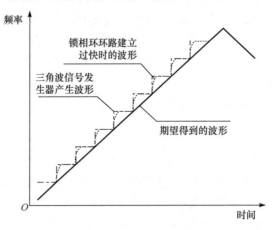

图 10.2　输出 FMCW 频率波形

另外，锁相环的环路带宽不能过小，否则会将三角波的高阶谐波滤除，三角波波形将会近似为正弦波。在这里，系统规划三角波的周期为 2ms 或 1ms，基频频率为 500Hz 或 1kHz。锁相环的环路带宽最终选择为 100kHz，这样锁相环环路的建立时间大于三角波信号发生器的时间步长，并且能够通过三角波的 200 阶或 100 阶谐波成分，较好地保证了 FMCW 信号的特性。

10.1.3　相控阵移相方案

为了实现两单元的相控阵功能，系统中包含了两路接收前端，分别由低噪声放大器、混频器、二倍频器、移相器和可编程增益放大器构成。系统中采用了本振移相的结构，本振移相的优点为移相器的噪声和失配对接收机的灵敏度影响很小。在该芯片中，移相器位于二倍频器之前，其移相值在倍频之后变大一倍。因此所需的移相器工作在 38.5GHz 附近，需覆盖 0°～90° 的移相范围。系统中的移相器采用了基于电流复用耦合谐振腔的毫米波移相技术，与传统的 LC 谐振腔相比，加大了移相范围，同时减小不同移相值下的增益波动。

10.1.4　链路预算

在雷达收发机系统中，需要根据天线增益、目标距离、所需灵敏度等对发射机的发射功率、接收机的增益以及噪声系数等参数进行规划。

1. 增益指标

假设发射机发射功率为 P_T，发射天线的增益为 G_T，发射信号被距离为 R 的目标反射回接收机，接收机的天线增益为 G_R，发射信号的波长为 λ，那么根据雷达传播方程[4]，接收机能够接收到的反射信号功率为

$$P_R = \frac{P_T G_T G_R \lambda^2}{(4\pi)^3 R^4 L_S L_{ATM}}\sigma \tag{10.2}$$

其中，L_S 为雷达收发机内部的损耗，假设为 1.0dB；L_{ATM} 为信号在大气中传播的损耗；σ 为被测目标的雷达散射截面。77GHz 的电磁波在大气中的衰减为 0.3～0.5dB/km[5]。图 10.3 中给出了某汽车(马自达 6)的雷达散射截面图[6]。从图中可见，汽车的雷达散射截面在前、后、左、右四个面有四个峰值,最大值超过了 30dBsm。这里采用 10dBsm 即 10m^2 对汽车的雷达散射截面进行保守估计。

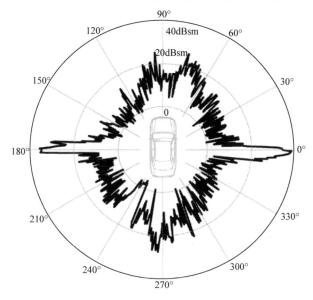

图 10.3　汽车的雷达散射截面图[6]

天线的增益可通过其波束宽度进行估算[7]：

$$G = 10 \cdot \lg\left(\frac{32400}{\varphi \cdot \theta}\right) \tag{10.3}$$

对于近程雷达，天线的波束在水平方向需要覆盖 ± 80° 的角度，垂直方向覆盖 ± 10° 的角度，根据式(10.3)估算天线增益为 10dBi。留有一定的裕度，假设发射天

线和接收天线的增益都为±7.5dBi，同时假设发射功率为5dBm，那么对近程雷达可计算出接收功率与目标距离之间的关系：

$$P_{\mathrm{R}}(\mathrm{dBm}) = -52 - 40 \cdot \lg R \tag{10.4}$$

对于远程雷达，天线的波束在水平方向需要覆盖±15°的角度，垂直方向覆盖±5°的角度，根据式(10.3)估算天线增益为20dBi。假设发射功率为10dBm，那么对远程雷达可计算出接收功率与目标距离之间的关系：

$$P_{\mathrm{R}}(\mathrm{dBm}) = -21 - 40 \cdot \lg R \tag{10.5}$$

对于近程雷达，目标距离为1～30m时，接收端的功率为–111～–52dBm。对于远程雷达，目标距离为10～250m时，接收端的功率为–117～–61dBm。为了减少对片外的ADC的位数要求，芯片上集成PGA提供所需的增益动态范围。增益分配方案如图10.4所示，低噪声放大器和混频器提供30dB的增益，模拟基带的PGA提供18～72dB的可变增益。考虑到两路接收通路功率合成之后有3dB额外的增益，这样在ADC的输入端的信号功率对近程雷达和远程雷达而言分别在–6～0dBm以及–13～0dBm的范围内。

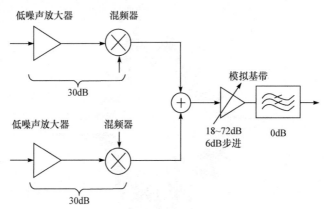

图 10.4　接收机的增益分配情况

2. 噪声系数指标

雷达收发机所能处理的最弱信号与接收机的噪声系数密切相关，据此可提出对接收机噪声系数的要求。假设对接收机的输出信号做快速傅里叶变换(fast Fourier transformation，FFT)，FFT的采样频率为f_{FFT}，点数为p_{FFT}，那么数字信号处理端接收到的信噪比为[8]

$$\mathrm{SNR}_{\mathrm{RX}} = \frac{S_{\mathrm{MIN}}}{kT \cdot \mathrm{NF} \cdot f_{\mathrm{FFT}} / p_{\mathrm{FFT}}} \tag{10.6}$$

其中，S_{MIN}为接收机接收到的最弱信号，根据前面的计算，对于近程雷达，S_{MIN}

约为–111dBm，对于远程雷达，S_{MIN} 约为–118dBm；k 为玻尔兹曼常量；T 为热力学温度(室温 290K)。而 SNR_{RX} 与所需的探测概率和虚警率有关。在白噪声中检测单频点的正弦波，若要求探测概率大于 99%，虚警率小于 10^{-10}，所需的信噪比约为 16dB[4]。接收机所需的噪声系数为

$$NF = S_{MIN}(dBm) - SNR_{RX}(dB) - 174(dBm) - 10 \cdot lg\left(\frac{f_{FFT}}{p_{FFT}}\right) \tag{10.7}$$

对于近程雷达，假设 f_{FFT} 为 2MHz，p_{FFT} 为 1024；对于远程雷达，假设 f_{FFT} 为 10MHz，p_{FFT} 为 5120。那么可计算出对于近程雷达 NF 需小于 14dB，对于远程雷达 NF 需小于 8dB。考虑到两路接收通路可使噪声系数减小 3dB，因此每路接收机的噪声系数对于近程雷达需要小于 17dB，对于远程雷达需要小于 11dB。

对链路预算和规划的总结如表 10.1 所示。

表 10.1　雷达收发机链路预算规划总结

项目	近程雷达	远程雷达
目标距离 R	1～30m	10～250m
发射接收天线增益 G_T，G_R	7.5dBi	20dBi
目标雷达散射截面 σ	10m²	10m²
发射机发射功率 P_T	5dBm	10dBm
接收机噪声系数 NF	17dB	11dB
接收机增益 G_{RX}	48～102dB，步长为 6dB	48～102dB，步长为 6dB
中频带宽 f_{IF}	500kHz	5MHz
FFT 的采样频率 f_{FFT}	2MHz	10MHz
FFT 的点数 p_{FFT}	1024	5120
ADC 输入功率范围	–6～0dBm	–13～0dBm

10.1.5　自校准方案

在毫米波 CMOS 集成电路与系统设计中，PVT 变化以及模型的不准确对电路性能的影响越来越严重。自校准技术可克服 PVT 变化和模型不准确的影响，提高电路的性能和良率。一个完整的自校准方案需要包括相关性能的检测电路、调谐电路以及闭环控制电路。在此雷达收发机芯片中，集成了必要的检测电路和调谐电路，配合片外的数字电路，可实现整个系统芯片的闭环自校准。在 2.3 节中已介绍毫米波放大器的频率自校准技术。在 10.6 节中将更详细地介绍系统中可行的自校准方案。

10.2　系　统　架　构

此 FMCW 两单元相控阵雷达收发机芯片的具体系统框架如图 10.5 所示。系统采用二倍频的本振移相方案，小数型锁相环产生的 FMCW 信号在 38.5GHz 附近。FMCW 信号经过本振馈线分配到发射机中的二倍频器以及两路接收前端中的移相器。倍频器和移相器采用顶部注入耦合谐振腔的技术和电流复用耦合谐振腔的技术。FMCW 信号经二倍频到 77GHz 附近之后由功率放大器进行放大并发射。功率放大器的输出端集成了功率检测器，以对输出功率进行检测。两路接收前端接收到的信号经过低噪声放大器放大，与二倍频后的 FMCW 信号进行混频，在中频相加，并发送给模拟基带放大滤波处理。模拟基带由跨阻放大器(trans-impedance amplifier，TIA)、三级 PGA 和低通滤波器构成。系统中可对接收前端的频率、倍频器的自由振荡频率、功率放大器的输出功率、模拟基带的带宽和增益、FMCW 信号的周期和斜率进行配置。系统中还集成了带隙基准源以及串行外设接口，提供系统中所需的偏置信号和控制信号。

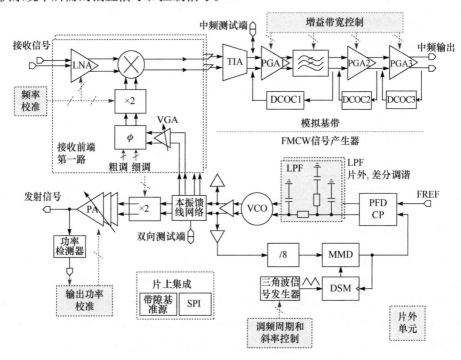

图 10.5　雷达收发机芯片的系统架构

10.3　发射机电路设计

10.3.1　小数型锁相环设计

　　系统中的小数型锁相环的结构如图 10.6 所示，由差分调谐 VCO、ILFD、两级串联的 CML 分频器、MMD、PFD、CP、差分环路低通滤波器(low pass filter, LPF)、DSM 构成。其中，VCO 采用差分电压调谐，可以起到抑制共模噪声、提高噪声系数的作用。差分环路 LPF 采用片外的电阻电容网络构成。

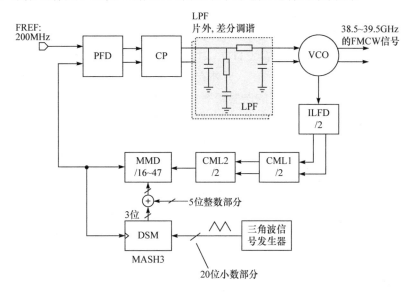

图 10.6　产生 FMCW 调制信号的小数型锁相环结构图

　　此小数型锁相环在文献[9]中的整数型锁相环基础上改动而来，其主要电路模块(VCO、CML、MMD、PFD、CP 等)均与其设计相同。这里仅给出 DSM 的结构。DSM 采用常用的多级噪声整形(multi-stage noise shaping，MASH)三级结构，其结构示意图如图 10.7 所示。MASH3 具有三阶噪声整形的功能，可将量化噪声推到较高的频率处，较高频率处的噪声会被锁相环的环路滤波器滤除。

10.3.2　发射通路的二倍频器

　　发射通路的二倍频器电路如图 10.8 所示，采用了顶部注入耦合谐振腔技术，此技术能够大大提高注入锁定二倍频器的锁定范围，降低对注入功率的要求，从而简化了本振信号馈线网络的设计复杂度。输入的基频差分信号给到 PUSH-PUSH 晶体管对 M_{1A}/M_{1B} 的栅端。M_{1A}/M_{1B} 产生的二阶电流成分注入低耦合系数

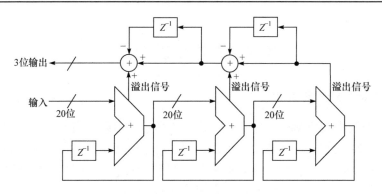

图 10.7　MASH3 结构图

变压器 T_{X2} 之中。M_{2A}/M_{2B} 为交叉耦合对，用于补偿谐振腔的损耗。这里采用了一个 5 位控制字的 DiCAD 传输线 DTL_1 对谐振腔的自由振荡频率进行微调，每位控制字对应的电容变化约为 1.3fF。另外有一个 8 位的 DiCAD 传输线 DTL_2 用调谐倍频器的第一级输出缓冲级的谐振频率。TL_{1A}/TL_{1B} 采用微带线的结构，信号线采用顶层金属 M9 布线，宽度为 6μm，地平面采用底层的两层金属 M1 和 M2 并联而成。后面出现的所有传输线均采用这种结构。输出信号经过另外一个缓冲器之后输出到功率放大器。注入锁定二倍频器的尾电流源由带隙基准源产生的 0.1mA 电流经过两次厚栅管镜像后得到。约 1MΩ 的大电阻 R_{B1} 和 3pF 的大电容 C_{B1} 用于对偏置的噪声进行滤波。

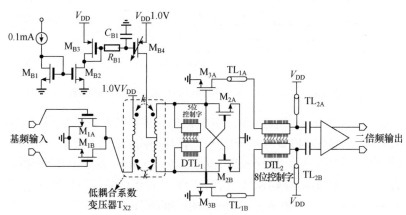

图 10.8　系统中的注入锁定二倍频器电路图

此注入锁定二倍频器在不同的 DTL_1 控制字下的注入锁定灵敏度曲线仿真结果如图 10.9 所示，从图中可见，当注入功率不小于−12dBm 时，在每个控制字下的注入锁定范围即能够覆盖 2GHz 的范围，这极大地降低了对于本振功率的要求。注意此图中的仿真以 0.5GHz 为最小频率间隔。

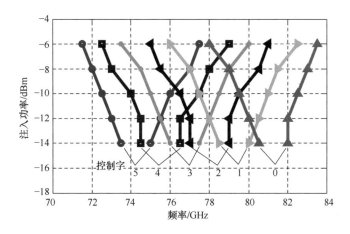

图 10.9　不同控制字下的注入锁定灵敏度曲线

在两路接收通路上各有一个二倍频器。除了输出的缓冲级之外，其结构与发射通路的二倍频器完全相同，因此在后面的接收机部分不再进行介绍。

10.3.3　功率放大器

此系统中的功率放大器的电路图如图 4.1 所示，采用了三级共源级放大的结构，级间采用变压器进行匹配，变压器匹配的结构具有版图紧凑、易于添加直流偏置等优点[10]。此放大器的设计细节已在 4.1 节中进行了详细介绍，这里不再赘述。

整个三级功率放大器的仿真结果显示：在 77GHz 处的小信号增益为 18dB，小信号 3dB 带宽为 70~83GHz。在 77GHz 处的饱和输出功率为 13.9dBm，最大的功率附加效率为 20.2%，而输出匹配变压器的插入损耗约为 0.84dB。

10.4　接收机电路设计

10.4.1　低噪声放大器及混频器

低噪声放大器是接收机中最重要的电路模块之一，它决定了整个接收机的噪声系数和所能达到的灵敏度。此系统中的低噪声放大器的电路结构如图 10.10 所示，采用了伪差分共源级的放大结构。输入匹配网络由变压器 T_{X1} 电感 L_{1A}/L_{1B} 以及 DiCAD 传输线 DTL_1 组成。第一级晶体管 M_{1A}/M_{1B} 的源端添加了源简并传输线 TL_1，目的是同时实现噪声匹配和阻抗匹配[11]。在第二级到第四级放大结构中去掉了源简并传输线，可提高整个放大器的增益。第二级到第四级的中间级匹配均采用三段式差分传输线并联 DiCAD 传输线的方式来实现。电容 $C_{C1}\sim C_{C4}$ 用于抵消晶体管栅漏寄生电容，如果选择合适的容值，能起到提高稳定性、反向隔离度和增益的作用。各个电容的容值在图 10.10 中标出。

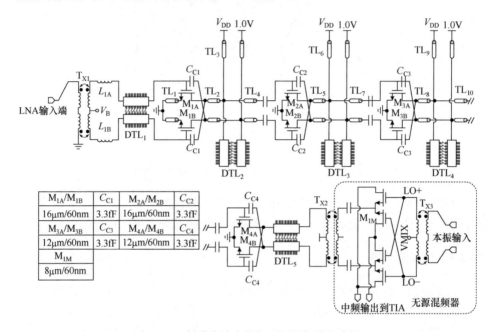

图 10.10　低噪声放大器与无源混频器电路图

混频器的电路结构也在图 10.10 中给出。在本系统中，采用了双平衡的无源混频器的结构，其好处在于不消耗电流，同时与后级的基带电路之间可直接直流耦合，简化了接口的设计。低噪声放大器的输出通过变压器 T_{X2} 耦合到无源混频器的射频输入端，每路接收机中的二倍频器产生的倍频信号通过变压器 T_{X3} 耦合到无源混频器的本振端。通过 T_{X3} 的中心抽头给无源混频器中的晶体管提供栅端偏置，偏置电压由片上集成的带隙基准源产生，为 $0.6\sim 1V$ 可调，步长为 $0.1V$，可根据不同的本振幅度选择最优的偏置电压，使混频管能够快速关断或导通，提高混频器的性能。无源混频器的中频输出端接到 TIA，将电流信号转化为电压信号，供模拟基带中的 PGA 和滤波器处理。

10.4.2　移相器

接收通路中的移相器采用了电流复用的耦合谐振腔技术，可以增大移相范围，减小不同移相值时的增益波动，以较小的电流提供增益，同时不再需要正交信号。其电路图如图 10.11 所示。从本振馈线网络过来的差分输入信号经 VGA 后，首先经过一段 DiCAD 传输线 DTL_1,然后通过变压器 T_{X1} 输入移相器 M_{1A}/M_{1B} 的栅端。DTL_2 和 DTL_3 用于控制移相器的移相值, 变压器 T_{X2} 为一个低耦合系数变压器。晶体管 M_{2A}/M_{2B} 的输出端通过一段三段式的传输线匹配网络,输出到一个缓冲器,DTL_4 可以调谐匹配网络的频率。缓冲器的输出接到接收机的倍频器。由于倍频器采用了顶部注入耦合谐振腔技术,具有较大的锁定范围,对注入功率要求不高。这里的缓冲器主要起到了隔离阻抗的作用,消耗的功耗不高。

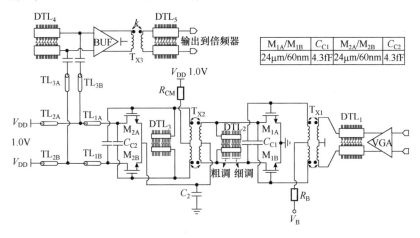

图 10.11　移相器电路图

此移相器主要在线性区进行设计。其移相原理主要依赖于无源器件的调谐,因此当输入功率较大,移相器工作在饱和区时,依然能完成移相的功能。但是其性能会与设计状态有所偏差。当移相器工作在饱和区时, 晶体管 M_{1A}/M_{1B} 的漏端寄生电容以及输出阻抗会发生变化,导致谐振腔的特性与设计的略有不同。图 10.12 给出了当频率为 39GHz 时,不同输入功率下移相器的移相值情况,可见在输入功率大于–20dBm时, 移相范围稍微缩小, 但是依然能够覆盖 90°的移相范围。为了使移相器的性能保持一致, 在输入端加入了一级 VGA, 其电路结构如图 10.13 所示,采用了常见的电流舵增益控制方案。晶体管 M_{1A}/M_{1B} 将输入电压信号转换为电流信号,通过控制字控制流到输出端的电流成分,从而控制电压增益。晶体管 M_{2A}/M_{2B}、M_{3A}/M_{3B} 和 M_{4A}/M_{4B} 的尺寸都相同。此方案可以保证 M_{1A}/M_{1B} 的漏端向上看到的负载不随控制字的变化而变化,增益曲线分布较为平均。图 10.13 还给出了 VGA 功率增益的仿真结果。从仿真结果可以看出,可变增益放大器在 39GHz 的增益从–8.85～7.14dB 变化, 调节范围为 16dB, 比理论值 18dB(8 倍的电流变化)小了 2dB, 这可能与不同开关状态谐振腔的 Q 值会发生轻微变化有关。DTL_1 可以在 38～43GHz 的范围内调节 VGA 的频率。

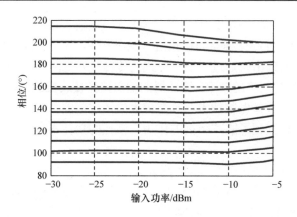

图 10.12　不同输入功率、不同粗调控制字下的移相曲线

图中线条从上到下的控制字分别为 0000、0001、0010、0011、0100、0101、0110、0111、1000、1001、1010、1011

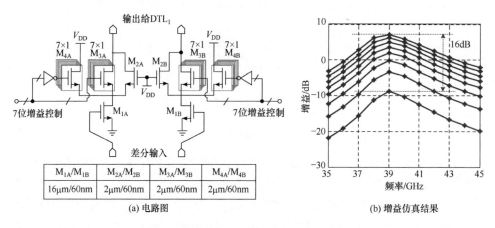

M_{1A}/M_{1B}	M_{2A}/M_{2B}	M_{3A}/M_{3B}	M_{4A}/M_{4B}
16μm/60nm	2μm/60nm	2μm/60nm	2μm/60nm

(a) 电路图

(b) 增益仿真结果

图 10.13　VGA 的电路图及增益仿真结果

图(b)中线条的增益控制从上到下分别为 111、110、101、100、011、010、001、000

10.4.3　模拟基带设计

模拟基带对两路接收机前端混频之后的中频信号进行必要的放大、滤波等处理。整个模拟基带由一级 TIA、一级 PGA、五阶巴特沃思低通滤波器、另外两级 PGA 串联而成。TIA 的作用为把无源混频器混频之后的电流信号转换为电压信号。TIA 采用电阻并联-并联负反馈的结构，反馈电阻的阻值为 1kΩ，其结构图和具体电路图如图 10.14 所示，并联-并联负反馈可得到一个小的输入阻抗和一个小的输出阻抗。TIA 中的放大器采用简单的两级差分结构，第一级放大管为 PMOS 晶体管，第二级为 NMOS 晶体管。注意图中偏置电流源和共模反馈环路没有画出。C_C 为米勒补偿电容，R_C 为消零点电阻。TIA 的输入端接有两个可控的直流电流源，用于消除 TIA 的直流失调。

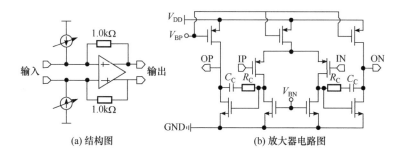

(a) 结构图　　　　　　　　(b) 放大器电路图

图 10.14　TIA 的结构图及其放大器电路图

三级 PGA 用于放大电压信号，低通滤波器用于滤除噪声和无用信号、保留有用的信息。由于中频频率较低，采用 RC 高通滤波来滤除直流失调时芯片面积消耗过大。因此模拟基带中集成了三个直流失调校准(DC-offset cancellation，DCOC)环路。单级 PGA 的增益调节范围为 6～24dB，因此三级 PGA 一共可提供 18～72dB 的增益调节范围。低通滤波器的带宽可以配置为 500kHz、1MHz、2MHz 和 5MHz 四种。当雷达收发机用于近程雷达时，中频带宽设置为 500kHz；当用于远程雷达时，中频带宽设置为 5MHz。

10.5　本振馈线网络设计

FMCW 信号产生器产生的 38GHz 附近的 FMCW 信号同时提供给发射支路和两路接收支路，再由发射部分和接收部分的二倍频器倍频到 77GHz 附近。在设计本振馈线网络时，需要尽可能减小其损耗，同时保证两路接收的对称性。本振馈线网络的设计还应该考虑测试的需求，能够将基频本振信号输出到片外以及将外部本振信号灌入芯片内部。

本振馈线网络的结构如图 10.15 所示。从 VCO 来的差分信号经过传输线 TL_{1A}/TL_{1B} 后由变压器 T_{X1} 耦合到第一个缓冲级 BUF1 的输入端。采用变压器进行级间的连接具有版图紧凑、抑制共模成分的好处。BUF1 的输出分为三路，一路给两路接收机共用的缓冲级 BUF3，一路给发射部分的缓冲级 BUF2，还有一路给芯片外部。BUF2 和 BUF3 的输入寄生电容，用于布线的传输线 TL_{3A}/TL_{3B}、TL_{4A}/TL_{4B} 以及 TL_{5A}/TL_{5B} 和变压器 T_{X3} 共同构成了 BUF1 输出端的匹配网络。BUF3 的输出端经过 DiCAD 传输线 DTL_1 之后，经过三段式匹配传输线 TL_{7A}/TL_{7B}～TL_{11A}/TL_{11B}，然后分为两路，分别给两路接收通路中的 VGA。BUF2 的输出通过变压器 T_{X2} 耦合、经过 DiCAD 传输线 DTL_2 之后送到发射机中的倍频器。

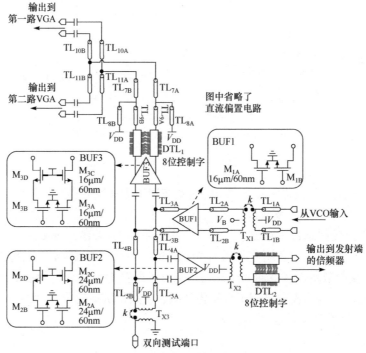

图 10.15 本振馈线网络电路图

由于采用了二倍频的系统方案，最终发射的功率以及混频器本振端的功率主要由二倍频器的输出功率决定，而与本振馈线网络中的功率关系不大。另外，系统中的二倍频器均采用了顶部注入耦合谐振腔的技术，其锁定范围极大。仿真结果表明当注入功率为-12dBm 时，其锁定范围即能覆盖 2GHz 的范围。因此，BUF1、BUF2 和 BUF3 不需要提供高的增益，其消耗的功耗很小，主要的作用是阻抗隔离，简化本振馈线网络的设计。BUF1 为共源级结构，BUF2 和 BUF3 为共源共栅结构，晶体管尺寸在图 10.16 中已经标出。图 10.15 中省略了直流偏置电路，每个缓冲级的直流偏置均可在 0.44～0.64V 的范围内进行配置。仿真表明，在最小电流消耗下，三个缓冲级共消耗约 7.3mA 的电流。

当芯片正常工作时，BUF1、BUF2 和 BUF3 均打开，测试端口悬空。在最小电流消耗下，39GHz 的频率处从 BUF1 输入端到 VGA 输入端和发射倍频器的输入端的仿真小信号增益分别为 5dB 和 11dB。

当将本振信号输出到片外时，BUF1 打开，BUF2 和 BUF3 关断，39GHz 处从 BUF1 到输出测试端约有 11dB 的小信号增益，同时在较大的范围内输出匹配小于 -5dB。

当从测试端口灌入信号时，BUF1 关断，BUF2 和 BUF3 打开，此时 39GHz 处从测试端到 VGA 和发射倍频器的仿真小信号增益分别约为-10dB 和-4dB。一般而言，信号源可以产生 10dBm 以上的输出功率，因此当灌入信号测试时，这里的负增益并不会影响测试过程。

10.6　收发机芯片的自校准方案

前面已经提及，在此雷达收发机中集成了多处片上性能可调谐的地方，总结如表 10.2 所示。芯片中在功率放大器输出端集成了功率检测器，可对功率放大器的输出功率进行在片检测。而模拟基带的输出信号经过片外 ADC 转换为数字信号之后，可以在片外数字信号处理模块中对其幅度进行检测。此雷达收发机芯片具备完成自校准的潜力。

表 10.2　雷达收发机芯片中性能可调谐之处总结

模块	低噪声放大器		各缓冲级	
物理量	输入匹配频率	工作频率	工作频率	增益
调谐器件	DiCAD 传输线	DiCAD 传输线	DiCAD 传输线	偏置电压
模块	倍频器			混频器
物理量	自由振荡频率	功耗	二阶谐波功率	混频增益
调谐器件	DiCAD 传输线	尾电流源	PUSH 对偏置	混频管偏置
模块	移相器		VGA	
物理量	输入输出匹配	增益	增益	工作频率
调谐器件	DiCAD 传输线	偏置电压	电流舵晶体管	DiCAD 传输线
模块	功率放大器	TIA		
物理量	输出功率	直流失调		
调谐器件	偏置电压	注入电流源		

图 10.16 中给出了一种可行的自校准方案，自校准的目标为使雷达收发机工作在满足性能要求的最低功耗下。在自校准时，FMCW 信号产生器正常工作，产生的 FMCW 信号通过天线发射出去，检测目标设置在所需的最远距离。图 10.17 给出了自校准的具体步骤，校准的思路为首先设置雷达收发机芯片工作在最大功率和最大增益的条件下，在数字基带中找到目标对应的中频信号；接下来对倍频器、低噪声放大器、混频器、功率放大器、TIA 直流失调逐个进行校准。倍频器的锁定以数字基带中目标的中频信号是否存在为指标，低噪声放大器频率和混频器增益以中频信号的幅度为指标，功率放大器输出功率同样以中频信号幅度为指标，TIA 直流失调可在数字基带直接检测。校准过程为搜索表 10.2 中的物理量，在满足校准目标的情况下使雷达收发机的功耗最小。

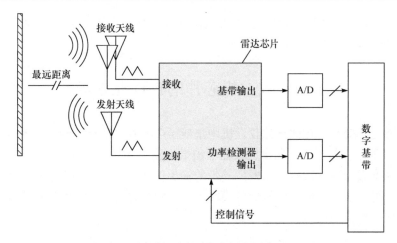

图 10.16　一种可行的雷达收发机自校准环境

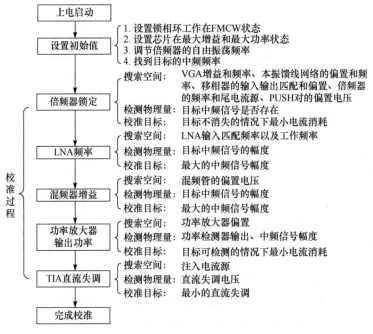

图 10.17　一种可行的雷达接收机自校准流程

10.7　收发机芯片的布局规划

对于收发机芯片，其布局规划是设计中非常重要的一个步骤。一个恰当的布局，不仅可以使芯片面积更紧凑，减小信号的损耗，还能够隔离噪声和串扰，提高电路的性能。在此雷达收发机芯片的布局规划中，必须考虑如下几点。

(1) 两个接收通路的对称性。芯片中包含了两个接收通路，在版图设计中需保证两个接收通路的对称性，减小增益和相位失配。

(2) 数字电路和关键的模拟射频电路之间的隔离。芯片中的数字电路有三角波信号发生器、DSM 以及 SPI。其中，当芯片正常工作时，SPI 中的寄存器的状态不需要实时变化，其电平不会翻转，并不会引入太多干扰。而 DSM 和三角波信号发生器在芯片正常工作时，其电平持续翻转，需要尽量远离核心的模拟射频电路模块。同时还需要用接地环将整个数字电路包裹起来以隔离噪声。

(3) 大信号与小信号之间的隔离。考虑到毫米波段在空气中的衰减以及在低噪声放大器输入端的信号很微弱，而在功率放大器的输出端信号强度高，这两个模块之间也需要做好隔离，否则极强的功率放大器信号耦合到低噪声放大器的输入端，可能导致低噪声放大器进入饱和区而阻塞有用信号。

(4) 本振馈线网络尽可能短。在布局的过程中，需要考虑到本振馈线网络如何走线，使其走线长度尽可能短。

(5) 散热的考虑。芯片中功率放大器输出大的功率，消耗了整个芯片一半的功耗，因此产生的热量是较为可观的。一些较敏感的电路(如低噪声放大器等)应当远离功率放大器这个热源。

(6) 中频走线在最后给予考虑。此系统中频信号的频率很低，相比于毫米波段，中频信号走线的自由度较高。中频信号的走线应在其余关键的走线完成之后再给予考虑。

在综合考虑上述因素之后，本书给出了一种较为合理的芯片布局规划方案，如图 10.18 所示。从图中可以看出，在这种布局规划下，保证了两路接收机的对称性；低噪声放大器远离大信号(功率放大器)、数字信号(三角波信号发生器与 DSM 调制器)和热源(功率放大器)；毫米波信号都能够就近连接在一起，走线不需要交叉。从混频器到模拟基带的走线没有画出。

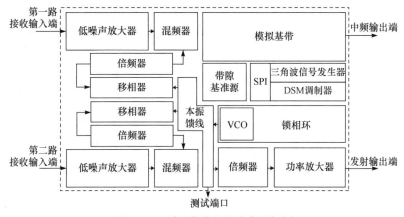

图 10.18　雷达收发机芯片布局规划

10.8　芯片测试结果

　　此两单元相控阵 FMCW 雷达收发机系统采用 TSMC 65nm CMOS 工艺进行设计和流片。收发机芯片显微照片如图 10.19 所示，包含所有的输入输出焊盘，芯片面积约为 4.64mm^2。两路接收前端的输入端在芯片左侧。功率放大器的输出端在芯片的右下角，远离低噪声放大器的输入端，减小了串扰。在测试中，除了四处 G-S-G 焊盘之外，其余的焊盘均采用键合线连接到 PCB 上。芯片测试的 PCB 如图 10.20 所示。

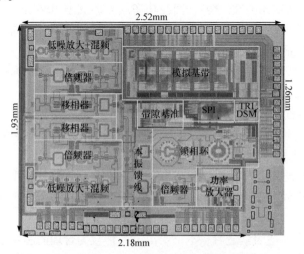

图 10.19　雷达收发机芯片显微照片

图 10.20　雷达收发机测试 PCB 照片

10.8.1　发射机测试

本节将从锁相环环路、倍频器、功率放大器以及 FMCW 调制信号这四个方面讨论芯片的测试结果。

1. 锁相环环路

在测试锁相环环路时，先对差分调谐 VCO 的调谐曲线进行测试，测试结果如图 10.21 所示。VCO 中有两位开关电容阵列，整个调谐曲线分为 4 个带，可覆盖 36.7～41.0GHz 的频率范围，其中每一条调谐曲线可以覆盖 1.8～2.1GHz 的频率范围，能够满足 FMCW 信号的需求。

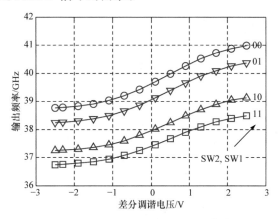

图 10.21　VCO 的差分电压调谐曲线

差分调谐技术可以起到抑制共模噪声的作用，在这里还测试了 VCO 的共模调谐曲线，如图 10.22 所示。对比可见，共模 K_{VCO} 远小于差模 K_{VCO}，说明 VCO 的输出频率对共模电压波动不敏感，从而起到抑制共模噪声的作用。当共模电压为 1V 时，共模 K_{VCO} 几乎为 0。在后面的测试中，选择共模电压为 1V。

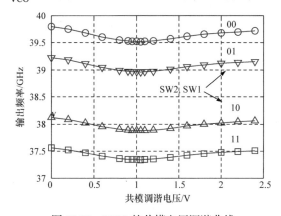

图 10.22　VCO 的共模电压调谐曲线

从图 10.15 中的双向测试端口对锁相环的相位噪声性能进行测试，结果如图 10.23 所示。在约 37.4GHz 的频率、1MHz 的频偏处的相位噪声为 -89.64dBc/Hz。

PHASE NOISE					
	Settings	Residual Noise		Spot Noise [T1]	
Signal Freq:	37.376053GHz	Evaluation from 10kHz to 100MHz		100kHz	-60.47dBc/Hz
Signal Level:	-3.86dBm	Residual PM	40.308 ?	1MHz	-89.64dBc/Hz
Signal Freq△:	-31.96kHz	Residual FM	200.465kHz	10MHz	-116.97dBc/Hz
Signal Level△:	-0.04dBm	RMS Jitter	2.9957ps	30MHz	-129.18dBc/Hz

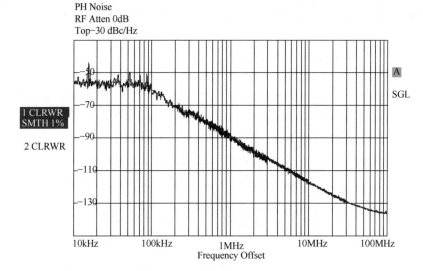

图 10.23 锁相环的相位噪声性能

2. 倍频器

图 10.24 给出了系统中的倍频器的自由振荡频率，当控制字从 0～5 变化时，倍频器的自由振荡频率在 76.8～71.3GHz 变化，相比仿真结果，振荡频率有所下降，但是并不影响芯片的正常工作。

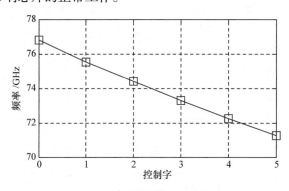

图 10.24 倍频器的自由振荡频率

在测试倍频器的锁定范围时，采用芯片上的锁相环给倍频器提供输入信号，G-S-G 探针从功率放大器的输出端取出信号，改变锁相环的频率，观察倍频器是否锁定。在测试中，本振馈线网络的偏置均设置为最小电流状态，在不同的倍频器控制字下的结果如图 10.25 所示。与单个的倍频器模块不同，系统中的倍频器输入功率无法直接控制，因此无法测试出其灵敏度曲线。从图 10.25 中可以看出，当控制字为 0、1 或 2 时，倍频器的锁定范围可以覆盖 77~79GHz 的频率范围。由于锁相环的输出频率范围有限，倍频器完整的锁定范围并不能测出。

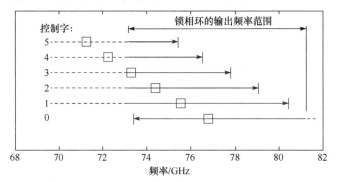

图 10.25　二倍频器不同控制字下的锁定范围

3. 功率放大器

采用 W 波段功率探头(安捷伦 W8486)以及功率计(安捷伦 4416A)测试功率放大器在不同频率下的输出功率，经校准去掉输出探针和波导管的损耗之后的测试结果如图 10.26 所示。通过改变各级放大管的偏置电压，可以将功率放大器配置在高功率模式、中等功率模式、低功率模式。在高功率模式下，功率放大器在 75.3GHz 处输出的功率最大，为 14.4dBm，在 76~79GHz 范围内的输出功率为 12.9~13.2dBm。在中等功率模式下，功率放大器输出的最大功率为 12.5dBm，在

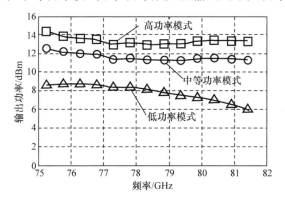

图 10.26　功率放大器在不同配置下的输出功率

76～79GHz 范围内的输出功率为 11.3～11.9dBm。在低功率模式下，功率放大器在 76～79GHz 范围内的输出功率为 7.7～8.7dBm。

4. FMCW 调制信号

图10.27给出了FMCW调制信号的测试环境。由于设备的限制，无法在38.5GHz或者77GHz附近直接对输出信号进行测试，而是在锁相环八分频之后取出FMCW信号，信号的频率在4.75～4.94GHz 的范围内。输出的 FMCW 通过外部本振和混频器模块混频到 200MHz 以下的中频，经放大后再由示波器抓取时域波形，在MATLAB 中进行处理。当输出频率在 76～77GHz 的范围内时，采用 4.85GHz 的外部本振进行混频；当输出频率在 77～79GHz 的范围内时，采用 5.0GHz 的外部本振进行混频。

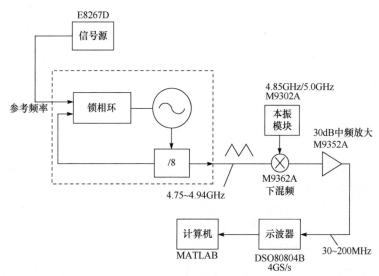

图 10.27　FMCW 调制信号测试环境

在 MATLAB 中对时域信号取一个滑动的时间窗口进行短时傅里叶变换，得到其频谱图如图 10.28 和图 10.29 所示。图中显示了不同扫频斜率配置下的谱图。这两幅图左侧的纵轴为混频之后的信号频率，右侧的纵轴为换算到发射机发射端的频率。在图 10.28 中，FMCW 调制信号的周期为 2ms，扫频频率范围分别为77.0～78.87GHz 和 77.0～78.17GHz，可应用于近程雷达。在图 10.29 中，FMCW调制信号的周期为 1ms，扫频频率范围分别为 76.100～77.021GHz 和 76.100～76.556GHz，可应用于远程雷达。

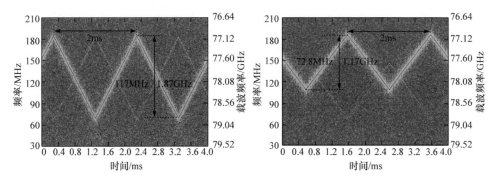

图 10.28 应用于近程雷达的 FMCW 调制信号测试结果

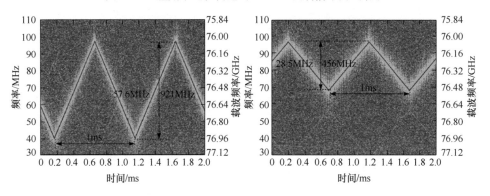

图 10.29 应用于远程雷达的 FMCW 调制信号测试结果

10.8.2 接收机测试

本节将讨论接收机的测试结果，包括两路接收前端性能、移相性能以及模拟基带性能。

1. 两路接收前端性能

在测试接收前端时，射频输入信号通过 G-S-G 探针从其中某一路的低噪声放大器输入端给入，输出信号从 TIA 之后的测试端口通过键合线取出。在测试其中一个接收通路时，另一个通路关断。本振信号由芯片内部产生。同时改变低噪声放大器中的 DiCAD 传输线的控制字，测试不同控制字下的转换增益，结果如图 10.30 和图 10.31 所示。

从图中可以看出，第一路接收机前端在 76～79GHz 的范围内的最大转换增益为 31.0dB，第二路接收机前端在 76～79GHz 的范围内的最大转换增益为 32.5dB，两路的增益失配为 1.5dB。当改变低噪声放大器中 DiCAD 传输线的控制字时，可以有效地改变其增益峰值的频率。由于信号源输出频率范围的限制，75GHz 以下的转换增益无法进行测试。

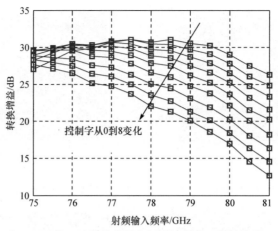

图 10.30　第一路接收前端在不同控制字下的转换增益

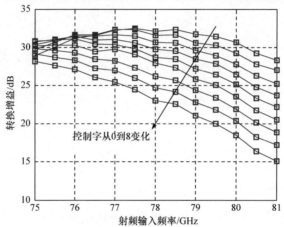

图 10.31　第二路接收前端在不同控制字下的转换增益

在 78GHz 的频点处对两路接收前端分别进行了线性度测试，结果如图 10.32

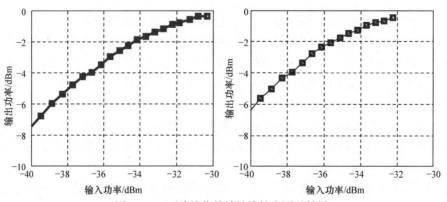

图 10.32　两路接收前端的线性度测试结果

所示，输入的 1dB 压缩点分别为–33dBm 和–34dBm，满足系统的要求。

由于接收机的中频输出频率过低,无法使用噪声分析仪直接测试其噪声系数。这里采用增益法对每路接收机噪声系数进行估计。测试环境如图 10.33 所示。信号源通过线缆连接到 W 波段的谐波倍频器，谐波倍频器的输出通过波导管连接到 G-S-G 探针，G-S-G 探针扎在待测那一路接收机的低噪声放大器输入端。在使用增益法测试噪声时，要求接收机有高的增益或者大的噪声系数，以减小频谱仪噪底的影响，因此模拟基带也必须开启。模拟基带的差分输出电压通过运算放大器 MAX4414 构成的单位增益缓冲级转换为单端电压,连接到频谱仪。在测试时，将信号源的射频输出关断，这样关断了谐波混频器的输出，利用其内阻作为噪声源。在频谱仪上读取所关心频段的噪声密度 P_{NOUTD}，那么接收机的噪声可以采用式(10.8)计算：

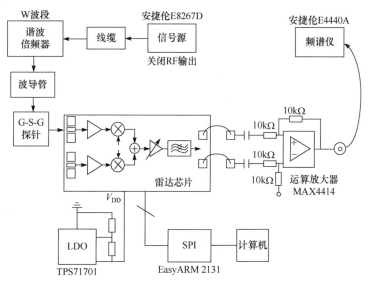

图 10.33   接收机噪声系数的测试环境

$$\mathrm{NF} = P_{\mathrm{NOUTD}} + 174(\mathrm{dBm/Hz}) - \mathrm{Gain} \tag{10.8}$$

在测试其中一个接收通路时，另一个通路的电路(低噪声放大器、混频器、移相器、倍频器等)全部关断，以免其噪声对测试结果产生影响。图 10.34 给出了当本振频率为 78GHz 时，两个接收通路在 500kHz、1MHz、2MHz 以及 5MHz 的中频带宽下的噪声系数。从测试结果可以看到，第二个接收通路的噪声系数性能要略好于第一个接收通路。在中频带宽内的噪声系数均小于 15dB，满足系统对噪声系数的要求。当中频带宽为 500kHz 时，在 400kHz 频率处两个接收通路的噪声系数分别为 12.6dB 和 10.5dB,满足近程雷达的需求。当中频带宽为 5MHz 时，在 3.33MHz 频率处两个接收通路的噪声系数分别为 8.2dB 和 7.9dB，满足远程雷达的设计需求。采用下面的公式可以估算当两个通道同时工作时接收机的噪声系数：

$$F_{\text{TOTAL}} = \frac{\sqrt{\left(F_1 A_1^2\right)^2 + \left(F_2 A_2^2\right)^2}}{A_1 + A_2} \tag{10.9}$$

其中，A_1 和 A_2 分别为两个接收通路的增益；F_1 和 F_2 分别为两个接收通路的噪声系数。计算得到：在 3.3MHz 中频处，两个接收通路同时工作时的噪声系数为 5.04dB。

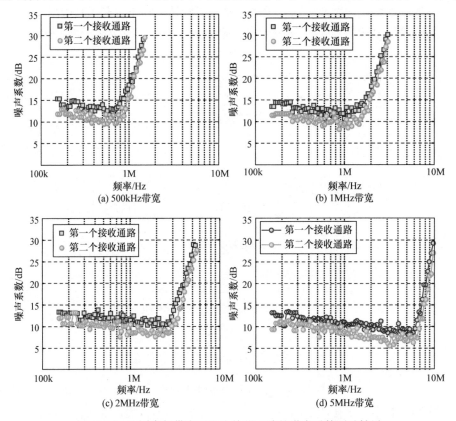

图 10.34　不同中频带宽下两个接收通路的噪声系数测试结果

2. 移相性能

由于测试设备的限制，无法在系统中单独对每路接收的移相性能进行测试。我们单独对移相器进行了流片验证，因此利用单独流片的幅度和相位测试结果以及之前的增益测试结果，在假设全向天线的情况下，计算出两路相控阵接收机在78GHz 频点处仅使用粗调控制字时的天线归一化方向图，如图 10.35 所示。从图中可以看出，此两单元相控阵产生的天线方向图与理想的两单元相控阵相似。由于两个接收通路存在 1.5dB 的增益失配，在理想天线方向图零点对应的地方存在功率泄漏。

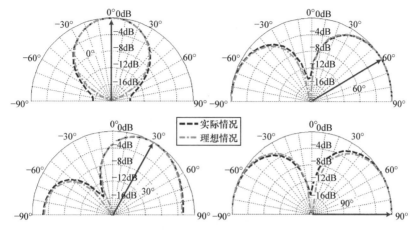

图 10.35　根据移相器测试结果计算出的相控阵天线方向图

3. 模拟基带性能

这里将介绍模拟基带(不包含 TIA)的测试结果。模拟基带的测试方案如图 10.36 所示。在 PCB 上采用变压器将单端输入信号转换为差分信号，从模拟基带 PGA1 的输入端输入雷达芯片之中。运算放大器 MAX4414 和电阻构成差转单的单位增益缓冲级，将模拟基带输出的差分信号转换为单端信号。PCB 上通过低压差线性稳压器(low drop-out regulator，LDO)提供模拟基带所需的 1.2V 电源电压。计算机通过 EasyARM 2131 开发板实现的 SPI 对芯片中的 PGA 和滤波器的带宽进行配置。测试结果表明，模拟基带(不包含 TIA)消耗的电流为 13.8mA。

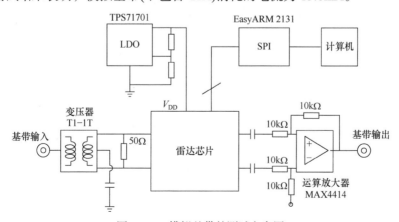

图 10.36　模拟基带的测试方案图

　　模拟基带的设计带宽为 500kHz、1MHz、2MHz 和 5MHz 四种，在最低增益和最高增益下测试得到不同带宽的增益曲线如图 10.37 所示，从图中可见测试结果满足设计要求。模拟基带中有三个 DCOC 环路用于消除 DC 失调，因此增益曲线在低频处会反映出高通特性，这里受限于网络分析仪 9kHz 的最低工作频率，无法测出 DCOC 环路的高通带宽，但是可以看出此高通带宽小于 10kHz，不会对目标信号造成影响。

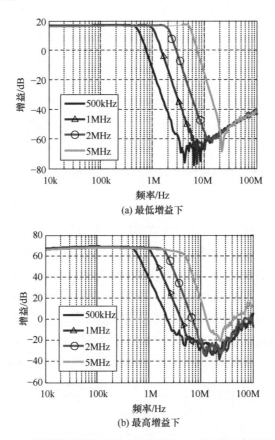

图 10.37　模拟基带最高增益和最低增益下不同带宽的增益曲线

　　图 10.38 给出了 2MHz 下不同的增益配置时的增益曲线。模拟基带的增益可以在 16.8～68.2dB 进行配置，动态范围为 16.8～68.2dB，增益配置的步长约为 5.7dB。

　　图 10.39 给出了最高增益和最低增益下模拟基带在带内的大信号测试结果。在最高增益和最低增益下模拟基带的输出 1dB 压缩点分别为 4.48dBm 和 5.01dBm，对应差分信号幅度为 0.53V 和 0.56V，足够后续的 ADC 进行处理。

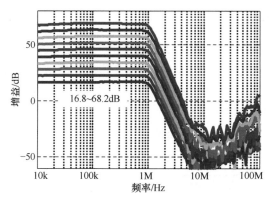

图 10.38　模拟基带 2MHz 带宽时不同增益控制字下的增益曲线

图中线条从下到上依次为 0000、0001、0010、0011、0100、0101、0110、0111、1000、1001

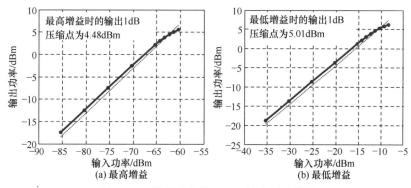

图 10.39　模拟基带的 1dB 压缩点测试结果

当模拟基带中的 DCOC 环路关断之后，输出的直流失调为 427mV，打开 DCOC 环路之后，输出的直流失调为 1mV。

模拟基带(不含 TIA)的测试性能总结在表 10.3 中。

表 10.3　模拟基带的测试结果总结

指标	测试结果
电源电压/V	1.2
增益范围/dB	16.8～68.2，步长约为 5.7
3dB 带宽/Hz	500k/1M/2M/5M
输出 P_{1dB}/dBm	最高增益下：4.48 最低增益下：5.01
DCOC 高通带宽/Hz	小于 10k
面积/mm²	0.64
功耗/mW	16.6(不含 TIA)

10.8.3　性能总结与讨论

雷达收发机的各个主要电路模块的电源电压以及功耗总结在表 10.4 中。在芯片中，带隙基准源和 CP 采用 2.5V 电源电压供电，模拟基带采用 1.2V 电源电压供电，其余部分均采用 1.0V 电源电压供电。整个收发机的功耗为 343mW，其中，功率放大器和发射端的倍频器消耗了 174.7mW，锁相环消耗了 35mW，两路接收前端以及本振馈线网络消耗了 106mW。

表 10.4　雷达收发机芯片主要模块功耗总结

	倍频器+功率放大器	VCO	ILFD
功耗/mW	174.7	11.7	3.9
电源电压/V	1.0	1.0	1.0
	单路低噪声放大器	接收机倍频器	移相器
功耗/mW	13.1	7.4	3.9
电源电压/V	1.0	1.0	1.0
	模拟基带	带隙基准源	收发机总功耗
功耗/mW	17.1	4.1	343
电源电压/V	1.2	2.5	1.0/1.2/2.5

雷达收发机芯片的各个性能总结在表 10.5 中，并与其他采用 CMOS 工艺的 FMCW 雷达文献结果进行了对比。本章雷达收发芯片的集成度最高，包含了 FMCW 信号产生、发射、两路接收前端以及模拟基带。文献[8]与文献[12]中的工作都只含 FMCW 信号产生、一路发射和一路接收，文献[13]中只含 FMCW 信号产生部分。同时，本章雷达收发机芯片的发射功率是最大的，达到 12.9～13.2dBm，大的发射功率有助于减小对天线增益以及接收机噪声系数的要求。消耗的功率比文献[8]中小、与文献[13]相当、大于文献[12]，考虑到高的集成度以及大的发射功率，本章雷达收发芯片在功耗上有着不错的表现。在噪声系数方面，本章雷达收发机的表现也不错，注意文献[12]中的噪声系数为单个低噪声放大器的噪声系数，由于 FMCW 信号为单边带信号，整个接收机的噪声系数至少会在低噪声放大器的噪声系数基础上恶化 3dB。

表 10.5　雷达收发机芯片性能总结与对比表

性能参数	本章工作	文献[8]	文献[12]	文献[13]
功能	收发机+2 路相控阵	收发机	收发机	发射机
CMOS 工艺	65nm	90nm	65nm	65nm
FMCW 信号产生	小数型锁相环	直接频率合成	小数型锁相环	小数型锁相环

续表

性能参数	本章工作	文献[8]	文献[12]	文献[13]
工作频率/GHz	近程：77.0～78.9 远程：76.1～77.0	78.1～78.8	75.6～76.3	76～81
1MHz 处的相位噪声/ (dBc/Hz)	−81.0*	−85	−85.33	−83.43*
发射功率/dBm	12.9～13.2	−2.8	5.1	3
接收转换增益/dB	前端：31.0/32.5 基带：16.8～68.2	23.1	38.7	—
接收机噪声系数/dB	3.3MHz 中频处为 5.04	15.6	7.4**	—
面积/mm²	4.64	6.83	1.04	2.74
功耗/mW	343	416	243	320

*根据低频相位噪声推测得来，**单个低噪声放大器的噪声系数。

参 考 文 献

[1] Jia H, Kuang L, Wei Z, et al. A 77GHz frequency doubling two-path phased-array FMCW transceiver for automotive radar. IEEE Journal of Solid-State Circuits, 2016, 51(10): 2299-2311.

[2] 贾海昆. CMOS 毫米波 FMCW 相控阵雷达收发机芯片的关键技术研究. 北京: 清华大学, 2015.

[3] Luo T, Wu C, Chen Y. A 77-GHz CMOS FMCW frequency synthesizer with reconfigurable chirps. IEEE Transactions on Microwave Theory and Techniques, 2013, 61(7): 2641-2647.

[4] Skolnik W I. Introduction to Radar Systems. Singapore: McGraw-Hill, 1980.

[5] Team S P. A review of automotive radar systems-devices and regulatory frameworks. Australian Communication Authority, 2001.

[6] Hasch J, Topak E, Schnabel R, et al. Millimeter-wave technology for automotive radar sensors in 77GHz frequency band. IEEE Transactions on Microwave Theory and Techniques, 2012, 60(3): 845-860.

[7] Kummer W H. Basic array theory. Proceedings of the IEEE, 1992, 80(1): 127-140.

[8] Mitomo T, Ono N, Hoshino H, et al. A 77GHz 90nm CMOS transceiver for FMCW radar applications. IEEE Journal of Solid-State Circuits, 2010, 45(4): 928-937.

[9] 陈磊. 40GHz 锁相环型频率综合器及时钟分布网络关键技术研究. 北京: 清华大学, 2013.

[10] Chowdhury D, Reynaert P, Niknejad A M. Design considerations for 60GHz transformer-coupled CMOS power amplifiers. IEEE Journal of Solid-State Circuits, 2009, 44(10): 2733-2744.

[11] 池保勇, 余志平, 石秉学. CMOS 射频集成电路分析与设计. 北京: 清华大学出版社, 2006.

[12] Li Y, Hung M, Huang S, et al. A fully integrated 77GHz FMCW radar system in 65nm CMOS// IEEE International Solid-State Circuits Conference (ISSCC), San Francisco, 2010: 216-217.

[13] Park J, Ryu H, Ha K, et al. 76-81-GHz CMOS transmitter with a phase-locked-loop-based multichirp modulator for automotive radar. IEEE Transactions on Microwave Theory and Techniques, 2015, 63(4): 1399-1408.

彩　　图

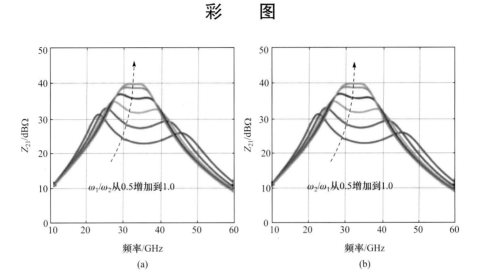

图 2.13　当 $Q_1 = Q_2$ 时耦合谐振腔的 Z_{21} 幅频响应随 ω_1/ω_2 和 ω_2/ω_1 的变化情况

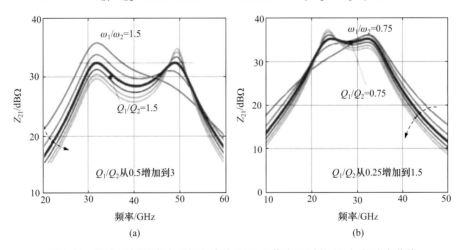

图 2.14　耦合谐振腔存在谐振频率失配和 Q 值失配时的 Z_{21} 幅频响应曲线